阜阳职业技术学院

国家骨干高职院校建设项目成果

数控技术专业系列教材编委会

主　　任　田　莉　李　平

副 主 任　杨　辉　徐　力　王子彬

委　　员　万海鑫　许光彬　王　宣

　　　　　戴永明　刘志达　张宣升

　　　　　张　伟　亓　华　刘青山

　　　　　任文涛　张朝国　黄东宇

特邀委员　衡传富(阜阳轴承有限公司)

　　　　　王子彬(安徽临泉智创精机有限公司)

　　　　　靳培军(阜阳华峰精密轴承有限公司)

阜阳职业技术学院 国家骨干高职院校建设项目成果

机械工程材料与热处理

主　编　王传斌

副主编　王　宣　李业文

编写人员（以姓氏笔画为序）

王　宣　王传斌　王明德

李业文　张立新　黄东宇

中国科学技术大学出版社

内 容 简 介

本书根据 1999 年教育部制定的《高职高专教育基础课程基本要求》,同时参考了《高等学校工程专科机械工程材料教学基本要求》(机械类专业适用),并结合高职高专教育的特点,在充分汲取高职高专探索培养技术应用型专门人才方面所取得的成功经验的基础上编写而成。

本书除绪论外共十章,内容包括:金属的力学性能;金属及合金的晶体结构与结晶;金属的塑性变形与再结晶;铁碳合金;钢的热处理;低合金钢与合金钢;铸铁;非铁合金与粉末冶金材料;非金属材料与复合材料;典型零件的选材及热处理工艺分析。

本书可作为高等学校工程专科和高职高专院校机械类专业教材使用,也可供有关工程技术人员阅读参考。

图书在版编目(CIP)数据

机械工程材料与热处理/王传斌主编. —合肥:中国科学技术大学出版社,2014.11
ISBN 978-7-312-03606-4

Ⅰ. 机…　Ⅱ. 王…　Ⅲ. ①机械制造材料 ②热处理　Ⅳ. ①TH14 ②TG15

中国版本图书馆 CIP 数据核字(2014)第 247565 号

出版　中国科学技术大学出版社
　　　　安徽省合肥市金寨路 96 号,230026
　　　　http://press.ustc.edu.cn
印刷　合肥市宏基印刷有限公司
发行　中国科学技术大学出版社
经销　全国新华书店
开本　787 mm×1092 mm　1/16
印张　13
字数　333 千
版次　2014 年 11 月第 1 版
印次　2014 年 11 月第 1 次印刷
定价　25.00 元

总　序

邹　斌

（阜阳职业技术学院院长、第四届黄炎培职业教育杰出校长）

职业院校最重要的功能是向社会输送人才，学校对于服务区域经济和社会发展的重要性和贡献度，是通过毕业生在社会各个领域所取得的成就来体现的。

阜阳职业技术学院从 1998 年改制为职业院校以来，迅速成为享有较高声誉的职业学院之一，主要就是因为她培养了一大批德才兼备的优秀毕业生。他们敦品励行、技强业精，为区域经济和社会发展做出了巨大贡献，为阜阳职业技术学院赢得了"国家骨干高职院校"的美誉。阜阳职业技术学院迄今已培养出近 3 万名毕业生，有的成为企业家，有的成为职业教育者，还有更多人成为企业生产管理一线的技术人员，他们都是区域经济和社会发展的中坚力量。

2012 年阜阳职业技术学院被列为国家百所骨干高职院校建设单位，学校通过校企合作，推行了计划双纲、管理双轨、教育"双师"、效益双赢，人才共育、过程共管、成果共享、责任共担的"四双四共"运行机制。在建设中，不断组织校企专家对建设成果进行总结与凝练，收获了一系列教学改革成果。

为反映阜阳职业技术学院的教学改革和教材建设成果，我们组织一线教师及行业专家编写了这套"国家骨干院校建设项目成果系列丛书"。这套丛书结合 SP-CDIO 人才培养模式，把构思（Conceive）、设计（Design）、实施（Implement）、运作（Operate）等过程与企业真实案例相结合，体现专业技术技能（Skill）培养、职业素养（Professionalism）形成与企业典型工作过程相结合。经过同志们的通力合作，并得到阜阳轴承有限公司等合作企业的大力支持，这套丛书于 2014 年 9 月起陆续完稿。我觉得这项工作很有意义，期望这些成果在职业教育的教学改革中发挥出引领与示范作用。

成绩属于过去，辉煌须待开创。在学校未来的发展中，我们将依然牢牢把握育人是学校的第一要务，在坚守优良传统的基础上，不断改革创新，提高教育教学质量,培养造就更多更好的技术技能人才,为区域经济和社会发展做出更大贡献。

我希望丛书中的每一本书,都能更好地促进学生职业技术技能的培养,希望这套丛书越编越好,为广大师生所喜爱。

是为序。

2014 年 10 月

前　　言

在机械设计及制造过程中,材料的选择与使用、热处理工艺、常见失效形式的辨识等都是机械工程技术人员必须具备的基本技能。培养这些技能就是机械工程材料课程的主要任务和目标。同时,"机械工程材料与热处理"作为高等职业教育机械类专业的基础课,也是为机械类学生毕业以后从事产品设计、制造以及维修工作奠定基础。

本书是依据教育部制定的《高职高专教育基础课程基本要求》,同时参考《高等学校工程专科机械工程材料教学基本要求》(机械类专业适用),并结合高职高专教育的特点,在充分汲取高职高专探索培养技术应用型专门人才方面成功经验的基础上编写而成的。

本书主要内容包括:金属的力学性能;金属及合金的晶体结构与结晶;金属的塑性变形与再结晶;铁碳合金;钢的热处理;低合金钢与合金钢;铸铁;非铁合金与粉末冶金材料;非金属材料与复合材料;典型零件的选材及热处理工艺分析等。

本书主要具有以下特点:

1. 本书在编写过程中,立足目前高职高专机械类专业学时少、口径宽、重技能的教学要求,主要侧重于应用技术,由浅入深、循序渐进、突出重点。以掌握基本概念、强化应用、扩大知识面为教学重点,以注重能力培养为宗旨,尽量多地列举常见的典型机械零件选材以及工艺实例,并增加了实际生产所用的图表资料等,以便学生查阅使用。同时在各个工艺环节的编写中,既注意增加生产中急需解决的实际问题,又注意拓宽解决问题的思路与方法,还注意到新材料、先进技术的应用与发展趋势,以便培养学生对新技术的兴趣,从而提高其科技创新能力。对于基本内容和基本概念的阐述,力求做到理论正确、概念清晰,同时又注重可读性与实用性。

2. 通过教学活动培养学生的工程意识、经济意识及环保意识。

3. 每个单元都配备了课后习题,引导学生积极思考,培养学生灵活应用理论知识的能力。

4. 全书名词、术语、牌号均采用了最新国家标准,使用了法定计量单位。

本书既可以作为高职高专院校机械类专业的教材,也可以供专业技术人员阅读参考。

本书由阜阳职业技术学院王传斌主编,由阜阳职业技术学院王宣和阜阳轴承有限公司李业文担任副主编,参加编写的还有阜阳职业技术学院的王明德、黄东宇和阜阳三江水电有限责任公司的张立新。

　　由于编者理论水平及教学经验有限,书中难免存在不妥之处,恳请各位读者批评指正。

编　者

2014 年 9 月

目　　录

绪　　论

材料是人类用来制作各种产品的物质,是人类生活和生产的物质基础。历史学家以石器时代、陶瓷时代、铜器时代来划分古代史各阶段,而今人类正跨入人工合成材料的新时代。在当代,科学技术和生产飞速发展,材料、能源和信息作为现代社会和现代技术的三大支柱,发展迅猛。材料贯穿于机械工程的始终,对于机械工程具有十分重要的意义。机械工程材料是指具有一定性能,在特定条件下能够承担某些功能,被用来制造各类机械零件的材料。机械工程材料种类繁多,应用的场合也各不相同,按照材料的化学组成分类,可将机械工程材料分为金属材料、高分子材料、陶瓷材料、复合材料四类。

(1) 金属材料。金属材料可分为黑色金属材料和有色金属材料两大类。黑色金属材料是指铁及铁基合金,主要包括碳钢、合金钢、铸铁等;有色金属材料是指铁及铁基合金以外的金属及其合金。有色金属材料的种类很多,根据它们的特性不同,又可以分为轻金属、重金属、贵金属、稀有金属等多种类型。金属材料具有正的电阻温度系数,一般具有良好的导电性、导热性、塑性、金属光泽等,是目前工程领域中应用最广泛的工程材料。

(2) 高分子材料。以高分子化合物为主要组分的材料称为高分子材料,可以分为有机高分子材料和无机高分子材料两类。有机高分子材料主要有塑料、橡胶、合成纤维等;无机高分子材料包括松香、淀粉、纤维素等。高分子材料具有较高的强度、弹性、耐磨性、抗腐蚀性、绝缘性等优良性能,在机械、仪表、电机、电气等行业得到了广泛应用。

(3) 陶瓷材料。陶瓷材料是金属和非金属元素间的化合物,主要包括水泥、玻璃、耐火材料、绝缘材料、陶瓷等,它们的主要原料是硅酸盐矿物,又称为硅酸盐材料。由于陶瓷材料不具有金属特性,因此也称为无机非金属材料。陶瓷材料熔点高、硬度高、化学稳定性高,具有耐高温、耐腐蚀、耐磨损、绝缘性好等优点,在现代工业中的应用越来越广泛。

(4) 复合材料。复合材料由基体材料和增强材料两个部分复合而成。基体材料主要有金属、塑料、陶瓷等,增强材料则包括各种纤维、无机化合物颗粒等。根据基体材料的不同,可将复合材料分为金属基复合材料、陶瓷基复合材料、聚合物基复合材料;根据组织强化方式的不同,可以将复合材料分为颗粒增强复合材料、纤维增强复合材料、层状复合材料等。复合材料具有非同寻常的强度、刚度、高温性能及耐腐蚀性等,这是它的组成材料所不具备的。

在上述四种基本类型材料中,金属材料具有良好的导电性、塑性与韧性;陶瓷材料则有高的硬度,但脆性很大,且大多是绝缘材料;而高分子材料的弹性模量、强度、塑性都很低,多数也是不导电的。这些材料的不同性能都是由其内部结构决定的。

从使用的角度看,一个机械产品,人们总是力求其使用性能优异、质量可靠、制造方便、价格低廉,而产品的使用性能又与材料的成分和组织以及加工工艺之间的关系十分密切。

从材料学的角度看,材料的性能取决于其内部结构,而材料的内部结构又取决于成分和加工工艺。所以,正确地选择材料,确定合理的加工工艺,得到理想的组织,获得优良的使用性能,是决定机械制造中产品性能的重要环节。

"机械工程材料"课程的内容主要由金属的力学性能、金属学基本知识、钢的热处理、常用金属材料、常用非金属材料以及机械工程材料的选用等部分组成。

学完本课程应该达到下列基本要求:

(1) 熟悉常用工程材料的成分、组织结构和性能的关系及变化规律。

(2) 掌握常用工程材料种类、牌号、性能及用途,能够对典型的机械零件、刀具和模具等选用合理正确的工程材料。

(3) 了解材料强化的各种方法(固溶强化、细晶强化、变形强化、第二相强化和热处理强化等)及其基本原理。

(4) 具有正确选择零件热处理工艺方法和确定热处理工序位置的能力。

(5) 具有对常用工程材料制件进行工艺性分析的能力。

(6) 了解与本课程相关的新材料、新技术、新工艺及其发展概况。

"机械工程材料"是一门理论和实践结合紧密的课程,因此要求学生既要掌握材料的一些最基本的理论知识,又要具备一定的实践技能。本节中热处理方法的选择及确定热处理工序位置、工程材料的选用等内容,尚需在后续的专业基础课、专业课、课程设计、毕业设计中反复实践,巩固提高。在教学实践中要求学生通过对学习内容的实际运用加深对课程内容的认识,从而使所学知识能够彼此贯通,提高学生的实践与创新能力。

第一章　金属的力学性能

金属材料具有良好的使用性能和工艺性能,被广泛地用来制造机械零件和工程结构。所谓使用性能是指金属材料在使用过程中表现出来的性能,包括力学性能、物理性能(如电导性、热导性等)、化学性能(如耐蚀性、抗氧化性)等。所谓工艺性能是指金属材料在各种加工过程中所表现出来的性能,包括铸造性能、锻造性能、焊接性能、热处理性能以及切削加工性能等。

为了正确、合理地使用金属材料,必须了解其性能。在机械行业中选用材料的时候,一般以力学性能作为主要依据。力学性能是指金属在外力作用下所表现出来的特性。常用的力学性能判据有强度、塑性、硬度、冲击韧性和疲劳强度等。金属力学性能判据是指表征和判定金属力学性能所用的指标和依据。判据的高低表示了金属抵抗各种损伤能力的大小,也是设计金属材料制件时选材及进行强度计算的主要依据。

第一节　强度与塑性

一、强度

强度是指金属材料在外力作用下抵抗塑性变形和断裂的能力。由于所受载荷的形式不同,金属材料的强度可分为抗拉强度、抗压强度、抗弯强度和抗剪强度等。各种强度间具有一定的联系,而抗拉强度是最基本的强度判据。

金属材料受外力作用时,其内部产生了大小相等、方向相反且沿横截面均匀分布的抵抗力,称为内力。单位横截面积上的内力称为应力,用 σ 表示。强度和塑性是通过拉伸试验测得的。

1. 拉伸试验

试验前,将被测金属材料制成具有一定形状和尺寸的标准拉伸试样,如图 1.1。

图 1.1　圆形标准拉伸试样

图中，d_0 为试样原始直径（mm），l_0 为试样原始标距长度（mm）。按照 GB 6397—86《金属拉伸试验试样》规定：试样可分为长试样和短试样。对圆形拉伸试样，长试样 $l_0 = 10d_0$；短试样 $l_0 = 5d_0$。

试验时，将标准试样装夹在拉伸试验机上，缓慢地进行拉伸，使试样承受轴向拉力，直到拉断为止。试验机自动记录装置可将整个拉伸过程中的拉伸力和伸长量描绘在以拉伸力 F 为纵坐标，伸长量 Δl 为横坐标的图上，即得到力-伸长量曲线，如图 1.2。当拉伸力由零逐渐增加到 F_0 时（即曲线上 OE 段），试样的伸长量与拉伸力成正比例增加，试样随拉伸力的增大而均匀伸长。此时若去除拉伸力，试样能完全恢复到原来的形状和尺寸，即试样处于弹性变形阶段。当拉伸力超过 F_e 后，试样除产生弹性变形外，还开始出现微量的塑性变形。塑性变形是指金属在外力作用下，发生不能恢复原状的变形，也称为永久变形。当拉伸力增大到 F_s 时，曲线上出现水平（或锯齿形）线段，即表示拉伸力不增加，试样却继续伸长，此现象称为"屈服"。拉伸力超过 F_s 后，试样产生大量的塑性变形，直到拉伸力为 F_b 时，试样横截面发生局部收缩，即产生"缩颈"。此后，试样的变形局限在缩颈部分，故能承受的拉伸力迅速减小，直到拉断试样（曲线 K 点）。

图 1.2　退火低碳钢的力-伸长量曲线

2. 强度的主要判据

金属材料的强度是用应力来度量的。常用的强度判据有弹性极限、屈服点和抗拉强度。

（1）弹性极限

弹性极限是指试样产生完全弹性变形时所能承受的最大应力，用符号 σ_e 表示，单位为 MPa。

$$\sigma_e = \frac{F_e}{A_0}$$

式中，F_e——试样产生完全弹性变形时的最大拉伸力，单位为 N；

$\quad A_0$——试样原始横截面积，单位为 mm^2。

弹性极限是弹性元件（如弹簧）设计以及选材的主要依据。

（2）屈服点（屈服强度、屈服极限）

屈服点是材料产生屈服现象时所承受的应力值，用符号 σ_s 表示，单位为 MPa。

$$\sigma_s = \frac{F_s}{A_0}$$

式中，F_s——试样产生屈服时的拉伸力，单位为 N。

有些金属材料,例如高碳钢、铸铁等,在拉伸试验中没有明显的屈服现象。因此,GB 10623—89 规定,以试样去掉拉伸力后,其标距部分的残余伸长量达到规定原始标距长度 0.2%时受到的应力,为该材料的条件屈服点,用符号 $\sigma_{0.2}$ 表示。

σ_s 和 $\sigma_{0.2}$ 表示材料抵抗微量塑性变形的能力。零件工作时通常不允许产生塑性变形,因此,σ_s 是设计与选材时的主要参数。

（3）抗拉强度（强度极限）

抗拉强度是指试样拉断前所能承受的最大拉应力,用符号 σ_b 表示,单位为 MPa。

$$\sigma_b = \frac{F_b}{A_0}$$

式中,F_b——试样被拉断前的最大拉伸力,单位为 N;

σ_b——表征材料对最大均匀塑性变形的抗力。

σ_s 与 σ_b 的比值称为屈强比,屈强比越小,零件工作时的可靠性越高,因为若超载也不会立即断裂。但是屈强比太小,材料强度的有效利用率将降低。σ_b 也是设计和选材时的主要参数。

二、塑性

塑性是指金属材料在载荷作用下产生塑性变形而不被破坏的能力。金属材料的塑性也是通过拉伸试验测得的,通常使用的塑性指标有伸长率和断面收缩率。

1. 伸长率

伸长率是指试样被拉断后,标距长度的伸长量与原始标距长度比值的百分比,用符号 δ 表示:

$$\delta = \frac{l_k - l_0}{l_0} \times 100\%$$

式中,l_0——试样原始标距长度,单位为 mm;

l_k——试样被拉断后的标距长度,单位为 mm。

长试样与短试样的伸长率分别用 δ_{10} 和 δ_5 表示,习惯上 δ_{10} 也常写成 δ。伸长率的大小与试样的尺寸有关,对于同一材料,短试样测得的伸长率大于长试样的伸长率,即 $\delta_5 > \delta_{10}$。因此,在比较不同材料的伸长率时,应采用相同尺寸规格的标准试样。

2. 断面收缩率

断面收缩率是指试样被拉断后,缩颈处横截面积的最大缩减量与原始横截面积比值的百分比,用符号 ψ 表示:

$$\psi = \frac{A_0 - A_k}{A_0} \times 100\%$$

式中,A_k——试样被拉断处的横截面积,单位为 mm^2。

断面收缩率不受试样尺寸的影响,因此能够比较准确地反映出材料的塑性。

材料的伸长率和断面收缩率愈大,则表示材料的塑性愈好。塑性好的材料,如铜、低碳钢,适合进行轧制、锻造、冲压等压力加工工艺;塑性差的材料,如铸铁,不能进行压力加工,只能用铸造方法成型。而且用塑性较好的材料制成的机械零件,在使用中万一超载,能够产生塑性变形而避免突然断裂,增加了安全可靠性。因此,大多数机械零件除要求具有较高的强度外,还必须有一定的塑性。

第二节　硬　　度

　　硬度是衡量材料软硬程度的指标,它表示金属材料局部体积内抵抗塑性变形或破裂的能力,是重要的力学性能指标。材料的硬度与强度之间具有一定的关系,根据硬度可以大致估计材料的强度,因此,在机械设计中,零件的技术条件往往标注硬度。热处理生产中也常以硬度作为检验产品是否合格的主要依据。材料的硬度是通过硬度试验测得的。

　　硬度试验方法比较多,生产中常用的是布氏硬度、洛氏硬度和维氏硬度试验法。

一、布氏硬度

　　布氏硬度的测定是在布氏硬度试验机上进行的,其试验原理如图 1.3(a)。用直径为 D 的淬火钢球或硬质合金球作压头,以相应的试验力 F 将压头压入试件表面,经过规定的保持时间以后,去除试验力,在试件表面得到一直径为 d 的压痕。以压痕单位表面积上承受的压力表示布氏硬度值,用符号 HB 表示;以淬火钢球为压头时,符号为 HBS;以硬质合金球为压头时,符号为 HBW。

$$\text{HBS(HBW)} = \frac{F}{A_{\text{压}}} = \frac{F}{\pi Dh} = \frac{2F}{\pi D(D - \sqrt{D^2 - d^2})}\text{kgf/mm}^{2①} \quad (\text{试验力 } F \text{ 的单位为 kgf})$$

$$\text{HBS(HBW)} = 0.102\frac{2F}{\pi D(D - \sqrt{D^2 - d^2})}\text{kgf/mm}^2 \quad (\text{试验力 } F \text{ 的单位为 N})$$

(a)　　　　　　　　　　　　(b)

图 1.3　布氏硬度试验原理示意图

　　式中,$A_{\text{压}}$——压痕表面积,单位为 mm^2;

　　　　　d,D,h——压痕平均直径、压头直径、压痕深度,单位为 mm。

　　上式中只有 d 是个变数,只要测出 d 值,即可通过计算或查表得到相应的布氏硬度值。

　　根据图 1.3(b)中 d 与压入角 φ 的关系,布氏硬度计算公式又可写成:

$$\text{HBS(HBW)} = \frac{2F}{\pi D^2\left(1 - \sqrt{1 - \sin^2\dfrac{\varphi}{2}}\right)}\text{kgf/mm}^2 \quad (\text{试验力 } F \text{ 的单位为 kgf})$$

---

　　① kgf:千克力,是工程单位制中力的主单位,1 千克力(kgf) = 9.807 牛顿(N)。

由上式可知,为使同一硬度材料的布氏硬度值相同,必须保证 φ 和 F/D^2 均为常数,并使压痕直径在 $0.25D<d<0.6D$ 之间。

在进行布氏硬度试验的时候,应根据被测金属材料的种类和试件厚度,选用不同直径的压头、试验力和试验力保持时间。按 GB 231—84 规定,压头直径有五种(10 mm、5 mm、2.5 mm、2 mm 和 1 mm);F/D^2 的比值有七种(30,15,10,5,2.5,1.25 和 1)。可以根据金属材料种类和布氏硬度范围选择 F/D^2 值,见表 1.1。试验力保持时间:钢铁材料为 10~15 s,有色金属为 30 s,布氏硬度值小于 35 时为 60 s。

表 1.1　布氏硬度试验规范

金属种类	布氏硬度范围 HBS(HBW)	试样的厚度 (mm)	$0.102F/D^2$	钢球直径 (mm)	试验力 F [kN(kgf)]	试验力保持时间 (s)
黑色金属	140~450	6~3 4~2 <2	30	10.0 5.0 2.5	29.42(3 000) 7.355(750) 1.839(187.5)	12
	<140	>6 6~3	10	10.0 5.0	9.807(1 000) 2.452(250)	12
非铁金属	>130	6~3 4~2 <2	30	10.0 5.0 2.5	29.42(3 000) 7.355(750) 1.839(187.5)	30
	36~130	9~3 6~3	10	10.0 5.0	9.807(1 000) 2.452(250)	30
	8~35	>6	2.5	10.0	2.452(250)	60

实验时,布氏硬度不需计算,只需根据测出的压痕直径 d 查表即可得到硬度值。d 值越大,硬度值越小;d 值越小,硬度值越大。布氏硬度一般不标注单位,其表示方法为:在符号 HBS 或 HBW 前写出硬度值,符号后面依次用相应数字注明压头直径、试验力和保持时间(10~15 s 不标注)。例如,120HBS10/1 000/30 表示用直径 10 mm 的淬火钢球作压头,在 1 000 kgf(9.807 kN)试验力作用下,保持 30 s 所测得的布氏硬度值为 120。

布氏硬度试验法压痕面积较大,能够反映出较大范围内材料的平均硬度,测量结果较准确、稳定,但操作不够简便,又因压痕大,故不宜测试薄件和成品件。HBS 适于测量硬度值小于 450 的材料;HBW 适于测量硬度值小于 650 的材料。

二、洛氏硬度

洛氏硬度试验原理如图 1.4。它是用顶角为 120°的金刚石圆锥体或直径为 1.588 mm 的淬火钢球作压头,在初试验力和总试验力(初试验力 + 主试验力)先后作用下,将压头压入试件表面,保持规定时间以后,去除主试验力,用测量的残余压痕深度增量(增量是指去除主试验力并保持初试验力的条件下,在测量的深度方向上产生的塑性变形量)来计算硬度的一种硬度试验法。

图 1.4 中,0—0 为压头与试件表面未接触的位置;1—1 为加初试验力 10 kgf(98.07 N)以后,压头经试件表面压入到 b 处的位置,b 处是测量压入深度的起点;2—2 为初试验力和主试验力共同作用下,压头压入到 c 处的位置;3—3 为卸除主试验力,但保持初试验力的条件下,因试件弹性变形的恢复使压头回升到 d 处的位置。因此,压头在主试验力作用下,实

际压入试件产生塑性变形的压痕深度为 bd（bd 为残余压痕深度增量）。用 bd 的大小来判断材料的硬度。bd 越大，硬度越低；反之，硬度越高。为适应习惯上数值越大，硬度越高的概念，故用一常数 K 减去 $bd/0.002$ 作为硬度值（每 0.002 mm 的压痕深度为一个洛氏硬度单位），直接由硬度计表盘上读出。洛氏硬度使用符号 HR 表示：

$$HR = K - \frac{bd}{0.002}$$

金刚石作压头，K 为 100；淬火钢球作压头，K 为 130。

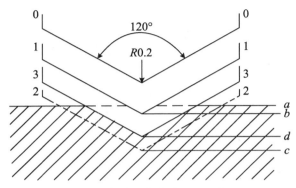

图 1.4　洛氏硬度试验原理示意图

为使同一硬度计能测试不同硬度范围的材料，可以采用不同的压头和试验力。按压头和试验力不同，GB/T 230—91 规定洛氏硬度的标尺有九种，但常用的是 HRA、HRB、HRC 三种，其中 HRC 应用最广。洛氏硬度表示方法为：在符号前面写出硬度值，如 62HRC、85HRA 等。洛氏硬度的试验条件和应用范围见表 1.2。

表 1.2　洛氏硬度试验条件和应用范围

标尺符号	所用压头	总载荷（N）	测量范围（HR）	应用举例
HRA	120°金刚石圆锥	588.4	60～88	碳化物、硬质合金、淬火工具钢、浅层表面硬化钢等
HRB	Ø1.588 mm 淬火钢球	980.7	25～100	软钢、铜合金、铝合金、可锻铸铁等
HRC	120°金刚石圆锥	1 471.1	20～70	淬火钢、调质钢、深层表面硬化钢等

注：HRA、HRC 所用刻度为 100，HRB 为 130。

图 1.5　维氏硬度试验原理示意图

洛氏硬度试验操作简便迅速，可以直接从硬度计表盘上读出硬度值。压痕小，可直接测量成品或较薄工件的硬度。但由于压痕较小，测得的数据不够准确，通常应在试样不同部位测定三点取其算术平均值作为硬度值。

三、维氏硬度

维氏硬度试验原理基本上与布氏硬度相同，也是根据压痕单位表面积上的载荷大小来计算硬度值。所不同之处是采用相对面夹角为 136°的正四棱锥体金刚石作压头，如图 1.5。

　　试验时,用选定的载荷 F 将压头压入试样表面,保持规定时间后卸除载荷,在试样表面压出一个四方锥形压痕,测量压痕两对角线长度,求其算术平均值,用以计算出压痕表面积,以压痕单位表面积上所承受的载荷大小表示维氏硬度值,用符号 HV 表示。

　　维氏硬度试验法所用试验力小,压痕深度浅,轮廓清晰,数字准确可靠,被广泛用于测量金属镀层、薄片材料和化学热处理后的表面硬度。又因其试验力可在很大范围内选择(49.03~980.7 N),所以可测量从很软到很硬的材料。但是维氏硬度试验不如洛氏硬度试验简便、迅速,不适于成批生产的常规检验。

第三节　韧性与疲劳强度

一、韧性

　　强度、塑性、硬度都是在缓慢加载即静载荷下的力学性能指标。实际上,许多机械零件经常在冲击载荷作用下工作,例如锻锤的锤杆、冲床的冲头等。对于这类零件,不仅要满足在静力作用下的强度、塑性、硬度等性能判据,还应具有足够的韧性。

　　金属材料抵抗冲击载荷作用而不被破坏的能力称为冲击韧度。材料的冲击韧度值通常采用摆锤式一次冲击试验进行测定。

　　按照 GB/T 229—1994《金属夏比(U 型或 V 型缺口)冲击试验法》规定,将被测材料制成标准冲击试样,如图 1.6。

图 1.6　夏比 U 型缺口试样

　　试验的时候,将试样缺口背向摆锤冲击方向放在试验机支座上(图 1.7(a)),摆锤举至 h_1 高度,具有位能 mgh_1,然后使摆锤自由落下,冲断试样后,摆锤升至高度 h_2(图 1.7(b)),此时摆锤的位能为 mgh_2。摆锤冲断试样所消耗的能量,即试样在冲击力一次作用下折断时所吸收的功,称为冲击吸收功,用符号 A_K 表示(U 型缺口试样用 A_{KU}、V 型缺口试样用 A_{KV}):

$$A_K = mgh_1 - mgh_2 = mg(h_1 - h_2)$$

图 1.7　摆锤或冲击试验原理示意图

A_K 值不需要计算,可由冲击试验机刻度盘上直接读出。冲击试样缺口底部单位横截面积上的冲击吸收功,称为冲击韧度,用符号 α_K 表示,单位为 J/cm^2。

$$\alpha_K = \frac{A_K}{A}$$

式中,A——试样缺口底部横截面积,单位为 cm^2。

冲击吸收功越大,材料韧性越好。冲击吸收功同温度有关。由图 1.8 可知,A_K 值随温度降低而减小,在不同温度的冲击试验中,冲击吸收功急剧变化或断口韧性急剧转变的温度区域,称为韧脆转变温度。韧脆转变温度越低,材料的低温抗冲击性能越好。

图 1.8　温度对冲击吸收功的影响

冲击吸收功大小还同试样形状、尺寸、表面粗糙度、内部组织和缺陷等因素有关。因此,冲击吸收功一般作为选材的参考,而不能直接用于强度计算。

应当指出,冲击试验时,冲击吸收功中只有一部分消耗在断开试样缺口的截面上,冲击吸收功的其余部分则消耗在冲断试样前,缺口附近体积内的塑性变形上。因此,冲击韧度不能真正代表材料的韧性,而用冲击吸收功 A_K 作为材料韧性的判据更为适宜。国家标准现已规定采用 A_K 作为韧性判据。

二、疲劳强度

许多机械零件(如齿轮、弹簧、连杆、主轴等)都是在循环应力(即应力的大小、方向随时间作周期性变化)的作用下工作。按循环应力大小和方向不同,零件承受的应力分为交变应力和重复应力两种。零件在循环应力作用下,在一处或几处产生局部永久性累积损伤,经一定循环次数后产生裂纹或突然发生完全断裂的过程,称为疲劳(疲劳断裂)。疲劳断裂前没有明显的塑性变形,因此危险性很大,通常会造成严重的事故。据统计,大部分零件的损坏均是由于疲劳造成的。

　　实验证明,金属材料能承受的交变应力 σ 与断裂前应力循环基数 N 之间的关系如图 1.9。由图可知,当 σ 低于某一值时,曲线与横坐标平行,表示材料可经无数次循环应力作用而不断裂,这一应力称为疲劳强度,用 σ_{-1} 表示光滑试样对称弯曲疲劳强度。

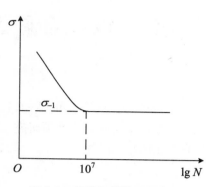

图 1.9　钢铁材料的疲劳曲线

　　一般情况下,交变应力越小,断裂前所能承受的循环次数越多;交变应力越大,循环次数越少。工程上用的疲劳强度,是指在一定的循环基数下不发生断裂的最大应力,通常规定钢铁材料的循环基数取 10^7,有色金属取 10^8。

　　材料存在气孔、微裂纹、夹杂物等缺陷。材料表面划痕、局部应力集中等因素,均可加快疲劳断裂。减小表面粗糙度值和进行表面淬火、喷丸处理、表面滚压等方法均可以提高材料的疲劳强度。

课 后 习 题

一、判断题

1. 同一机器中受力不相同的零件,材料强度高的一般不会变形,材料强度低的一般先产生变形。(　　)

2. 没有明显屈服现象的材料,其屈服强度可以用条件屈服强度表示。(　　)

3. 同一金属材料,短试样的伸长率值会大于长试样的伸长率值。(　　)

4. 布氏硬度试验具有测定数据准确,稳定性高等优点。所以主要用于各种成品件硬度的测定。(　　)

5. 洛氏硬度实验的时候,一般需测试三次,取三次读数的算术平均值作为硬度值。(　　)

二、选择题

1. 拉伸实验可以用来测定材料的(　　)。
   A. 强度　　　　B. 塑性　　　　C. 硬度　　　　D. 冲击韧度

2. 有一淬火钢成品零件,需进行硬度测定,应采用(　　)。
   A. HBS　　　　B. HRA　　　　C. HRB　　　　D. HRC

三、问答题

1. 说明拉伸曲线绘制原理,画出低碳钢的拉伸曲线图,并标示出开始出现屈服时的载荷和断裂前承受的最大载荷在曲线中相应位置。

2. 比较说明布氏硬度实验和洛氏硬度实验的优缺点及其应用。

四、应用题

　　有一批用同一钢号制成的规格相同的紧固螺栓,用于 A、B 两种机器当中,使用中,A 机器中的出现了明显的塑性变形,B 机器中的产生了裂纹,试从实际承受的应力值说明出现上述问题的原因,并提出解决该问题的两种方案。

第二章 金属及合金的晶体结构与结晶

不同的材料具有不同的性能,其根本的原因在于材料的内部具有不同的组织结构。因此,要掌握材料的性能就必须研究材料的内部组织结构。固体材料按内部原子聚集状态不同,分为晶体与非晶体两大类。固态金属及其合金基本上都是晶体物质。

第一节 纯金属的晶体结构

一、晶体结构的基本知识

1. 晶体与非晶体
原子呈规则排列的物质称为晶体(如图 2.1(a)),如金刚石、石墨和固态金属以及合金等,晶体具有固定的熔点,呈现规则的外形,并具有各向异性特征;原子呈不规则排列的物质称为非晶体,如玻璃、松香、沥青、石蜡等,非晶体没有固定的熔点。

(a) 晶体   (b) 晶格   (c) 晶胞

图 2.1 晶体、晶格与晶胞示意图

2. 晶格、晶胞与晶格常数
为了便于研究晶体中原子的排列规律,假定理想晶体中的原子都是固定不动的刚性球体,并用假想的线条将晶体中各原子中心连接起来,便形成了一个空间格架(如图 2.1(b)),这种抽象的、用于描述原子在晶体中规则排列方式的空间格架称为晶格。晶体中线条的交点称为结点。

晶体是由原子周期性重复排列而形成的。因此,通常只从晶格中选取一个能够完全反映晶格特征的、最小的几何单元来分析晶体中原子的排列规律,这个最小的几何单元称为晶胞,如图 2.1(c)所示。实际上整个晶格就是由许多大小、形状以及位向相同的晶胞在三维空间重复堆积排列而成的。

晶胞的大小和形状通常以晶胞的三条棱边长度 a,b,c 及棱边夹角 α,β,γ 来表示,如图 2.1(c)所示。晶胞的棱边长度称为晶格常数,以埃(Å)为单位来表示(1 Å = 10^{-8} cm)。

各种晶体由于晶体类型和晶格常数不同,呈现出不同的物理、化学以及力学性能。

二、常见金属晶格类型

1.体心立方晶格

体心立方晶格的晶胞是一个立方体。其晶格常数 $a=b=c$,在立方体的 8 个顶角和立方体的中心各有一个原子(如图 2.2 所示)。每一个晶胞中实际含有的原子数为 $\frac{1}{8} \times 8+1=2$(个)。属于体心立方晶格的金属有 α 铁(α-Fe)、铬(Cr)、钨(W)、钼(Mo)、钒(V)等。

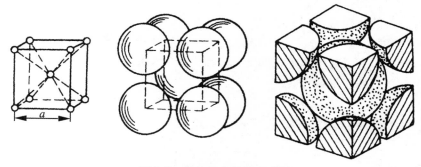

图 2.2　体心立方晶胞示意图

2.面心立方晶格

面心立方晶格的晶胞也是一个立方体。其晶格常数 $a=b=c$,在立方体的 8 个顶角和立方体 6 个面的中心各有一个原子(如图 2.3 所示)。每一个晶胞中实际含有的原子数为 $\frac{1}{8} \times 8+6 \times \frac{1}{2}=4$(个)。属于面心立方晶格的金属有 γ 铁(γ-Fe)、铝(Al)、铜(Cu)、镍(Ni)、金(Au)、银(Ag)等。

图 2.3　面心立方晶胞示意图

3.密排六方晶格

密排六方晶格的晶胞是个正六方柱体。该晶胞要用两个晶格常数表示,一个是六边形

的边长 a，另一个是柱体高度 c。在密排六方晶胞的 12 个顶角上和上、下底面中心各具有一个原子，另外在晶胞中间还有 3 个原子，如图 2.4 所示。每一个晶胞中实际含有的原子数目为 $\frac{1}{6} \times 12 + \frac{1}{2} \times 2 + 3 = 6$（个）。具有密排六方晶格的金属有 α 钛（α-Ti）、镁（Mg）、锌（Zn）、铍（Be）等。

图 2.4　密排六方晶胞示意图

在不同类型晶格的晶体当中，原子排列的紧密程度是不相同的，通常用晶格的致密度（晶胞中所含原子的体积与该晶胞的体积之比）表示。在三种常见的金属晶体结构中，体心立方晶格的致密度为 68%；面心立方晶格和密排六方晶格的致密度均为 74%。当金属的晶格类型发生转变时，会引起金属体积的变化。若体积的变化受到约束，则会在金属内部产生应力，从而引起工件的变形或开裂。

三、纯金属的实际晶体结构

1. 多晶体结构

晶体内部的晶格排列位向（即原子排列方向）完全一致的晶体称为单晶体。单晶体具有各向异性的特征，单晶体在自然界中几乎是不存在的，现在可以用人工方法制成某些单晶体（如单晶硅）。实际工程上用的金属材料都是由许多不规则的、颗粒状的小晶体组成，这种不规则的、颗粒状的小晶体称为"晶粒"。每个晶粒内部的晶格位向是一致的，而各晶粒之间位向是不相同的，如图 2.5 所示。由许多晶粒组成的晶体称为多晶体。一般金属材料都是多晶体结构。多晶体材料中晶粒与晶粒之间的交界面称为晶界。由于多晶体是由许多位向不同的晶粒组成，其中各晶粒间排列的位向不同，从而使各晶粒的有向性相互抵消，所以实际的金属材料是各向同性的。

2. 晶体缺陷

实际金属材料属于多晶体结构，由于结晶条件、原子热运动以及加工条件等原因，会使晶体内部出现某些原子偏离结点位置，出现局部的不完整，这种区域被称为晶体缺陷。根据晶体缺陷的几何特点，可以将其分为以下三种不同类型：

（1）点缺陷

点缺陷是指长、宽、高尺寸都很小的缺陷。最常见的点缺陷是晶格空位和间隙原子，如图 2.6 所示。在实际晶体结构中，晶格的某些结点往往未被原子占有，这种空着的结点位置称为晶格空位；处在晶格间隙中的原子被称为间隙原子。在晶体中由于点缺陷的存在，将引起周围原子间的作用力失去平衡，使其周围原子向缺陷处靠拢或被撑开，从而使晶格发生歪扭，这种现象称为晶格畸变。晶格畸变会使金属的强度与硬度提高。

图 2.5　金属的多晶体结构示意图

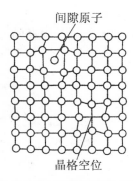

图 2.6　晶格空位和间隙原子示意图

（2）线缺陷

线缺陷是指在一个方向上的尺寸很大，另两个方向上尺寸很小的一种缺陷，主要是各种类型的位错。所谓位错是晶体中某处有一列或若干列原子发生了有规律地错排现象。位错的形式很多，其中最简单最常见的是刃型位错，如图 2.7 所示。由 2.7 图可见，晶体的上半部分多出了半个原子面，它像刀刃一样切入晶体当中，使上、下两部分晶体间产生了错排现象，因而称为刃型位错。*EF* 线称为位错线，在位错线附近晶格发生了畸变。位错的存在对金属的力学性能有着很大的影响。例如，冷变形加工后的金属，由于位错密度的增加，强度明显提高了。

(a) 立体模型

(b) 平面图

图 2.7　刃型位错示意图

（3）面缺陷

面缺陷是指在两个方向上的尺寸很大，第三个方向上的尺寸很小从而呈面状分布的缺陷。面缺陷的主要形式是晶界与亚晶界，它是多晶体中晶粒与晶粒之间的过渡区域。由于各晶粒之间的位向不相同，所以晶界实际上是原子排列从一种位向过渡到另一种位向的过渡层，在晶界处原子排列是不规则的，如图 2.8 所示。

晶界的存在，使晶格处于畸变状态，在常温下对金属塑性变形起阻碍作用。所以，金属的晶粒愈细，则晶界愈多，对塑性变形的阻碍作用也愈大，金属的

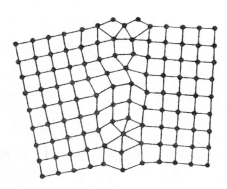

图 2.8　晶界的结构示意图

强度和硬度就愈高。

以上各种缺陷处使其附近晶格均处于畸变状态,直接影响到金属的力学性能,使金属的强度、硬度有所提高。

第二节　纯金属结晶

一、冷却曲线与过冷度

大多数金属材料都是经过熔化、冶炼和浇铸以后得到的,即由液态金属冷却凝固而成。由于固态金属是晶体,所以液态金属的凝固过程则称为结晶。金属结晶后的组织对金属的性能有很大影响。因此,研究金属结晶的过程,对改善金属材料的组织和性能具有重要的意义。

液态金属的结晶过程可用热分析的方法来研究。即将金属加热到熔化状态,然后使其缓慢地冷却,在冷却的过程中,每隔一定的时间测量一次温度,直到冷却至室温,然后将测量数据画在温度-时间坐标图上,便得到一条金属在冷却过程中温度与时间的关系曲线,如图2.9所示,这条曲线被称为冷却曲线。由图2.9可见,液态金属随着冷却时间的延长,温度不断下降,但是当冷却到某一温度的时候,在曲线上出现了一个水平线段,其所对应的温度就是金属的结晶温度。金属结晶时释放出结晶潜热,补偿了冷却散失的热量,从而使结晶在恒温下进行。结晶完成后,由于散热,温度又继续下降。

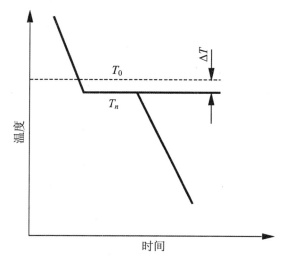

图 2.9　纯金属的冷却曲线示意图

金属在极其缓慢的冷却条件下(即平衡条件下)所测得的结晶温度称为理论结晶温度(T_0)。但在实际生产当中,液态金属结晶时,冷却速度都是比较大的,金属总是在理论结晶温度以下某一温度开始进行结晶,这一温度被称为实际结晶温度(T_n)。金属实际结晶温度低于理论结晶温度的现象被称为过冷现象。理论结晶温度与实际结晶温度之差值被称为过冷度,用 ΔT 表示,即 $\Delta T = T_0 - T_n$。

金属结晶时的过冷度与冷却速度有关,冷却速度越大,过冷度就越大,金属的实际结晶温度就越低。实际上金属总是在过冷的情况下结晶的,所以,过冷度是金属结晶的必要条件。

二、纯金属的结晶过程

纯金属的结晶过程是晶核不断形成和晶核不断长大的过程,如图 2.10 所示,液态金属中原子进行着热运动,无严格的排列规则。随着温度下降,原子热运动逐渐减弱,原子活动范围逐渐缩小,相互之间逐渐靠近。当冷却到结晶温度时,某些部位的原子按金属固有的晶格,有规则地排列成小的原子集团,这些细小的集团被称为晶核,这种形核方式称为自发形核。晶核周围的原子按固有规律向晶核聚集,使晶核逐渐长大。在晶核不断长大的同时,又会在液体中产生新的晶核并开始不断长大,直到液态金属全部消失,形成的晶体彼此接触为止。每个晶核长大成为一个晶粒,这样,结晶后的金属便是由许多晶粒所组成的多晶体的结构。

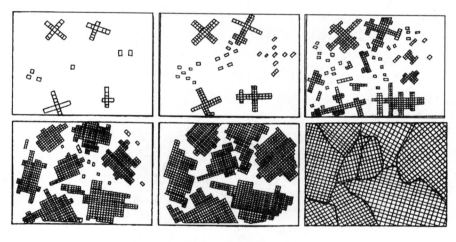

图 2.10　金属结晶过程示意图

金属中含有的杂质质点能促进晶核在其表面上形成,这种依附于杂质而形成晶核的方式被称为非自发形核。能起非自发形核作用的杂质,其晶体结构和晶格参数应与金属的相似,这样它才能成为非自发形核的基底。自发形核和非自发形核同时存在于液态金属中,但非自发形核往往比自发形核起到更为重要的作用,起着优先和主导的作用。

晶核形成以后,当过冷度较大或金属中存在杂质时,金属晶体通常以树枝状的形式长大。在晶核形成的初期,外形一般比较规则,但随着晶核的长大,形成了晶体的顶角和棱边,此处散热条件优于其他部位,因此在顶角和棱边处以较大成长速度形成晶体的主干。同样的道理,在主干的长大过程中,又会不断生出分支,最后填满枝干的空间,结果形成树枝状晶体,简称枝晶,如图 2.11 所示。

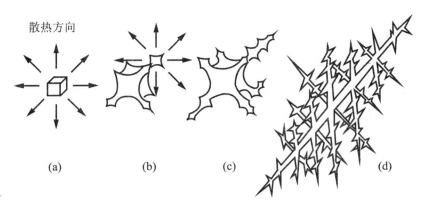

图 2.11　树枝状晶体长大过程示意图

三、金属晶粒的大小与控制

金属结晶以后的晶粒大小(用单位面积或单位体积内的晶粒数目或晶粒平均直径定量表征)对于金属的力学性能影响很大。一般情况下,晶粒越细小,金属的强度和硬度越高,塑性和韧性也越好。因此,细化晶粒是使金属材料强韧化的有效途径。

晶粒大小主要取决于形核率 N 和长大率 G。形核率是指单位时间内在单位体积液体中产生的晶核数目。长大率是指单位时间内晶核长大的线速度。

凡是能够促进形核率,抑制长大率的因素,都能细化晶粒。工业生产当中,为了获得细晶粒组织,常采用以下几种方法:

图 2.12　形核率和长大率与过冷度的关系

（1）增大过冷度

金属结晶时的冷却速度越大,则过冷度越大。实践证明,增加过冷度,使金属结晶时的形核率增加速度大于长大率,如图 2.12 所示,则结晶后获得细晶粒组织。如在铸造生产中,常用金属型代替砂型来加快冷却速度,以达到细化晶粒的目的。

（2）变质处理

变质处理是在浇注前向液态金属中人为地加入少量被称为变质剂的物质,从而起到非自发形核的作用,使金属结晶时的形核率增加速度大于长大率,从而使晶粒细化。例如向铸铁中加入硅铁或硅钙合金、向铝硅合金中加入钠或钠盐等都是变质处理的典型实例。变质处理是一种细化晶粒的有效方法,因而在工业生产中得到广泛应用。

（3）附加振动

在金属结晶过程中,采用机械振动、超声波振动、电磁振动等方法,使正在长大的晶体折断、破碎,这样不仅使已形成的晶粒因破碎而细化,而且破碎了的细小枝晶又起到新晶核的作用,增加了形核率,从而达到细化晶粒的目的。

四、铸锭组织

金属制品大多数是先将液态金属浇铸成金属铸锭,然后再经压力加工成型材,最后经过各种冷、热加工制成成品以供使用。铸锭结晶后的组织不仅影响其加工性能,而且还会影响制品的力学性能。

典型的铸锭结晶组织如图 2.13 所示,一般可分为表层细等轴晶粒区、柱状晶粒区、中心粗大等轴晶粒区等三层不同特征的晶区。

（1）表层细等轴晶粒区。当高温下的液态金属注入铸锭模的时候,由于铸锭模温度较低,靠近模壁的薄层金属液体便形成了极大的过冷度,再加上模壁上的杂质起到了自发形核作用,于是便形成了一层很细的等轴晶粒层。

（2）柱状晶粒区。随着表面层等轴细晶粒层的形成,铸锭模的温度升高,液态金属的冷却速度减慢,过冷度减小。此时,沿垂直于模壁的方向散

图 2.13　铸锭的结晶组织

热最快,晶体沿散热的相反方向择优生长,形成柱状晶粒区。

（3）中心粗等轴晶粒区。随着柱状晶粒区的结晶,铸锭模的模壁温度在不断地升高,散热速度减慢,逐渐趋于均匀冷却状态。晶核在液态金属中可以自由生长,在各个不同的方向上其长大速率基本相当,结果便形成了粗大的等轴晶粒区。

金属铸锭中的细等轴晶粒区,显微组织比较致密,室温下力学性能也最高。但该区较薄,所以对铸锭性能影响不大。在铸锭的柱状晶粒区,因平行分布的柱状晶粒间的接触面较为脆弱,并常常聚集有易熔杂质和非金属夹杂物等,使金属铸锭在冷、热压力加工时容易沿这些脆弱面产生开裂现象,降低力学性能,所以,对于钢锭一般不希望获得柱状晶粒区;但柱状晶粒区的组织较致密,不容易产生疏松等铸造缺陷,对于塑性较好的有色金属及合金,有时候为了获得较致密的铸锭组织而希望获得较大的柱状晶粒区,因为这些金属及其合金的塑性良好,在压力加工中不至于产生开裂现象。由于铸锭的中心粗大等轴晶粒区在结晶时没有择优取向,不存在脆弱的交界面,但是组织疏松,杂质较多,力学性能也较低。

五、金属的同素异晶转变

大多数金属在结晶完成后,其晶格类型都不会再发生变化。但也有少数金属例外,如铁、钴、钛等,在结晶之后继续冷却时,还会发生晶体结构的变化,即从一种晶格转变为另一种晶格,这种转变称为金属的同素异晶转变。现以纯铁为例来说明金属的同素异晶转变过程。纯铁的冷却曲线如图 2.14 所示。

液态纯铁在 1 538 ℃时结晶成具有体心立方晶格的 δ-Fe;当冷却到 1 394 ℃的时候发生同素异晶转变,由体心立方晶格的 δ-Fe 转变为面心立方晶格的 γ-Fe;当继续冷却到 912 ℃时又发生同素异晶转变,由面心立方晶格的 γ-Fe 转变为体心立方晶格的 α-Fe。再继续冷却,晶格类型不再发生变化。纯铁的同素异晶转变过程可概括如下:

图 2.14　纯铁的冷却曲线

$$\delta\text{-Fe} \underset{}{\overset{1\,394\ ℃}{\rightleftharpoons}} \gamma\text{-Fe} \underset{}{\overset{912\ ℃}{\rightleftharpoons}} \alpha\text{-Fe}$$
　　体心立方晶格　　　　　　面心立方晶格　　　　　体心立方晶格

　　金属发生同素异晶转变的时候,必然伴随着原子的重新排列,这种原子的重新排列过程,实际上就是一个结晶过程,与液态金属结晶过程的不同点在于,其是在固态下进行的。但是它同样遵循结晶过程中的形核与长大的规律。为了和液态金属的结晶过程相区别,一般称其为重结晶。纯铁的同素异晶转变是钢铁材料能够进行热处理的理论依据,也是钢铁材料能获得各种性能的主要原因之一。

第三节　合金的晶体结构与结晶

一、合金的基本概念

　　纯金属一般具有良好的导电性、导热性以及金属光泽,但是其种类有限,生产成本高,力学性能低,无法满足人们对金属材料提出的多品种以及高性能的要求。因此,实际生产中应用的金属材料大多为合金。碳钢、合金钢、铸铁、黄铜、硬铝等都是常用的合金。

　　合金是指由两种或两种以上的金属元素(或金属与非金属元素)组成的,具有金属特性的新物质。

　　组成合金最基本的、独立的物质被称为组元(简称元)。组元可以是组成合金的元素,也可以是具有独立晶格的金属化合物。例如,普通黄铜的组元是铜和锌,铁碳合金的组元是铁和碳等。按组元的数目,合金分为二元合金、三元合金和多元合金等。

由给定组元按不同比例配制出一系列不同成分的合金,这一系列合金就构成了一个合金系。例如,各种牌号的碳钢和铸铁均属于由不同铁、碳含量的合金所构成的铁碳合金系。

在纯金属以及合金中,具有相同化学成分、晶体结构和相同物理性能的组分被称为"相"。例如,纯铜在熔点温度以上或以下,分别为液相或固相,而在熔点温度时则为液、固两相共存。合金在固态下,可以形成均匀的单相组织,也可以形成由两相或两相以上组成的多相组织,这种组织称为两相或复相组织。

二、合金的相结构

按合金组元之间相互作用的不同,合金在固态下的相结构被分为固溶体和金属化合物两类。

1. 固溶体

固溶体是指合金在固态下,组元间能相互溶解而形成的均匀相。与固溶体晶格类型相同的组元被称为溶剂,其他组元被称为溶质。根据溶质原子在溶剂晶格中所占位置的不同,固溶体分为间隙固溶体和置换固溶体。

(1) 间隙固溶体。间隙固溶体是指溶质原子溶入溶剂晶格的间隙中而形成的固溶体,如图 2.15(a)。

　　　　　○ ------ 溶剂原子　　　　　　　　　　　○ ------ 溶剂原子

　　　　　● ------ 溶质原子　　　　　　　　　　　● ------ 溶质原子

　　　　(a) 间隙固溶体　　　　　　　　　　　　　　(b) 置换固溶体

图 2.15　固溶体的两种类型

由于溶剂晶格的间隙有限,因此间隙固溶体都是有限固溶体。间隙固溶体形成的条件是溶质原子半径与溶剂原子半径的比值 $r_{溶质}/r_{溶剂} \leqslant 0.59$。因此,形成间隙固溶体的溶质元素通常是原子半径小的非金属元素,如碳、氮、氢、硼、氧等。

溶质原子溶入溶剂晶格中使晶格产生畸变,如图 2.16,增加了变形的抗力,因而导致材料强度、硬度提高。这种通过溶入溶质元素,使固溶体强度和硬度提高的现象称为固溶强化。

固溶强化是提高合金力学性能的重要途径之一。

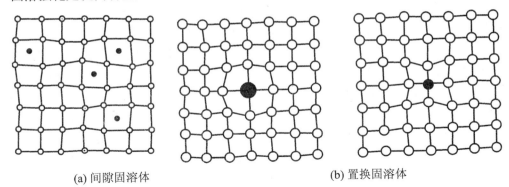

(a) 间隙固溶体　　　　　　　　　　　　　　(b) 置换固溶体

图 2.16　形成固溶体时的晶格畸变

（2）置换固溶体。置换固溶体是指溶质原子占据了部分溶剂晶格结点位置而形成的固溶体,如图 2.15(b)。

按照溶解度的不同,置换固溶体又分为无限固溶体和有限固溶体两种。例如,铜镍合金,铜原子和镍原子可按任意比例相互溶解,形成无限固溶体;而铜锌合金只有在 $w_{Zn} \leqslant$ 39%时,锌才能全部溶入铜中形成单相的 α 固溶体。当 $w_{Zn} > 39$%时,组织中除 α 固溶体外,还出现铜与锌形成的金属化合物。溶解度的大小主要取决于组元的晶格类型、原子半径以及温度等。

2. 金属化合物

金属化合物是指合金组元间发生相互作用而形成的一种新的相,一般可以用分子式表示。根据形成条件及结构特点,常见的金属化合物有三种类型。

（1）正常价化合物。正常价化合物是指严格遵守原子价规律形成的化合物,它们是由元素周期表中相距比较远,电化学性质相差较大的元素组成的,如 Mg_2Si、Mg_2Sn、Mg_2Pb、Cu_2Se 等。

（2）电子化合物。电子化合物是指不遵守原子价规律,但是遵守一定的电子浓度（化合物中总价电子数与总原子数之比）规律的化合物。电子化合物的晶体结构与电子浓度有一定的对应关系。例如,当电子浓度为 $\frac{3}{2}$ 时,形成体心立方晶格的电子化合物,称为 β 相,如 $CuZn$、Cu_3Al 等;当电子浓度为 $\frac{21}{13}$ 时,形成复杂立方晶格的电子化合物,称为 γ 相,例如 Cu_5Zn_8、$Cu_{31}Sn_8$ 等;当电子浓度为 $\frac{7}{4}$ 时,形成密排六方晶格的电子化合物,称为 ε 相,例如 $CuZn_3$、Cu_3Sn 等。

（3）间隙化合物。间隙化合物是指由过渡族金属元素与原子半径较小的碳、氮、氢、硼等非金属元素之间形成的化合物。尺寸较大的金属元素原子占据晶格的结点位置,尺寸较小的非金属元素的原子则有规律地嵌入晶格的间隙中。按结构特点,间隙化合物可以分为以下两种:

① 间隙相。当非金属元素的原子半径与金属元素的原子半径的比值<0.59时,形成具有简单晶格的间隙化合物,称为间隙相,例如 TiC、WC、VC 等。

② 复杂晶体结构的间隙化合物。当非金属元素的原子半径与金属元素的原子半径的

比值>0.59 时,形成具有复杂晶体结构的间隙化合物,例如 Fe_3C、Mn_3C、Cr_7C_3、$Cr_{23}C_6$ 等。

　　Fe_3C 是铁碳合金中的一种重要的间隙化合物,通常称为渗碳体,其碳原子与铁原子半径之比为 0.61。Fe_3C 的晶体结构为复杂的斜方晶格,如图 2.17,熔点约 1 227 ℃,硬度高(约 1 000 HV),塑性和韧性很差。

○ 铁原子
● 碳原子

图 2.17　Fe_3C 的晶体结构

　　金属化合物的晶格类型和性能不同于组成它的任一组元,一般熔点高、硬而脆,生产中很少使用单相金属化合物的合金。但当金属化合物呈细小颗粒且均匀分布在固溶体基体上时,就会使合金强度、硬度和耐磨性明显提高,这一现象称弥散强化。因此,金属化合物主要用来作为碳钢、低合金钢、合金钢、硬质合金及有色金属的重要组成相及强化相。

三、合金的结晶

　　合金的结晶同纯金属一样,也遵循形核与长大的规律。但是由于合金成分中包含有两个或两个以上的组元,其结晶过程除受温度影响外,还受到化学成分及组元间相互作用等因素的影响,故结晶过程比纯金属复杂。为了解合金在结晶过程中各种组织的形成及变化的规律,以掌握合金组织、成分与性能之间的关系,必须利用合金相图这一重要工具。

　　合金相图又称合金状态图或合金平衡图。它是表示在平衡条件下合金系中不同成分合金状态、成分和温度之间关系的图形。根据相图可以了解合金系中不同成分合金在不同温度时的组成相,还可以了解合金在缓慢加热和冷却过程中的相变规律等。在生产实践当中,相图可以作为正确制定铸造、锻压、焊接及热处理工艺的重要依据。

1. 二元合金相图的建立

　　纯金属可用冷却曲线把它在不同温度下的组织状态表示出来。所以纯金属的相图,只要用一条温度纵坐标轴就能表示。然而,二元合金的组成相的变化不仅与温度有关,而且还与合金成分有关。因此就不能简单地用一个温度坐标轴表示,而必须增加一个表示合金成分的横坐标。所以二元合金相图,是以温度为纵坐标、以合金成分为横坐标的平面图形。

合金相图都是用实验方法测定出来的。下面以 Cu-Ni 二元合金系为例,来说明应用热分析法测定其临界点及绘制相图的过程。

(1) 配制一系列成分不同的 Cu-Ni 合金:

① 100%Cu;　　　　② 80%Cu+20%Ni;　　　　③ 60%Cu+40%Ni;

④ 40%Cu+60%Ni;　　⑤ 20%Cu+80%Ni;　　　⑥ 100%Ni。

(2) 用热分析法测出所配制的各合金的冷却曲线,如图 2.18(a)所示。

(3) 找出各冷却曲线上的临界点,如图 2.18(a)所示。

由 Cu-Ni 合金系的冷却曲线可以看到,纯铜和纯镍的冷却曲线都有一个平台(水平线段),纯金属的结晶过程是在恒温下进行的,所以只有一个临界点。其他四种合金的冷却曲线上不出现平台,但却有两个转折点,即有两个临界点。这表明四种合金都是在一个温度范围内进行结晶的。温度较高的临界点表示开始结晶温度,称为上临界点,在图上用"○"表示;温度较低的临界点表示结晶终了温度,称为下临界点,在图上用"●"表示。

(4) 将各个合金的临界点分别标注在温度-成分坐标图中相应的合金线上。

(5) 连接各相同意义的临界点,所得的线被称为相界线。这样就获得了 Cu-Ni 合金相图,如图 2.18(b)所示。图中各开始结晶温度连成的相界线 $t_A L t_B$ 线称为液相线,各终了结晶温度连成的相界线 $t_A \alpha t_B$ 线称为固相线。

(a) Cu-Ni合金的冷却曲线　　　　(b) Cu-Ni合金相图

图 2.18　用热分析法测定 Cu-Ni 合金相图

2. 二元匀晶相图

凡是二元合金系中两组元在液态和固态下以任何比例均可相互溶解,即在固态下能形成无限固溶体时,该相图属于二元匀晶相图。例如 Cu-Ni、Fe-Cr、Au-Ag 等合金的相图都属于这类相图。下面就以 Cu-Ni 合金相图作为例子,对二元匀晶相图进行分析。

(1) 相图分析

图 2.18(a)所示为 Cu-Ni 合金相图,图中 $t_A = 1\,083\,℃$ 为纯铜的熔点;$t_B = 1\,455\,℃$ 为纯镍的熔点。$t_A L t_B$ 为液相线,代表各种成分的 Cu-Ni 合金在冷却过程中开始结晶或在加热过程中熔化终了的温度线;$t_A \alpha t_B$ 为固相线,代表着各种成分的合金冷却过程中结晶终了或在加热过程中开始熔化的温度。

液相线与固相线把整个相图分为了三个相区。在液相线以上是液相区,合金处在液体状态,以"L"表示;固相线以下是单相的固溶体相区,合金处于固体状态,单相组织为 Cu 与 Ni 组成的无限固液体,以"α"表示;在液相线与固相线之间是"液相 + 固相"的两相共存区,即结晶区,用"$L + \alpha$"表示。

（2）合金结晶过程分析

由于 Cu、Ni 两组元能以任何比例形成单相 α 固溶体。因此,任何成分的 Cu-Ni 合金的冷却过程都是相似的。现在以含 40%Ni 的 Cu-Ni 合金为例,分析其结晶的过程,如图 2.19 所示。

由图 2.19(a)可见,该合金的成分线与相图上液相线、固相线分别在 t_1、t_3 温度时相交,这就是说,该合金是在 t_1 温度时开始结晶,t_3 温度时结晶结束。

因此,当合金自高温液态缓慢冷却到 t_1 温度时,从液相中开始结晶出 α 固溶体,随着温度的下降,α 固溶体量不断增多,剩余液相量不断减少。直到温度降到 t_3 温度时,合金结晶终了,获得了 Cu 与 Ni 组成的 α 固溶体。该合金的冷却过程可用冷却曲线和冷却过程示意图表示,如图 2.19(b)所示。

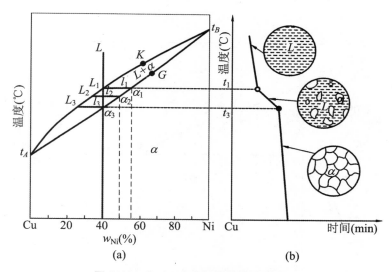

图 2.19　Cu-Ni 合金相图结晶过程分析

在结晶过程中,液相和固相的成分通过原子扩散在不断地变化,液相 L 成分沿液相线由 L_1 点变至 L_3 点,固相 α 成分沿固相线由 α_1 点变至 α_3 点。在 t_1 温度时,液、固两相的成分分别为 L_1、α_1 点在横坐标上的投影,α 相成分为 $w_{Ni} = 55\%$;当温度降为 t_2 时,液、固两相的成分分别为 L_2、α_2 点在横坐标上的投影,α 相成分为 $w_{Ni} = 50\%$,与 α 相平衡共存的剩余液相成分约为 $w_{Ni} = 30\%$;温度降至 t_3 时,α 相成分约变为 $w_{Ni} = 40\%$。

（3）晶内偏析

如上所述只有在非常缓慢冷却和原子能充分进行扩散条件下,固相的成分才能沿着固相线均匀变化,最终得到与原合金成分相同的均匀 α 相。但在生产中,一般冷却速度较快,原子来不及充分扩散,致使先结晶的固相含高熔点组元镍较多,而后结晶的固相含低熔点的组元铜较多,在一个晶粒内呈现出心部含镍多,表层含镍少。这种晶粒内部化学成分不均匀的现象称为晶内偏析,又称枝晶偏析。晶内偏析会降低合金的力学性能(如塑性和韧性)、加工性能和耐蚀性。因此,生产中常采用均匀化退火的方法以得到成分均匀的固溶体。

3．二元共晶相图

凡二元合金系中两组元在液态下能完全互溶,在固态下有限溶解形成两种不同的相,并发生共晶转变的相图属于二元共晶相图。所谓共晶转变,是指一定成分的液相,在一定温度下同时结晶出两种不同固相的转变。

两组元在液态下能够完全互溶,在固态下互相有限溶解的共晶相图,称为一般共晶相图。图 2.20 是由 Pb、Sn 两组元组成的一般共晶相图。

（1）相图分析

图 2.20 的左边部分就是溶质 Sn 溶于溶剂 Pb 中形成 α 固溶体的匀晶相图,由于在固态下 Sn 组元只能有限溶解于 Pb 组元中,并且其溶解度随着温度的降低而逐渐减小,故 DF 线就是 Sn 组元在 Pb 组元中的溶解度曲线,简称为固溶线。

同样的道理,图 2.20 的右边部分就是溶质 Pb 溶于溶剂 Sn 中所形成 β 固溶体的匀晶相图,由于在固态下 Pb 组元只能有限溶解于 Sn 组元中,其溶解度也随着温度的降低而逐渐减小,故 EG 线就是 Pb 组元在 Sn 组元中的固溶线。

图 2.20 的中间部分是一简单共晶相图,其共晶转变的反应为

$$L_C \rightleftharpoons \alpha + \beta$$

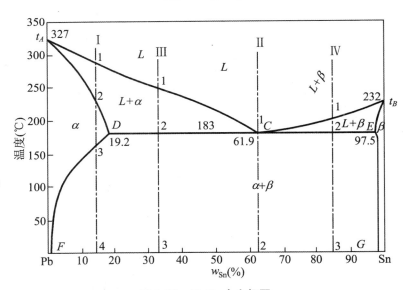

图 2.20　Pb-Sn 合金相图

根据上述的分析,并对照已掌握的匀晶相图,就很容易理解如图 2.20 所示的一般共晶相图了。图中 t_A、t_B 点分别为组元 A 与组元 B 的熔点;C 点为共晶点。$t_A C$、$t_B C$ 线为液相线,液相在 $t_A C$ 线上开始结晶成 α 固溶体,液相在 $t_B C$ 线上开始结晶出 β 固溶体。$t_A D$、$t_B E$、DCE 线为固相线;$t_A D$ 线是液相结晶成 α 固溶体的终了线;$t_B E$ 线是液相结晶成 β 固溶体的终了线;DCE 线是共晶线,液相在该线上将发生共晶转变,结晶出（$\alpha + \beta$）共晶体。DF、EG 线分别为 α 固溶体与 β 固溶体的固溶线。

　　上述的相界线把整个一般共晶相图分成了六个不同的相区：三个单相区为液相 L、α 固溶体相区、β 固溶体相区；三个两相区为 $L+\alpha$ 相区、$L+\beta$ 相区和 $\alpha+\beta$ 相区。DCE 共晶线是 $L+\alpha+\beta$ 三相平衡的共存线。各相区相的组成如图 2.20 所示。

　　（2）典型合金的结晶过程分析

　　如图 2-20 所示为 Pb-Sn 二元合金相图。现以图中所给出的四个典型合金为例分析其结晶过程与组织。

　　① 含 Sn 量小于 D 点的合金的结晶过程。

　　合金 I 含 Sn 量小于 D 点，其冷却曲线及结晶过程如图 2.21 所示。这类合金在 3 点以上结晶过程与匀晶相图中的合金结晶过程一样，当合金由液相缓冷到 1 点的时候，从液相中开始结晶出 Sn 溶于 Pb 的 α 固溶体，随着温度的下降，α 固溶体量不断增多，而液相量不断减少。随温度的下降，液相成分沿液相线 t_AC 变化，固相 α 的成分沿固相线 t_AD 变化。当合金冷却到 2 点时，液相全部结晶成 α 固溶体，其成分为原合金成分。继续冷却时，在 2～3 点温度范围内，α 固溶体不再发生变化。

图 2.21　合金 I 的冷却曲线及结晶过程

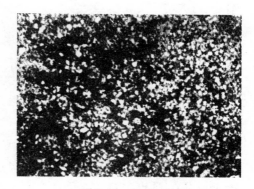

图 2.22　Sn-Pb 组织

　　当合金冷却到 3 点的时候，Sn 在 Pb 中溶解度已经达到饱和。温度再下降到 3 点以下，Sn 在 Pb 中溶解度已过饱和，故过剩的 Sn 以 β 固溶体的形式从 α 固溶体中析出。随着温度的下降，α 和 β 固溶体的溶解度分别沿 DF 和 EG 两条固溶线变化。因此，从 α 固溶体中不断析出 β 固溶体。为了区别于从液相中结晶出的固溶体，现把从固相中析出的固溶体，称之为次生相，并以"β_{II}"表示。所以合金 I 的室温组织应为 α 固溶体 $+\beta_{II}$ 固溶体，如图 2.22 所示。图中黑色基体为 α 固溶体，白色颗粒为 β_{II} 固溶体。

　　所有成分在 D 点与 F 点间的合金，其结晶过程都与合金 I 相似，其室温下显微组织都是由 $\alpha+\beta_{II}$ 组成。只是两相的相对量不相同，合金成分越靠近 D 点，室温时 β_{II} 量越多。

　　图 2.21 中成分位于 E 点和 G 点间的合金，其结晶过程与合金 I 基本相似。但从液相结晶出来的是 Pb 溶于 Sn 中的 β 固溶体，当温度降到合金线与 EG 固溶线相交点时，开始从 β 中析出 α_{II}，所以室温组织为 β 固溶体 $+\alpha_{II}$ 固溶体。

　　② 含 Sn 量为 C 点的合金的结晶过程。

　　图中 C 点是共晶点，故成分为 C 点的合金也称为共晶合金。共晶合金 II 的冷却曲线与结晶过程如图 2.23 所示。当合金缓慢冷却到 1 点（C 点）时，液相将发生共晶转变，即从成

分为 C 的液相中同时结晶出成分为 D 的 α 固溶体和成分 E 的 β 固溶体。由于该点又是在固相线(共晶线)上,因此共晶转变必然是在恒温下进行的,直到液相完全消失时为止。显然,在冷却曲线上必然会出现一个代表恒温结晶的水平台阶 $1—1'$。此时共晶转变的反应式为

$$L_C \rightleftharpoons \alpha_D + \beta_E$$

这时所获得的 $(\alpha_D + \beta_E)$ 的细密机械混合物,就是共晶组织或共晶体。

在 1 点以下,共晶转变结束。此时,液相已经完全消失,合金进入共晶线以下 $\alpha + \beta$ 的两相区。这时,随着温度的下降,α 和 β 的溶解度分别沿着各自的固溶线 DF、线 EG 变化,因此,自 α 中要析出 β_{II};自 β 中要析出 α_{II}。由于从共晶体中析出量又较少,一般可不予考虑。所以共晶合金 II 的室温组织应为 $(\alpha_F + \beta_G)$ 共晶体,如图 2.24 所示。图中黑色的 α 固溶体与白色的 β 固溶体呈交替分布。

图 2.23　合金 II 的冷却曲线及结晶过程

图 2.24　Pb-Sn 共晶合金的室温组织(100×)

③ 含 Sn 量在 C、D 点间的合金的结晶过程。

合金成分在 C 点与 D 点之间的合金,称为亚共晶合金。现以合金 III 为例进行分析。图 2.25 为合金 III 的冷却曲线及结晶过程。

图 2.25　合金 III 的冷却曲线及结晶过程

图 2.26　Pb-Sn 亚共晶合金的室温组织(100×)

当合金缓冷到 1 点时,开始从液相中结晶出 α 固溶体。随着温度的下降,α 固溶体的量不断增多,剩余的液相量不断减少。与此同时,α 固溶体的成分沿固相线 $t_A D$ 向 D 点变化,

液相成分沿液相线 t_AC 由 1 点向 C 点变化。当温度下降到 2 点(共晶温度)时,α 固溶体的成分为 D 点成分,而剩余液相的成分达到 C 点成分(共晶成分)。也就是说,这时剩余的液相已具备了进行共晶转变的温度与成分条件。因而,在 2 点就发生共晶转变。显然,冷却曲线上也必定出现一个代表共晶转变的水平台阶,直到剩余的液体完全变成共晶体时为止。

在共晶转变以前,由液相中已经先结晶出 α 固溶体,这种先结晶的相叫作先共晶相或称为初晶。因此,共晶转变完毕后的亚共晶合金的组织应为初晶 α + 共晶体($\alpha + \beta$)。

当合金冷却到 2 点温度以下的时候,由于 α 和 β 的溶解度分别沿着 DF、EG 线变化,故分别从 α 和 β 中析出 α_{II} 和 β_{II} 两种次生相,但是由于前述的原因,共晶体中次生相可以不予考虑,而只需考虑从初晶 α 中析出的 β_{II}。所以亚共晶合金 III 的室温组织应为初晶 α_F + 次生相 β_{II} + 共晶体($\alpha_F + \beta_G$)。

图 2.26 为 Pb-Sn 亚共晶合金显微组织,图中黑色树枝状为初晶固溶体,黑色相间分布的为($\alpha + \beta$)共晶体,初晶 α 内的白色小颗粒为 β_{II} 固溶体。

④ 含 Sn 量在 C、E 点间的合金的结晶过程。

合金成分 C 点与 E 点之间的合金称为过共晶合金。现以合金 IV 为例进行分析。图 2.27 为合金的冷却曲线及结晶过程。

过共晶合金结晶过程的分析方法与步骤同上述亚共晶合金类似,只是初晶为 β 固溶体。所以室温组织应为初晶 β_G + 次生 α_{II} + 共晶体($\alpha_F + \beta_G$)。

图 2.28 为 Pb-Sn 过共晶合金显微组织,图中亮白色形为初晶 β 固溶体,黑白相间分布的为($\alpha + \beta$)共晶体,初晶 β 内的黑色小颗粒为 α_{II} 固溶体。

图 2.27 合金 IV 的冷却曲线及结晶过程

图 2.28 Pb-Sn 过共晶合金的室温组织(100×)

综合上述几种类型合金的结晶过程,可以看到 Pb-Sn 合金结晶所得的组织中仅出现了 α、β 两相。因此 α、β 相称为合金的相组成物。

课 后 习 题

一、判断题

1. 在通常的情况下,处于固态的金属都是晶体。(　　)

2. 实际金属一般都是单晶体,由于在不同方向上原子排列的密度不同,所以存在"各向性"。(　　)

3. 在同一金属中各晶粒原子排列位向虽然不相同,但是其大小是相同的。(　　)

4. 因实际金属材料是多晶体,其中各晶粒间排列的位向不同,从而使各晶粒的有向性相互抵消,所以实际金属材料各向基本同性。(　　)

5. 金属的实际结晶温度和理论结晶温度是相等的。(　　)

二、选择题

1. 金属结晶的条件是:(　　)。

  A. 缓慢冷却　　　　B. 连续冷却　　　　C. 等温冷却　　　　D. 过冷

2. 同一种金属液态冷却时,冷却速度越大,结晶时的过冷度(　　)。

  A. 越小　　　　　　B. 越大　　　　　　C. 保持不变　　　　D. 变化无规律

3. 在正常连续冷却的情况下,随着过冷度的增加,结晶过程中的生核率和生长率(　　)。

  A. 都增加　　　　　　　　　　　　　B. 都减小

  C. 生核率增加,生长率减小　　　　　D. 生核率减小,生长率增加

4. 在实际生产当中,为了获得细晶粒组织,通常采用的措施有:(　　)。

  A. 增大金属的过冷度　　　　　　　　B. 进行变质处理

  C. 振动法　　　　　　　　　　　　　D. 降低金属的过冷度

三、问答题

1. 常见的金属晶格有哪几种类型? 说明其晶胞的结构特征,指出铁、铜、锌金属各属哪种晶格。

2. 金属铸锭组织一般是由哪几个晶粒区组成? 说明其各自特点及形成原因。

3. 画出液态金属结晶时,形核率和长大率与过冷度的关系图。并且说明在通常的连续冷却条件下,过冷度对形核率和长大率影响的异同点。

四、应用题

1. 在其他条件都相同时,试比较下列铸造条件下,铸件的晶粒大小及原因?

  A. 金属型铸造与砂型铸造;

  B. 薄壁铸件与厚壁铸件;

  C. 正常结晶与附加振动结晶。

2. 什么是金属的同素异晶转变? 为什么金属的同素异晶转变常伴有金属体积的变化?说明由 α 铁向 γ 铁转变时的体积变化情况及原因。

第三章　金属的塑性变形与再结晶

在工业生产当中,经熔炼而得到的金属铸锭,例如:钢锭、铝合金锭或铜合金铸锭等,大多要经过轧制、冷拔、锻造、冲压等压力加工,使金属产生塑性变形而制成一定的型材或工件。塑性变形是压力加工的基础,大多数钢和有色金属及其合金都具有一定的塑性,均可以在热态或冷态下进行压力加工。金属材料经过压力加工以后,不仅改变了外形尺寸,而且改变了内部组织和性能。因此,研究金属的塑性变形,对于选择金属材料的加工工艺、提高生产率、改善产品质量、合理使用材料等均有重要的意义。

第一节　金属的塑性变形

一、单晶体的塑性变形

单晶体塑性变形的基本方式是滑移和孪生,其中滑移是金属塑性变形的主要方式。

1.滑移

滑移是指在切应力的作用下,晶体的一部分相对于另一部分沿一定晶面和晶向发生相对的滑动。由图 3.1 可见,要使某一晶面滑动,作用在该晶面上的应力必须是相互平行、方向相反的切应力,而且切应力必须达到一定值,滑移才能进行。当原子滑移到新的平衡位置时,晶体就产生了微量的塑性变形(见图 3.1(d))。许多晶面滑移的总和,就产生了宏观的塑性变形。

(a) 未变形　　(b) 弹性变形　　(c) 弹、塑性变形　　(d) 塑性变形

图 3.1　晶体在切应力作用下的变形

单晶体受拉伸的时候,外力 F 作用在滑移面上的应力 f 可分解为正应力 σ 和切应力 τ,如图 3.2。正应力只使晶体产生弹性伸长,并在超过原子间结合力时将晶体拉断。切应力则使晶体产生弹性歪扭,并在超过滑移抗力时引起滑移面两侧的晶体发生相对滑移。

一般情况下,在各种晶体中,滑移并不是沿着任意的晶面和晶向发生的,而总是沿晶体

中原子排列最紧密(原子线密度最大)的晶面和该晶面上原子排列最紧密的晶向进行的。这是因为最密晶面间的面间距和最密晶向间的原子间距最大,因而原子结合力最弱,故在较小切应力作用下便能引起它们之间的相对滑移。由图 3.3 可知,Ⅰ—Ⅰ晶面原子排列最紧密(原子间距小),面间距最大,为 $\dfrac{a}{\sqrt{2}}$,面间结合力最弱,所以常沿这样的晶面发生滑移。而Ⅱ—Ⅱ晶面原子排列最稀(原子间距大),面间距较小,为 $\dfrac{a}{2}$,面间结合力较强,故不易沿此面滑移。同样也可解释为什么滑移总是沿滑移面(晶面)上原子排列最紧密的方向上进行。

图 3.2　单晶体滑移示意图

图 3.3　滑移面示意图

图 3.4　刃形位错移动时的原子位移

上述的滑移是指滑移面上每个原子都同时移动到与其相邻的另一个平衡位置上,即作刚性移动。但是,近代科学研究已经表明,滑移时并不是整个滑移面上的原子一起作刚性移动,而是通过晶体中的位错线沿滑移面的移动来实现的,如图 3.4。晶体在切应力作用下,位错线上面的两列原子向右作微量移动到"●"位置,位错线下面的一列原子向左作微量移动到"●"位置,这样就使位错在滑移面上向右移动一个原子间距。在切应力作用下,位错继续向右移动到晶体表面上,就形成了一个原子间距的滑移量,如图 3.5,结果,晶体就产生了一定量的塑性变形。由于位错前进一个原子间距时,一起移动的原子数目并不是太多(只有位错中心少数几个原子),而且他们的位移量都不大。因此,使位错沿滑移面移动所需的切应力不大。位错的这种容易移动的特点,称作位错的易动性。由此可见,少量位错的存在,显著降低了金属的强度。但当位错数目超过一定值时,随着位错密度的增加,强度、硬度逐渐增加,这是由于位错之间以及位错与其他缺陷之间存在相互作用,使位错运动受阻,滑移所需切应力增加,金属强度升高。

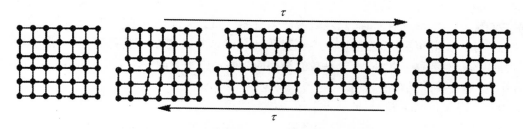

图 3.5　通过位错运动产生滑移的示意图

2. 孪生

孪生指在切应力作用下,晶体的一部分相对于另一部分沿一定晶面(孪生面)和晶向(孪生方向)产生剪切变形,如图 3.6。产生切变的部分称为孪生带。通过这种方式的变形,使孪生面两侧的晶体形成了镜面对称的关系(镜面即孪生面)。整个晶体经变形后只有孪生带中的晶格位向发生了变化,而孪生带两边外侧晶体的晶格位向并没有发生变化,但相距一定距离。

图 3.6　孪生示意图

孪生与滑移变形的主要区别是:孪生变形时,孪生带中相邻原子面的相对位移为原子间距的分数值,且晶体位向发生变化,与未变形部分形成对称;而滑移变形时,滑移的距离是原子间距的整数倍,晶体的位向不发生变化。孪生变形所需的临界切应力比滑移变形的临界切应力大得多,例如,镁的孪生临界切应力为 $5\sim35\ MN/m^2$,而滑移临界切应力为 $0.83\ MN/m^2$。因此,只有当滑移很难进行时,晶体才发生孪生。

二、多晶体的塑性变形

通常使用的金属材料都是多晶体。多晶体塑性变形的方式仍然是滑移和孪生。多晶体中由于晶界的存在以及各晶粒位向不同,所以各晶粒在外力作用下所受的应力状态和大小是不同的。因此,多晶体发生塑性变形时并不是所有晶粒都同时进行滑移,而是随着外力的增加,晶粒有先有后,分期分批地进行滑移。在外力作用下,滑移面和滑移方向与外力成 45°

角的一些晶粒,受力最大,称它为软位向。而受力最小或接近最小的晶粒称为硬位向。软位向晶粒首先产生滑移,而硬位向晶粒最后产生滑移。如此一批批地进行,直至全部晶粒都发生变形为止。由此可见,多晶体塑性变形过程比单晶体复杂得多,它不仅有晶内滑移,而且还有晶间的相对滑移。此外,由于晶粒的滑移面与外力作用方向并不完全相同,所以在滑移过程中,必然会伴随晶粒的转动。

　　由于各晶粒位向不同,并且晶界上原子排列紊乱,并存在较多杂质,造成晶格畸变。因此金属在塑性变形时各个晶粒会互相牵制,互相阻碍,从而使滑移困难,它必须克服这些阻力才能发生滑移。所以,在多晶体金属中其滑移抗力比单晶体大,即多晶体金属强度高。这一规律可通过由两个晶粒组成的金属及其在承受拉伸时的变形情况显示出来。由图3.7可看出,在远离夹头和晶界处晶体变形很明显,即变细了,在靠近晶界处,变形不明显,其截面基本保持不变,出现了所谓"竹节"现象。

(a) 变形前　　　　　　　　　　　　　(b) 变形后

图 3.7　由两个晶粒组成的金属及其在承受拉伸时的变形

　　一般情况下,在室温下晶粒间结合力较强,比晶粒本身的强度大。因此,金属的塑性变形和断裂多发生在晶粒本身,而不是晶界上。晶粒越细小,晶界越多,变形阻力越大,所以强度越高。

第二节　冷塑性变形对金属组织和性能的影响

一、形成纤维组织,性能趋于各向异性

　　金属在外力作用下产生塑性变形时,随着金属外形被拉长(或压扁),其晶粒也相应地被拉长(或压扁)。当变形量很大时,各晶粒将会被拉长成为细条状或纤维状,晶界模糊不清,这种组织称为纤维组织,如图3.8。形成纤维组织以后,金属的性能有明显的方向性,例如纵向(沿纤维组织方向)的强度和塑性比横向(垂直于纤维组织方向)高得多。

(a) 变形前　　　　　　　　(b) 变形中　　　　　　　　(c) 变形后形成纤维组织

图 3.8　变形前后晶粒形状的变化示意图

二、产生冷变形强化(加工硬化)

金属发生塑性变形时,不仅晶粒外形发生变化,而且晶粒内部结构也发生变化。在变形量不大时,先是在变形晶粒的晶界附近出现位错的堆积,随着变形量的增大,晶粒破碎成为细碎的亚晶粒,变形量越大,晶粒被破碎得越严重,亚晶界越多,位错密度越大。这种在亚晶界处大量堆积的位错,以及他们之间的相互干扰,均会阻碍位错的运动,使金属塑性变形抗力增大,强度和硬度显著提高。随着变形程度的增加,金属强度和硬度升高,塑性和韧性下降的现象,称为冷变形强化或加工硬化。图 3.9 为纯铜冷轧变形度对力学性能的影响。

图 3.9　纯铜冷轧变形度对力学性能的影响

冷变形强化在生产中具有十分重要的实际意义。首先,可利用冷变形强化来强化金属,提高其强度、硬度和耐磨性。尤其是对于不能用热处理方法来提高强度的金属更为重要。例如,在机械加工过程中使用冷挤压、冷轧等方法,可大大提高钢和其他材料的强度和硬度。其次,冷变形强化有利于金属进行均匀变形,这是由于金属变形部分产生了冷变形强化,使继续变形主要在金属未变形或变形较小的部分中进行。所以使金属变形趋于均匀。另外,冷变形强化可提高构件在使用过程中的安全性,假如构件在工作过程中产生应力集中或过载现象,往往由于金属能产生冷变形强化,使过载部位在发生少量塑性变形后提高了屈服点,并与所承受的应力达到平衡,变形就不会继续发展,从而提高了构件的安全性。但冷变形强化使金属塑性降低,给进一步塑性变形带来困难。为了使金属材料能继续变形,必须在加工过程中安排"中间退火",以消除冷变形强化。

冷变形强化不仅使金属的力学性能发生了变化,而且还使金属的某些物理和化学性能也发生变化,如使金属电阻增加,耐蚀性降低等。

三、形成形变织构(或择优取向)

金属发生塑性变形时,各晶粒的位向会沿着变形方向发生转变。当变形量很大时(>70%),各晶粒的位向将与外力方向趋于一致,晶粒趋向于整齐排列,称这种现象为择优取向,所形成的有序化结构称为形变织构。

形变织构会使金属性能呈现明显的各向异性,各向异性在多数情况下对金属后续加工或使用是不利的。例如,用有织构的板材冲制筒形零件时,由于不同方向上的塑性差别很大,使变形不均匀,导致零件边缘不整齐,即出现所谓"制耳"现象,如图3.10。但是织构在某些情况下是有利的,例如制造变压器铁芯的硅钢片,利用织构可使变压器铁芯的磁导率明显增加,磁滞损耗降低,从而提高变压器的效率。

图 3.10 制耳现象示意图

形变织构很难消除。生产中为避免织构产生,常将零件的较大变形量分为几次变形来完成,并进行"中间退火"。

四、产生残留应力

残留应力是指去除外力后,残留在金属内部的应力。它主要是由于金属在外力作用下内部变形不均匀造成的。例如,金属表层和心部之间变形不均匀会形成平衡于表层与心部之间的宏观应力(或称第一类应力);相邻晶粒之间或晶粒内部不同部位之间变形不均匀形成的微观应力(或称第二类应力);由于位错等晶体缺陷的增加形成晶格畸变应力(或称第三类应力)。通常外力对金属做的功绝大部分(约90%以上)在变形过程中转化为热而散失,只有很少(约10%)的能量转化为应力残留在金属中,使其内能升高。其中第三类应力占绝大部分,它是使金属强化的主要因素。第一类或第二类应力虽然在变形金属中占的比例不大,但在大多数情况下,不仅会降低金属的强度,而且还会因随后的应力松弛或重新分布引起金属变形。另外,残留应力还使金属的耐蚀性降低。为了消除和降低残留应力,通常要进行退火。

生产中,若能合理控制和利用残留应力,也可使其变为有利因素,如对零件进行喷丸、表面滚压处理等使其表面产生一定的塑性变形而形成残留压应力,可提高零件的疲劳强度。

第三节 冷塑性变形后的金属在加热时组织和性能的变化

一、回复(或称恢复)

冷变形后金属经重新进行加热之后,其组织和性能会发生变化。观察在不同加热温度下组织变化的特点可将变化过程分为回复、再结晶和晶粒长大三个阶段。回复是指新的无畸变晶粒出现之前所产生的亚结构和性能变化的阶段;再结晶是指出现无畸变的等轴新晶粒逐步取代变形晶粒的过程；晶粒长大是指再结晶结束之后晶粒的继续长大，如图3.11。随加热温度的升高，变化过程如下：

图 3.11　冷变形金属在加热时组织和性能的变化

当加热温度较低时[约为$(0.25\sim0.3)T_{熔}$ K]，原子活动能力较弱，只能回复至平衡位置，冷变形金属的显微组织没有明显变化，其力学性能变化也不大，但残留应力显著降低，其物理和化学性能也基本恢复到变形前的情况，这一阶段称为"回复"。

由于回复加热的温度较低，晶格中的原子仅能作短距离扩散。因此，金属内凡只需要较小能量就可开始运动的缺陷将首先移动，如偏离晶格结点位置的原子回复到结点位置，空位在回复阶段中向晶体表面、晶界处或位错处移动，使晶格结点恢复到较规则形状，晶格畸变减轻，残留应力显著降低。但是因亚组织尺寸未有明显改变，位错密度未显著减少，即造成冷变形强化的主要原因尚未消除，因而力学性能在回复阶段变化不大。

生产实践当中，利用回复现象可将已产生冷变形强化的金属在较低温度下加热，使其残留应力基本消除，而保留了其强化的力学性能，这种处理称为"低温去应力退火"。例如，用深冲工艺制成的黄铜弹壳，放置一段时间后，由于应力的作用，将产生变形。因此，黄铜弹壳经冷冲压后必须进行 260 ℃左右的去应力退火。又如，用冷拔钢丝卷制的弹簧，在卷成之后要进行 200～300 ℃的去应力退火，以消除应力使其定型。

二、再结晶

当继续升高温度时，由于原子活动能力增大，金属的显微组织发生明显的变化，破碎的、被拉长或压扁的晶粒变为均匀细小的等轴晶粒，这一变化过程也是通过形核和晶核长大方式进行的，故称为再结晶。但再结晶后晶格类型没有改变，所以再结晶不是相变过程。

经再结晶后金属的强度、硬度显著降低，塑性、韧性大大提高，冷变形强化得以消除。再结晶过程不是一个恒温过程，而是在一定温度范围内进行的。通常再结晶温度是指再结晶开始的温度（发生再结晶所需的最低温度），它与金属的预先变形度及纯度等因素有关。金属的预先变形度越大，晶体缺陷就越多，则组织越不稳定，因此开始再结晶的温度越低。当预先变形度达到一定量后，再结晶温度趋于某一最低值(图3.12)，这一温度称为最低再结晶温度。实验证明：各种纯金属的最低再结晶温度与其熔点间的关系如下：

$$T_{再} \approx 0.4 T_{熔}$$

式中，$T_{再}$——纯金属的最低再结晶温度，单位为 K；

$T_{熔}$——纯金属的熔点，单位为 K。

图3.12　再结晶退火温度对晶粒大小的影响

金属中的微量杂质或合金元素(尤其是高熔点的元素)，通常会阻碍原子扩散和晶界迁移，从而显著提高再结晶温度。例如，纯铁的最低再结晶温度约为 450 ℃，加入少量的碳形成低碳钢后，再结晶温度提高到 500～650 ℃。

由于再结晶过程，是在一定时间内通过原子的扩散完成的，所以提高加热速度可使再结晶在较高的温度下发生；而延长保温时间，可使原子有充分的时间进行扩散，使再结晶过程能在较低的温度下完成。

将冷塑性变形加工的工件加热到再结晶温度以上，保持适当时间，使变形晶粒重新结晶为均匀的等轴晶粒，以消除变形强化和残留应力的退火工艺称为"再结晶退火"。这种退火工艺也常作为冷变形加工过程中的中间退火，以恢复金属材料的塑性，便于后续加工。为了缩短退火周期，常将再结晶退火加热温度定在最低再结晶温度以上 100～200 ℃。

三、晶粒长大

冷变形金属经过再结晶退火后的晶粒大小，对其力学性能有很大影响。再结晶退火后的晶粒大小主要与加热温度、保温时间和退火前的变形度有关。

再结晶以后，若温度继续升高或延长保温时间，则再结晶后均匀细小的晶粒会逐渐长大。晶粒的长大，实质上是一个晶粒的边界向另一个晶粒迁移的过程，将另一晶粒中的晶格位向逐步地改变为与这个晶粒的晶格位向相同，于是另一晶粒便逐渐地被这一晶粒"吞并"而成为一个粗大晶粒，如图3.13。

(a) "吞并"长大前的
两个晶粒

(b) 晶界移动，晶格位向
转向，晶界面积减小

(c) 一晶粒"吞并"另一晶
粒而成为一个大晶粒

图 3.13　晶粒长大示意图

第四节　金属的热变形加工

一、热变形加工的概念

变形加工有冷、热之分。在再结晶温度以上进行的变形加工称为热加工；在再结晶温度以下进行的变形加工称为冷加工。例如，钨的最低再结晶温度为 1 200 ℃，即使在稍低于 1 200 ℃的高温下进行变形加工仍属于冷加工；铅的最低再结晶温度在零度以下。因此，它在室温的变形加工亦属于热加工。

在再结晶温度以上变形时，要发生再结晶过程，使塑性变形造成的冷变形强化随即被再结晶产生的软化所抵消，因此金属显示不出变形强化现象。在再结晶温度以下塑性变形时，一般不发生再结晶过程，故冷塑性变形必然导致冷变形强化。

在实际的热变形加工（热锻、热轧等）过程当中，往往由于变形速度快，再结晶软化过程来不及消除变形强化的影响，因而需要用提高加热温度的办法来加速再结晶过程，故生产中金属的实际热加工温度远远高于它的再结晶温度。当金属中含有少量杂质或合金元素时，热加工温度还应更高一些。

二、热变形加工对金属组织和性能的影响

热变形加工虽然不会使金属产生冷变形强化，但使金属的组织和性能发生如下变化：

（1）形成锻造流线。热变形使金属中的脆性杂质被打碎，并且沿着金属主要伸长方向呈碎粒状或链状分布；塑性杂质随着金属主要伸长方向变形而呈带状分布，这样热锻后的组织就具有一定的方向性，通常称为锻造流线，也称流纹，如图 3.14。从而使金属的力学性能具有各向异性。沿流纹方向的强度、塑性和韧性明显大于垂直于流纹方向的相应性能。表 3.1 为 45 钢（轧制空冷状态）的力学性能与流纹方向关系。

图 3.14　热变形加工的流纹示意图

表 3.1　45 钢(轧制空冷状态)的力学性能与流纹方向关系

取样方向	σ_b(MPa)	σ_s(MPa)	δ(%)	ψ(%)	A_K(J)
平行流纹方向	715	470	17.5	62.8	49.6
垂直流纹方向	675	440	10	31	24

因此,热变形加工时,应力求使零件具有合理的流纹分布,通常零件工作时的最大正应力方向应与流纹方向平行,最大切应力方向与流纹方向垂直,设计零件时应使流纹的分布与零件外形轮廓相符而不被切断,以保证零件的使用性能。由图 3.15 和图 3.16 可看出,直接采用型材经切削加工制成的零件(图 3.15(a)和图 3.16(a))会将流纹切断,使零件的轮廓与流纹方向不符、力学性能降低。若采用锻件则可使热加工流纹合理分布(图 3.15(b)和图 3.16(b)),从而提高零件力学性能,保证零件质量。

(a) 型材直接切削　　　　　　(b) 锻造制成毛坯

图 3.15　不同方法制成的齿轮流线分布示意图

(a) 型材切削加工　　　　　　(b) 锻造成型

图 3.16　不同方法制成的曲轴流线分布示意图

(2) 热变形加工能使铸态金属中的粗大晶粒破碎,使晶粒细化,提高力学性能。

(3) 通过热变形加工能使铸态金属中的缩松、气孔、微裂纹等缺陷被焊合,从而提高金属的致密度和性能,见表 3.2。

表 3.2　碳钢铸态与锻态的力学性能比较

状态	σ_b(MPa)	σ_s(MPa)	δ(%)	ψ(%)	A_K(J)
铸态	500	280	15	27	28
锻态	530	310	20	45	56

由此可见,通过热变形加工可使铸态金属件的组织和性能得到明显改善。因此凡是受

力复杂、载荷较大的重要工件一般都采用热变形加工方法来进行制造。

但应指出,只有在正确的加工工艺条件下才能改善组织和性能。例如,若热加工温度过高,便有可能形成粗大的晶粒;若热加工温度过低,则可能使金属产生冷变形强化、残留应力,甚至发生裂纹等。

课后习题

一、判断题

1. 金属在其再结晶温度以下进行的变形被称为热变形。(　　)

2. 再结晶能够消除冷变形时产生的加工硬化现象。(　　)

3. 金属铸件可通过再结晶退火来细化晶粒。(　　)

4. 冲压件材料应具有良好的塑性。(　　)

5. 细晶粒组织的可锻性优于粗晶粒组织。(　　)

二、选择题

1. 冷变形金属进行低温退火的目的是(　　)。

　　A. 软化金属　　　　B. 消除内应力　　　　C. 使金属发生再结晶　　　　D. 细化晶粒

2. 冷变形强化使金属(　　)。

　　A. 强度增大,塑性增大　　　　　　　　B. 强度减小,塑性减小

　　C. 强度增大,塑性减小　　　　　　　　D. 强度减小,塑性增大

3. 金属在其再结晶温度以下进行的变形被称为(　　)。

　　A. 热变形　　　　B. 冷变形　　　　C. 冲压　　　　D. 锻造

4. 为改善冷变形金属塑性变形的能力,可采用(　　)。

　　A. 低温退火　　　　B. 再结晶退火　　　　C. 二次再结晶退火　　　　D. 变质处理

三、简答题

1. 什么是金属的塑性变形?塑性变形有哪些方式?

2. 冷塑性变形对金属组织和性能有什么影响?

四、应用题

1. 已知纯铝的熔点是 660 ℃,黄铜的熔点是 950 ℃。试估算纯铝和黄铜的最低再结晶温度,并确定其再结晶退火温度。

2. 用以下三种方法制成的齿轮,哪种合理?为什么?

(1) 用厚钢板切成齿坯再加工成齿轮;

(2) 用钢棒切下作齿坯并加工成齿轮;

(3) 用圆钢棒热镦成齿坯再加工成齿轮。

第四章 铁 碳 合 金

钢铁是现代工业中应用最为广泛的金属材料,其基本组元是铁和碳,故统称为铁碳合金。由于当碳的质量分数大于 6.69% 时,铁碳合金的脆性很大,已经失去实用价值。所以,实际生产中应用的铁碳合金其碳的质量分数均在 6.69% 以下。

第一节 铁碳合金的基本组织

一、铁素体

碳溶入 α-Fe 中形成的间隙固溶体称为铁素体,用符号 F 表示。铁素体具有体心立方晶格,这种晶格的间隙分布较分散,间隙尺寸很小,溶碳能力较差,在 727 ℃ 时碳的溶解度最大为 0.021 8%,而在室温时只有 0.000 8%。铁素体的塑性、韧性很好($\delta = 30\% \sim 50\%$、$A_{KU} = 160 \sim 200$ J/cm²),但是强度、硬度较低($\sigma_b = 180 \sim 280$ MPa、$\sigma_s = 100 \sim 170$ MPa、硬度为 $50 \sim 80$ HBS)。铁素体的显微组织如图 4.1 所示。

图 4.1 铁素体的显微组织(200×)

二、奥氏体

碳溶入 γ-Fe 中形成的间隙固溶体称为奥氏体,用符号 A 表示。奥氏体具有面心立方晶格,其致密度较大,晶格间隙的总体积虽较铁素体小,但其分布相对集中,单个间隙的体积较大,所以 γ-Fe 的溶碳能力比 α-Fe 大,727 ℃ 时溶解度为 0.77%,随着温度的升高,溶碳量增多,1 148 ℃ 时其溶解度最大为 2.11%。

奥氏体通常存在于 727 ℃ 以上,是铁碳合金中重要的高温相,其强度和硬度不高,但塑性和韧性很好($\sigma_b \approx$ 400 MPa、$\delta \approx 40\% \sim 50\%$、硬度为 160～200 HBS),易锻压成型。奥氏体的显微组织示意图如图 4.2 所示。

图 4.2 奥氏体的显微组织示意图

三、渗碳体

渗碳体是铁和碳组成的金属化合物,具有复杂斜方晶格。通常用化学分子式 Fe_3C 表示。渗碳体中碳的质量分数为 6.69%,熔点为 1 227 ℃,渗碳体硬度很高,约为 800 HBW,塑性和韧性极低($\delta \approx 0$、$A_{KU} \approx 0$),脆性大。渗碳体不能单独存在,在钢中总是和铁素体或奥氏体一起构成机械混合物,是钢中的主要强化相。其数量、形状、大小及分布状况对钢的性能影响很大。

四、珠光体

珠光体是由铁素体和渗碳体组成的机械混合物,在显微镜下呈现明显的层片状。用符号 P 表示。珠光体中碳的质量分数平均为 0.77%。由于珠光体组织是由软的铁素体和硬的渗碳体组成,因此,它的性能介于铁素体和渗碳体之间,具有较高的强度($\sigma_b = 770$ MPa)和塑性($\delta = 20\% \sim 25\%$),硬度适中(180 HBS)。珠光体的显微组织示意图如图 4.3 所示。

图 4.3 珠光体的显微组织(600×)

图 4.4 莱氏体的显微组织(400×)

五、莱氏体

莱氏体是指高碳的铁碳合金在凝固过程中发生共晶转变所形成的奥氏体和渗碳体所组成的机械混合物。碳的质量分数为 4.3% 的液态铁碳合金,冷却到 1 148 ℃ 时将同时从液体中结晶出奥氏体和渗碳体的机械混合物,用符号 L_d 表示。莱氏体是共晶转变的产物。由于莱氏体中的奥氏体在 727 ℃ 时转变为珠光体,所以,在室温时莱氏体是由珠光体和渗碳体所组成。为区别起见,将 727 ℃ 以上存在的莱氏体称为高温莱氏体(L_d);在 727 ℃ 以下存在的莱氏体称为低温莱氏体($L_{d'}$),或称为变态莱氏体。莱氏体的性能与渗碳体相似,硬度很高,塑性很差,脆性大。莱氏体的显微组织示意图如图 4.4 所示。

第二节　Fe-Fe₃C 相图

一、Fe-Fe₃C 相图分析

Fe-Fe₃C 相图是指在极其缓慢的加热或冷却的条件下,不同成分的铁碳合金,在不同温度下所具有的状态或组织的图形。它是人们在长期生产实践和科学实验中不断总结和完善起来的,对研究铁碳合金的内部组织随碳的质量分数、温度变化的规律以及钢的热处理等有重要的指导意义。同时也是选材、制定热加工及热处理工艺的重要依据。

简化以后的 Fe-Fe₃C 相图如图 4.5 所示。在图 4.5 中,纵坐标表示温度,横坐标表示碳的质量分数 w_C。横坐标上的左端点 $w_C = 0\%$,即纯铁;右端点 $w_C = 6.69\%$,即 Fe₃C;横坐标上任意一点代表一种成分的铁碳合金。状态图被一些特性点、线划分为了几个区域,分别标明不同成分的铁碳合金在不同温度时的相组成。如碳的质量分数为 0.45% 的铁碳合金,其组织在 1 000 ℃时为奥氏体,在 727 ℃以下时为铁素体和渗碳体。

图 4.5　简化的 Fe-Fe₃C 相图

1. 相图中的主要特性点

　　A 点表示纯铁的熔点,其值为 1 538 ℃。

　　C 点称为共晶转变点,简称为共晶点,表示质量分数为 4.30% 的液态铁碳合金冷却到 1 148 ℃时,发生共晶反应,同时结晶出两种不同晶格类型的奥氏体和渗碳体,即莱氏体 L_d,

其反应为：

$$L_C \xrightarrow{1148\,℃} L_d(A_E + Fe_3C)$$

D 点表示渗碳体的熔点，其值为 1 227 ℃。

E 点表示当温度 1 148 ℃时，碳在 γ-Fe 中的溶解度为最大，最大溶解度为 2.11%。

G 点为纯铁的同素异晶转变点，表示纯铁在 912 ℃发生同素异晶转变，即：

$$α\text{铁} \xrightarrow{912\,℃} γ\text{铁}$$

S 点称为共析点，表示碳的质量分数为 0.77%的铁碳合金冷却到 727 ℃时发生共析转变，即奥氏体同时析出铁素体和渗碳体，即珠光体。其反应为：

$$A_S \xrightarrow{727\,℃} P(F_P + Fe_3C)$$

这种由某种合金固溶体在恒温下同时析出两种不同晶体的过程称为共析反应。发生共析反应的温度称为共析温度，发生共析反应的成分称为共析成分。

Q 点表示温度在 600 ℃时，碳在 γ-Fe 中的溶解度为 0.005 7%。

Fe-Fe₃C 相图中主要特性点的温度、成分及含义见表 4.1。

表 4.1　Fe-Fe₃C 合金相图中主要特性点及含义

特性点	温度(℃)	w_C(%)	含　义
A	1 538	0	纯铁的熔点
C	1 148	4.3	共晶点
D	1 227	6.69	渗碳体的熔点
E	1 148	2.11	碳在奥氏体(γ-Fe)中的最大溶解度
F	1 148	6.69	渗碳体的成分
G	912	0	同素异晶转变温度，通常也称 A_3 点
K	727	6.69	渗碳体的成分
P	727	0.021 8	碳在铁素体(α-Fe)中的最大溶解度
S	727	0.77	共析点，通常也称 A_1 点
Q	600	0.005 7	碳在铁素体中的溶解度

2. 相图中的主要特性线

ACD 线为液相线，在 ACD 线以上的合金为液态，用符号 L 表示。液态合金冷却到此线时开始结晶，在 AC 线以下结晶出奥氏体，在 CD 线以下结晶出渗碳体，称为一次渗碳体，用符号 Fe₃C$_I$ 表示。

$AECF$ 线为固相线，在此线以下的合金为固态。液相线与固相线之间为合金的结晶区域，这个区域内液体和固体共存。

ECF 线为共晶线，凡是碳的质量分数在 2.11%～6.69%的铁碳合金，缓冷至此线 (1 148 ℃)时，均发生共晶反应，结晶出奥氏体 A 与渗碳体 Fe₃C 混合物，即莱氏体 L$_d$。

PSK 线为共析线，又称 A_1 线。凡是碳质量分数大于 0.021 8%的铁碳合金，缓冷至此线(727 ℃)时，均发生共析反应，产生出珠光体 P。

ES 线为碳在 γ-Fe 中的溶解度线，又称 A_{cm} 线，即碳质量分数大于 0.77%的铁碳合金，由高温缓冷时，从奥氏体中析出渗碳体的开始线，此渗碳体称为二次渗碳体 Fe₃C$_{II}$，或缓慢加热时，二次渗碳体溶入奥氏体的终止线。

PQ 线为碳在 α-Fe 中的溶解度线，在 727 ℃时，碳在铁素体中的最大溶解度为0.021 8% (P 点)，随温度降低，溶碳量减少，到 600 ℃时，碳的质量分数等于 0.006%。因此，铁素体从

727 ℃缓冷至 600 ℃时,其多余的碳将以渗碳体的形式析出,此渗碳体称为三次渗碳体 Fe_3C_{III}。

GS 线又称 A_3 线,即碳的质量分数小于 0.77% 的铁碳合金,缓冷时从奥氏体中析出铁素体的开始线,或缓慢加热时铁素体转变为奥氏体的终止线。

3. 相图中各相区组织

简化后的 $Fe\text{-}Fe_3C$ 相图中共有 4 个单相区:ACD 以上——液相区(L),$AESG$——奥氏体相区(A),GPQ——铁素体相区(F),DFK——渗碳体(Fe_3C)相区。有 5 个两相区,这些两相区分别存在于相邻的两个单相区之间,它们是:$L+A$、$L+Fe_3C$、$A+F$、$A+Fe_3C$、$F+Fe_3C$。此外共晶转变线 ECF 及共析转变线 PSK 分别看作三相共存的"特区"。

二、铁碳合金的分类

根据碳的质量分数和室温组织的不同,可以将铁碳合金分为以下三类:

(1) 工业纯铁,$w_C \leqslant 0.0218\%$。

(2) 钢,$0.0218\% < w_C \leqslant 2.11\%$。根据室温组织的不同,钢又可分为三种:共析钢($w_C = 0.77\%$);亚共析钢($w_C = 0.0218\% \sim 0.77\%$);过共析钢($w_C = 0.77\% \sim 2.11\%$)。

(3) 白口铸铁,$2.11\% < w_C < 6.69\%$。根据室温组织的不同,白口铁又可分为三种:共晶白口铁($w_C = 4.3\%$);亚共晶白口铁($w_C = 2.11\% \sim 4.3\%$);过共晶白口铁($w_C = 4.3\% \sim 6.69\%$)。

三、典型铁碳合金的结晶过程及组织

1. 共析钢的结晶过程及组织

图 4.5 中合金 Ⅰ 为 $w_C = 0.77\%$ 的共析钢。共析钢在 a 点温度以上为液体状态(L)。当缓冷到 a 点温度时,开始从液态合金中结晶出奥氏体(A),并随着温度的下降,奥氏体量不断增加,剩余液体的量逐渐减少,直到 b 点以下温度时,液体全部结晶为奥氏体。$b \sim s$ 点温度间为单一奥氏体的冷却,没有组织变化。继续冷却到 s 点温度(727 ℃)时,奥氏体发生共析转变形成珠光体(P)。在 s 点以下直到室温,组织基本不再发生变化,故共析钢的室温组织为珠光体(P)。共析钢的结晶过程如图 4.6 所示。

| a点以上 | $a\sim b$点 | $b\sim s$点 | s点以下 |

图 4.6　共析钢结晶过程示意图

珠光体的显微组织如图 4.7 所示。在显微镜放大倍数较高时,能清楚地看到铁素体和渗碳体呈片层状交替排列的情况。由于珠光体中渗碳体量较铁素体少,因此渗碳体层片较铁素体层片薄。

图 4.7　珠光体的显微组织(500×)

2. 亚共析钢的结晶过程及组织

图 4.5 中合金Ⅱ为 $w_C = 0.45\%$ 的亚共析钢。合金Ⅱ在 e 点温度以上的结晶过程与共析钢相同。当降到 e 点温度时,开始从奥氏体中析出铁素体。随着温度的下降,铁素体量不断增多,奥氏体量逐渐减少,铁素体成分沿 GP 线变化,奥氏体成分沿 GS 线变化。当温度降到 f 点(727 ℃)时,剩余奥氏体碳的质量分数达到 0.77%,此时奥氏体发生共析转变,形成珠光体,而先析出来的铁素体保持不变。这样,共析转变后的组织为铁素体和珠光体组成。温度继续下降,组织基本不变化。室温组织仍然是铁素体和珠光体(F + P)。其结晶过程如图 4.8 所示。

图 4.8　亚共析钢结晶过程示意图

所有的亚共析钢的室温组织都是由铁素体和珠光体组成,只是铁素体和珠光体的相对量不同。随着含碳量的增加,珠光体量增多,而铁素体量减少。其显微组织如图 4.9 所示。图中白色部分为铁素体,黑色部分为珠光体,这是因为放大倍数较低,无法分辨出珠光体中的层片结构,故呈黑色。

(a) w_C=0.15%　　　(b) w_C=0.25%　　　(c) w_C=0.6%

图 4.9　亚共析钢的显微组织(200×)

3. 过共析钢的结晶过程及组织

图 4.5 中合金 Ⅲ 为 $w_C = 1.2\%$ 的过共析钢。其冷却过程及组织转变如图 4.10 所示,合金 Ⅲ 在 i 点温度以上的冷却过程与合金 Ⅰ 在 e 点以上相似。当冷却至与 ES 交点 i 时,奥氏体中碳的质量分数达到饱和,随温度降低,多余的碳以二次渗碳体(Fe_3C_{II})的形式析出,并以网状形式沿着奥氏体晶界分布。随温度的降低,渗碳体量不断增多,而奥氏体量逐渐减少,其成分沿 ES 线向共析成分接近。当冷却至与 PSK 线的交点 S 时,达到共析成分($w_C = 0.77\%$)的剩余奥氏体发生共析反应,转变为珠光体。温度再继续下降,其组织基本不发生转变。故其室温组织是珠光体与网状渗碳体。过共析钢($w_C = 1.2\%$)的显微组织如图 4.11 所示。图中呈片状黑白相间的组织为珠光体,白色网状组织为二次渗碳体。

g点以上　　　　g~h点　　　　h~j点　　　　i~j点　　　　j点

图 4.10　过共析钢结晶过程示意图

图 4.11　过共析钢的显微组织(125×)

所有过共析钢的冷却过程都与合金 Ⅲ 相似,其室温组织是珠光体与网状二次渗碳体。但随碳的质量分数的增加,珠光体量逐渐减少,二次渗碳体量逐渐增多。

4. 共晶白口铁的结晶过程及组织

图 4.5 中合金 Ⅳ 为 $w_C = 4.3\%$ 的共晶白口铸铁,其冷却过程及其组织转变如图 4.12 所示。合金温度在与液相线 AC 的交点 C 以上时全部为液相(L),当缓冷至 C 点的温度(1 148 ℃)时,液态合金发生共晶反应,同时结晶出成分为 E 点的共晶奥氏体(A)和成分为

c点以上　　　　在c点时　　　　c~k点　　　　k点以下

图 4.12　共晶白口铁的结晶过程示意图

F 点的共晶渗碳体,即莱氏体 L_d。继续冷却,从共晶奥氏体中开始析出二次渗碳体(Fe_3C_{II}),随温度降低,二次渗碳体量不断增多,而共晶奥氏体量逐渐减少,其成分沿 ES 线向共析成分接近。当冷却至与 PSK 线的交点 k 时,达到共析成分($w_C = 0.77\%$)的剩余共晶奥氏体发生共析反应,转变为了珠光体,二次渗碳体将保留至室温。故共晶白口铸铁的室温组织是珠光体和渗碳体(共晶渗碳体和二次渗碳体)组成的两相组织,即变态莱氏体($L_{d'}$),共晶白口铸铁的显微组织如图 4.13 所示。

图 4.13　共晶白口铁的显微组织(125×)

5. 亚共晶白口铁的结晶过程及组织

图 4.5 中合金 V 为 $w_C = 3.0\%$ 的亚共晶白口铸铁,其冷却过程及其组织转变如图 4.14 所示。

| l 点以上 | $l\sim m$ 点 | 在 m 点时 | $m\sim n$ 点 | n 点以下 |

图 4.14　亚共晶白口铁的结晶过程示意图

当温度在与液相线 AC 的交点 l 以上时全部为液相(L),当缓冷至 l 点的温度时,开始从液相中结晶出奥氏体(A),随温度的下降,奥氏体量逐渐增多,其成分沿 AE 线变化,而剩余的液相逐渐减少,其成分沿 AC 线变化向共晶成分接近。当冷却至与共晶线 ECF 的交点 m 的温度(1 148 ℃)时,剩余液相成分达到共晶成分($w_C = 4.3\%$)而发生共晶反应,形成莱氏体 L_d。继续冷却,奥氏体量逐渐减少,其成分沿 ES 线向共析成分接近,并不断地析出二次渗碳体(Fe_3C_{II}),此二次渗碳体将保留至室温。当冷却至与 PSK 线的交点 n 时,达到共析成分($w_C = 0.77\%$)的剩余奥氏体发生共析反应,转变为珠光体。故其室温组织是珠光体、二次渗碳体和变态莱氏体($L_{d'}$),其显微组织如图 4.15 所示,图中黑色枝状或块状为珠光体,黑白相间的基体为变态莱氏体,珠光体周围白色网状物为二次渗碳体。所有亚共晶白口铸铁的冷却过程都与合金 V 相似,其室温组织是珠光体、二次渗碳体和变态莱氏体($L_{d'}$)。但是随碳的质量分数的增加,变态莱氏体($L_{d'}$)量逐渐增多,其他量逐渐减少。

图 4.15　亚共晶白口铁的显微组织(125×)

6. 过共晶白口铁的结晶过程及组织

图 4.5 中合金 VI 为 $w_C = 5.0\%$ 的过共晶白口铸铁,其冷却过程及其组织转变如图 4.16 所示。

当温度在 o 点以上时全部为液相(L),当缓冷至 o 点的温度时,开始从液相中结晶出板

图 4.16　过共晶白口铁的结晶过程示意图

图 4.17　过共晶白口铁的显微组织(125×)

条状的一次渗碳体,此一次渗碳体将保留至室温。随温度的下降,一次渗碳体量逐渐增多,剩余液相逐渐减少,其成分沿 DC 线变化向共晶成分接近。当冷却至与共晶线 ECF 的交点 p 的温度(1 148 ℃)时,剩余液相成分达到共晶成分而发生共晶反应,形成莱氏体 L_d。其后冷却过程与共晶白口铸铁相同。所以其室温组织是变态莱氏体($L_{d'}$)和一次渗碳体(Fe_3C_I),其显微组织如图 4.17 所示。所有过共晶白口铸铁的冷却过程都与合金Ⅵ相似,其室温组织是变态莱氏体($L_{d'}$)和一次渗碳体(Fe_3C_I)。但是随碳的质量分数的增加,一次渗碳体量逐渐增多,变态莱氏体($L_{d'}$)量逐渐减少。

若将上述典型铁碳合金结晶过程中的组织变化填入相图中,则得到按组织组分填写的相图,如图 4.18 所示。

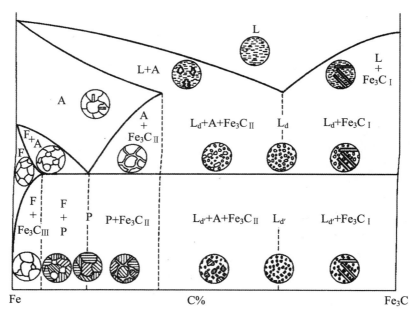

图 4.18　按组织组分填写的铁碳合金相图

四、铁碳合金的性能与成分、组织的关系

1. 含碳量对铁碳合金平衡组织的影响

综上所述,不同成分的铁碳合金,其室温组织不同。随着碳的质量分数的增加,铁碳合金的室温组织将按如下顺序变化:

$$F + P \rightarrow P \rightarrow P + Fe_3C_{II} \rightarrow P + Fe_3C_{II} + L_{d'} \rightarrow L_{d'} \rightarrow L_{d'} + Fe_3C_{I}$$

即含碳多的相越来越多,含碳少的相越来越少。不同成分的铁碳合金组成相的相对量及组织组成物的相对量可总结如图 4.19 所示。

图 4.19 铁碳合金的成分及组织关系

2. 含碳量对铁碳合金力学性能的影响

钢中铁素体为基体,渗碳体为强化相,而且主要以珠光体的形式出现,使钢的强度和硬度提高,故钢中珠光体量越多,其强度、硬度越高,而塑性、韧性相应降低。但过共析钢中当渗碳体明显地以网状分布在晶界上,特别在白口铁中渗碳体成为基体或以板条状分布在莱氏体基体上,将使铁碳合金的塑性和韧性大大下降,以致合金的强度也随之降低,这就是高碳钢和白口铁脆性高的主要原因。图 4.20 为钢的力学性能随含碳量变化的规律。

由图可见,当钢中碳的质量分数小于 0.9% 时,随着含碳量的增加,钢的强度、硬度直线上升,而塑性、韧性不断下降;当钢中碳的质量分数大于 0.9% 时,因网状渗碳体的存在,不仅使钢的塑性、韧性进一步降低,而且强度也明显下降。为了保证工业上使用的钢具有足够的强度,并具有一定的塑性和韧性,钢中碳的质量分数一般都不超过 1.4%。碳的质量分数2.11% 的白口铁,由于组织中出现大量的渗碳体,使性能硬而且脆,难以切削加工,因此在一般机械制造中很少应用。

图 4.20　含碳量对钢力学性能的影响

五、铁碳合金相图的应用

铁碳合金相图从客观上反映了钢铁材料的组织随成分与温度变化的规律,因此,在工程上为选材及制定铸、锻、焊、热处理等热加工工艺提供了重要的理论依据,在生产中具有重要的实际意义。

1. 在选材方面的应用

由铁碳合金相图可知,铁碳合金中碳的质量分数不同,其平衡组织也不相同。从而导致其力学性能亦不同。因此,可以根据零件的不同性能要求来合理地选择材料。例如,要求塑性、韧性好的金属构件,应选碳的质量分数较低的钢;要求强度、硬度、塑性和韧性都较高的机械零件,则选用碳的质量分数为 0.25%~0.55% 的钢;要求硬度较高、耐磨性较好的各种工具,应选碳的质量分数大于 0.55% 的钢。纯铁的强度低,不宜用作结构材料,但由于其磁导率高,矫顽力低,可作软磁材料使用,例如作电磁铁的铁芯等;白口铸铁硬度高、脆性大,不能切削加工,也不能锻造,但其耐磨性好,铸造性能优良,适用要求耐磨、不受冲击、形状复杂的铸件。如拔丝模、冷轧辊、货车轮、犁铧、球磨机的磨球等。

2. 在铸造方面的应用

根据铁碳合金相图可以确定合金的浇注温度,浇注温度一般在液相线以上 50~100 ℃,如图 4.21 所示。从铁碳合金相图中可以看到钢的熔点、浇注温度都比铸铁高。共晶成分的铁碳合金不仅熔点最低,而且其凝固温度区间也最小(为零),所以其流动性好,分散缩孔小,偏析小,即铸造性能最好。因此,在铸造生产中,接近共晶成分的铸铁得到广泛的应用。铸钢也是常用的铸造合金,碳的质量分数规定在 0.15%~0.6% 之间,在该范围内的钢,其凝固温度区间较小,铸造性能较好。

图 4.21　Fe-Fe₃C 相图与铸、锻工艺的关系

3. 在锻压方面的应用

钢在室温时的组织是由铁素体和渗碳体两相组成的混合物,塑性较差,变形困难。当将其加热到单相奥氏体状态时,才具有较低的强度,较好的塑性和较小的变形抗力,容易成型。所以,钢材轧制或锻造温度范围,通常选在 Fe-Fe₃C 相图中单相奥氏体区的适当范围,如图 4.21 所示。其选择原则是开始轧制或锻造温度不得过高,以免钢材氧化严重,甚至发生奥氏体晶界部分熔化,使工件报废。而终止轧制或锻造温度也不能过低,以免钢材塑性差,导致裂纹产生。

4. 在焊接方面的应用

分析 Fe-Fe₃C 相图可知,随着碳的质量分数的增加,组织中硬而脆的渗碳体量逐渐增多,铁碳合金的脆性增加,塑性下降,致使焊接性下降。碳的质量分数越高,铁碳合金的焊接性越差。所以,低碳钢的焊接性较好,铸铁的焊接性较差。

5. 在热处理方面的应用

铁碳合金在固态加热或冷却过程中均有相的变化,所以钢和铸铁可以进行有相变的退火、正火、淬火和回火等热处理,通常利用 Fe-Fe₃C 相图选择热处理加热温度。

第三节　非合金钢(碳钢)

一、常存杂质元素对钢性能的影响

实际使用的碳钢除铁、碳两个主要元素之外,还含有锰、硅、硫、磷等杂质元素以及非金属夹杂物。它们对钢材性能和质量影响很大,必须严格控制在牌号规定的范围之内。

1. 锰的影响

锰是炼钢后用锰铁脱氧后残留在钢铁中的杂质元素。锰具有一定的脱氧能力,能把钢材中的 FeO 还原成铁,改善钢的冶炼质量;锰还可以与硫化合成 MnS,以减轻硫的有害作用,降低钢材的脆性,改善钢材的热加工性能;锰能大部分溶解于铁素体中,形成置换固溶体,并使铁素体强化,提高钢铁的强度和硬度。一般来说,锰也是钢材中的有益元素。碳钢中的含锰量一般控制在 0.8% 以下。

2. 硅的影响

硅是炼钢时加入硅铁脱氧残留在钢材中的。硅的脱氧作用比锰强,可以防止形成 FeO,改善钢材的冶炼质量。硅溶于铁素体中使铁素体强化,从而提高钢材的强度、硬度和弹性,但硅元素降低钢材的塑性和韧性。在硅的含量不高时,对钢的性能影响不大,总体来说是有益元素,一般碳钢中硅的含量控制在 0.4% 以下。

3. 硫的影响

硫是在炼铁时由矿石和燃料带进钢材中的,而且在炼钢时难以除尽。总的来讲,硫是钢材中的有害杂质元素。在固态下硫不溶于铁,以 FeS 的形式存在。FeS 与 Fe 能形成低熔点的共晶体(Fe + FeS),其熔点为 985 ℃,并且分布在晶界上。当钢材在 1 000～1 200 ℃ 进行热加工时,由于共晶体融化,从而导致钢材脆裂,这种现象称为“热脆”。钢材中硫的质量分数必须严格控制,我国一般控制在 0.050% 以下。

4. 磷的影响

磷是炼铁时由矿石带进钢材中的。一般来讲,室温下磷能全部溶于铁素体中,产生固溶强化,使铁素体的硬度升高,塑性和韧性急剧下降,产生低温脆性,这种现象称为“冷脆”。一般来说,磷是钢材中的有害元素,我国一般控制在 0.050% 以下。

二、非合金钢的分类、牌号及用途

(一) 非合金钢的分类

非合金钢具有价格低廉、工艺性能好、力学性能一般能满足使用要求的优点,是工业生产中用量较大的钢铁材料。非合金钢的种类较多,为了便于生产、选用和储运,需要按一定标准对钢材进行分类。非合金钢的分类方法很多,常用的分类方法如下:

1. 按非合金钢碳的质量分数分类

非合金钢按碳的质量分数分类,可分为低碳钢、中碳钢和高碳钢。

(1) 低碳钢。低碳钢是指碳的质量分数 $w_C \leqslant 0.25\%$ 的铁碳合金。

(2) 中碳钢。中碳钢是指碳的质量分数 $0.25\% < w_C \leqslant 0.6\%$ 的铁碳合金。

(3) 高碳钢。高碳钢是指碳的质量分数 $w_C > 0.6\%$ 的铁碳合金。

2. 按非合金钢主要质量等级分类

非合金钢按主要质量等级分为:普通质量碳素钢、优质碳素钢和特殊质量碳素钢。

(1) 普通质量碳素钢。普通质量碳素钢是指对生产过程中控制质量无特殊规定的一般用途的碳素钢。

(2) 优质碳素钢。优质碳素钢是指普通质量碳素钢和特殊质量碳素钢以外的非合金钢,在生产过程中需要特别控制质量(例如,控制晶粒度,降低硫、磷含量,改善表面质量或增加工艺控制等）。

（3）特殊质量碳素钢。特殊质量碳素钢是指在生产过程中需要特别严格控制质量和性能（例如，控制淬透性和纯洁度）的碳素钢。

3．按碳素钢的用途分类

（1）碳素结构钢。碳素结构钢主要用于制造各种机械零件和工程结构件，其碳的质量分数一般都小于 0.70%。

（2）碳素工具钢。碳素工具钢主要用于制造工具，如制作刃具、模具、量具等。

（3）碳素铸钢。主要用于制作形状复杂，难以用锻压等方法成型的铸钢件。

（二）碳钢的牌号、性能及用途

1．碳素结构钢

碳素结构钢的牌号由代表钢材屈服点的字母、屈服点数值、质量等级符号、脱氧方法符号等四部分按顺序组成。其中质量等级主要根据钢中 S、P 杂质含量的多少区分，共有四级，分别用 A（$w_S \leqslant 0.050\%$，$w_P \leqslant 0.045\%$）、B（$w_S \leqslant 0.045\%$，$w_P \leqslant 0.045\%$）、C（$w_S \leqslant 0.040\%$，$w_P \leqslant 0.040\%$）、D（$w_S \leqslant 0.035\%$，$w_P \leqslant 0.035\%$）表示。脱氧方法符号用汉语拼音字母表示。"F"表示沸腾钢；"b"表示半镇静钢；"Z"表示镇静钢；"TZ"表示特殊镇静钢，在钢号中"Z"和"TZ"符号可省略。

例如：Q235—A・F，牌号中"Q"代表屈服点"屈"字汉语拼音首位字母，"235"表示屈服点 $\sigma_s \geqslant 235$ MPa，"A"表示质量等级为 A 级，"F"表示沸腾钢（冶炼时脱氧不完全）。碳素结构钢的牌号、含碳量和力学性能见表 4.2。

表 4.2 碳素结构钢的牌号、含碳量和力学性能

牌号	质量等级	化学成分（%）	力 学 性 能			脱氧方法
		w_C（%）	σ_s（MPa）	σ_b（MPa）	δ_5（%）	
Q195	—	0.06～0.12	195	315～390	33	F, b, Z
Q215	A	0.09～0.15	215	335～410	31	F, b, Z
	B					
Q235	A	0.14～0.22	235	375～460	26	F, b, Z
	B	0.12～0.20				
	C	≤0.18				Z
	D	≤0.17				TZ
Q255	A	0.18～0.28	255	410～510	24	Z
	B					
Q275	—	0.28～0.38	275	490～610	20	Z

注：① 摘自 GB 700—88《碳素结构钢》。

② 表中力学性能 σ_s、δ_5 均由钢材厚度或直径≤16 mm 的试样测得。

2．优质碳素结构钢

优质非合金钢中使用最多的是优质碳素结构钢。这类钢中有害杂质元素硫、磷含量较低，主要用于制造重要的机械零件，一般都要经过热处理之后使用。优质碳素结构钢的牌号用两位数字表示，这两位数字表示钢中平均碳的质量分数的万分数。例如 45 钢，表示钢中平均碳的质量分数为 0.45%。若钢中锰的含量在 0.7%～1.2%，则在两位数字后面加锰元素的符号"Mn"。例如 65Mn 钢，表示钢中平均碳的质量分数为 0.65%，含锰量较高（w_{Mn} =

0.9%～1.2%）。若为沸腾钢,在两位数字后面加符号"F",例如08F钢。优质碳素结构钢的牌号、化学成分和力学性能见表4.3。

表4.3　优质碳素结构钢的牌号、化学成分和力学性能

钢号	化学成分(%)					力学性能					
	C	Si	Mn	P	S	屈服点(MPa)	抗拉强度(MPa)	伸长率(%)	断面收缩率(%)	冲击韧度(J/cm²)	硬度(HBW)
						不　　小　　于					
05F	≤0.06	≤0.03	≤0.04	≤0.035	≤0.040	—	—	—	—	—	—
08F	0.05～0.11	≤0.03	0.25～0.50	≤0.040	≤0.040	180	300	35	60	—	131
08	0.05～0.12	0.17～0.37	0.35～0.65	≤0.035	≤0.040	200	330	33	60	—	131
10F	0.07～0.14	≤0.07	0.25～0.50	≤0.040	≤0.040	190	320	33	55	—	137
10	0.07～0.14	0.17～0.37	0.35～0.65	≤0.035	≤0.040	210	340	31	55	—	137
15F	0.02～0.19	≤0.07	0.25～0.50	≤0.040	≤0.040	210	360	29	55	—	143
15	0.12～0.19	0.17～0.37	0.35～0.65	≤0.040	≤0.040	230	380	27	55	—	143
20F	0.17～0.24	≤0.07	0.25～0.50		0.040	230	390	27	55	—	156
20	0.17～0.24	0.17～0.37	0.35～0.65	≤0.040	≤0.040	250	420	25	55	—	156
25	0.22～0.30	0.17～0.37	0.50～0.80	≤0.040	≤0.040	280	460	23	50	90	170
30	0.27～0.35	0.17～0.37	0.50～0.80	≤0.040	≤0.040	300	500	21	50	80	179
35	0.32～0.40	0.17～0.37	0.50～0.80	≤0.040	≤0.040	320	540	20	45	70	187
40	0.37～0.45	0.17～0.37	0.50～0.80	≤0.040	≤0.040	340	580	19	45	60	217
45	0.42～0.50	0.17～0.37	0.50～0.80	≤0.040	≤0.040	360	610	16	40	50	241
50	0.47～0.55	0.17～0.37	0.50～0.80	≤0.040	≤0.040	380	640	14	40	40	241
55	0.52～0.60	0.17～0.37	0.50～0.80	≤0.040	≤0.040	390	660	13	35	—	255

资料来源:GB 699—88。

由表可见,优质碳素结构钢随含碳量的增加,其强度、硬度提高,塑性、韧性降低。不同牌号的优质碳素结构钢具有不同的性能特点及用途。

08F钢是一种含碳量很低的沸腾钢,强度很低,塑性很好。一般由钢厂轧成薄钢板或钢带供应,主要用于制造冷冲压件,如机器外壳、容器、罩子等。

10～25钢属低碳钢,强度、硬度低,塑性、韧性好,并具有良好的冷冲压性能和焊接性能。常用于制造冷冲压件和焊接构件,以及受力不大、韧性要求高的机械零件,如螺栓、螺钉、螺母、轴套、法兰盘、焊接容器等。还可用作尺寸不大,形状简单的渗碳件。

30～55钢属中碳钢,经调质处理后,具有良好的综合力学性能,主要用于制造齿轮、连杆、轴类零件等,其中以45钢应用最广。

60、65钢属高碳钢,经适当热处理后,有较高的强度和弹性,主要用于制作弹性零件和耐磨零件,如弹簧、弹簧垫圈、轧辊等。

3. 碳素工具钢

特殊质量非合金钢中使用最多的是碳素工具钢。碳素工具钢碳的质量分数为0.65%～1.35%。根据有害杂质硫、磷含量的不同又可分为优质碳素工具钢(简称为碳素工具钢)和高级优质碳素工具钢两类。碳素工具钢的牌号冠以"碳"的汉语拼音首字母"T",后面加数字表示钢中平均碳的质量分数的千分数,如为高级优质碳素工具钢,则在数字后面再加上"A"。例如T8钢表示平均碳的质量分数为0.8%的优质碳素工具钢。T10A钢表示平均碳的质量分数为1.0%的高级优质碳素工具钢。碳素工具钢的牌号、化学成分、力学性能和用途见表4.4。

表4.4　碳素工具钢的牌号、化学成分、性能和用途

牌号	化学成分（%）			硬　　度			用　途　举　例
				退火状态	试样淬火		
	C	Mn	Si	硬度（HBS≤）	淬火温度（℃）和冷却剂	硬度（HBS≥）	
T7 T7A	0.65～0.74	≤0.40	≤0.35	187	800～820 水	62	淬火、回火后，通常用于制造能承受振动、冲击，并且在硬度适中情况下有较好韧性的工具，例如凿子、冲头、木工工具、大锤等
T8 T8A	0.75～0.84	≤0.40	≤0.35	187	780～800 水	62	淬火、回火后，常用于制造要求有较高硬度和耐磨性的工具，例如凿子、冲头、木工工具、剪切金属用剪刀等
T8Mn T8MnA	0.80～0.90	0.40～0.60	≤0.35	187	780～800 水	62	性能和用途与 T8 相似，但是由于加入锰，提高淬透性，故可用于制造截面较大的工具等
T9 T9A	0.85～0.94	≤0.40	≤0.35	192	760～780 水	62	用于制造一定硬度和韧性的工具，例如冲模、钻头、凿岩石用凿子等
T10 T10A	0.95～1.04	≤0.40	≤0.35	197	760～780 水	62	用作不受剧烈冲击、中等韧性、要求具有高硬度和耐磨性的工具，例如车刀、刨刀、冲头、丝锥、钻头、手用锯条、板牙等
T12 T12A	0.85～0.94	≤0.40	≤0.35	207	760～780 水	62	用作不受冲击、要求具有高硬度、高耐磨性的工具，例如锉刀、刮刀、钻头、精车刀、丝锥、量具等

注：牌号、化学成分、硬度摘自 GB 1298—86《碳素工具钢技术条件》。

　　碳素工具钢一般以退火状态供应，使用时再进行适当的热处理。各种碳素工具钢淬火后的硬度相近，但随着碳含量的增加，未溶渗碳体增多，钢的耐磨性增加，而韧性降低。因此，T7、T8 钢适于制造承受一定冲击而要求韧性较高的工具，如大锤、冲头、凿子、木工工具、剪刀等。T9、T10、T11 钢用于制造冲击较小而要求高硬度和较高耐磨性的工具，如丝锥、板牙、小钻头、冷冲模、手工锯条等。T12、T13 钢的硬度和耐磨性很高，但是韧性较差，用于制造不受冲击的工具，如锉刀、刮刀、剃刀、量具等。

4. 碳素铸钢

　　某些形状复杂的零件，工艺上难以用锻压的方法进行生产，性能上用力学性能较低的铸铁材料又难以满足要求，此时常采用铸钢件。工程上常采用碳素铸钢制造，其碳的质量分数一般为 0.15%～0.60%。碳素铸钢的牌号用"铸钢"两字汉语拼音的第一个字母"ZG"加两组数字表示，第一组数字为最小屈服强度值，第二组数字为最小抗拉强度值。如 ZG310—

570 表示最小屈服强度为 310 MPa，最小抗拉强度为 570 MPa 的碳素铸钢。工程用碳素铸钢的牌号、化学成分、力学性能和用途见表 4.5。

表 4.5　工程用铸钢的牌号、化学成分、力学性能和用途

牌　号	化学成分（%）					室温力学性能					用　途　举　例
	C	Si	Mn	P	S	σ_s ($\sigma_{0.2}$) (Mpa)	σ_b (Mpa)	δ (%)	Ψ (%)	A_{KU} (J·cm^{-2})	
	不　大　于					不　小　于					
ZG200—400	0.20	0.50	0.80	0.04		200	400	25	40	30(60)	有良好的塑性、韧性和焊接性。用于受力不大、要求韧性好的各种机械零件，例如机座、变速箱壳等
ZG230—450	0.30	0.50	0.90	0.04		230	450	22	32	25(45)	有一定的强度和较好的韧性，焊接性良好。用于受力不大、要求韧性好的各种机械零件，例如砧座、外壳、轴承盖、底板、阀体、犁柱等
ZG270—500	0.40	0.50	0.90	0.04		270	500	18	25	23(35)	有较高的强度和较好的塑性，铸造性良好，焊接性尚好，切削性良好，用作轧钢机机架、轴承座、连杆、箱体、曲轴、缸体等
ZG310—570	0.50	0.60	0.90	0.04		310	570	15	21	15(30)	强度和切削性良好，塑性、韧性较低。用于载荷较高的零件，例如大齿轮、缸体、制动轮、辊子等
ZG340—640	0.60	0.60	0.90	0.04		340	640	10	18	10(20)	有高的强度、硬度和耐磨性，切削性良好，焊接性较差，流动性好，裂缝敏感性较大，用作齿轮、棘轮等

注：① 牌号、成分和力学性能摘自 GB 11352—89《一般工程用铸造碳钢件》。

　　② 表中所列性能适用于厚度为 100 mm 以下的铸件。

课 后 习 题

一、判断题

1. 在铁碳合金中，共析反应只发生于共析钢中，所以只有共析钢中才会有珠光体组织。（　　）

2. 亚共析钢室温下的平衡组织随合金中含碳量的增大，其中珠光体的相对量是增加的。（　　）

3. 含碳量对铁碳合金力学性能的影响是随着含碳量的增大,合金的强度、硬度升高,塑性、韧性下降。(　　)

4. 钢中的硫和磷均属于有害元素,所以硫和磷的含量越高,则钢材的质量越差。(　　)

5. 高碳钢的质量优于中碳钢,中碳钢的质量优于低碳钢。(　　)

二、选择题

1. 珠光体中的渗碳体形态一般为(　　)。

　　A. 颗粒状　　　　　　B. 网状　　　　　　C. 层片状　　　　　　D. 针状

2. 在铁碳合金中由奥氏体析出的渗碳体有(　　)。

　　A. 一次渗碳体　　　B. 二次渗碳体　　　C. 共晶渗碳体　　　D. 共析渗碳体

3. 在铁碳合金中,由液体中析出的渗碳体有(　　)。

　　A. 一次渗碳体　　　B. 二次渗碳体　　　C. 共晶渗碳体　　　D.共析渗碳体

4. 碳素钢平衡状态下的二次渗碳体的形态一般为(　　)。

　　A. 板条状　　　　　B. 网状　　　　　　C. 层片状　　　　　　D. 针状

三、问答题

1. 根据室温下的平衡组织说明含碳量对碳素钢力学性能的影响。

2. 按含碳量碳素钢一般分为哪几类? 说明各自的含碳量范围及力学性能的特点。

四、应用题

1. 指出下列选材是否合理,为什么? 并对不合理的进行纠正。

(1) 一般紧固螺栓用 Q235A。

(2) 尺寸不大的渗碳齿轮用 45 钢。

(3) 截面不大的弹簧用 30 钢。

(4) 錾子用 T12 钢。

2. 某厂购进规格相同的 20,60,T8,T12 四种钢各一捆,装运时钢种搞混。试根据已学知识,提出两种区分方法,并简述各自的确定原则。

第五章　钢的热处理

所谓钢的热处理,就是将钢在固态下加热、保温、冷却,使钢的内部组织结构发生变化,以获得所需要的组织与性能的一种工艺。

热处理的目的是通过改变金属材料的组织和性能,来满足工程中对材料服役性能和加工性能的要求。所以,选择正确和先进的热处理工艺对于挖掘金属材料的潜力、改善零件使用性能、提高产品质量、延长零件的使用寿命、节约材料均具有非常重要的意义;同时还对改善零件毛坯的工艺性能以利于冷热加工的进行起着重要作用。因此,热处理在机械制造行业中被广泛地应用,例如汽车、拖拉机行业中需要进行热处理的零件占70%~80%;机床行业中占60%~70%;轴承及各种模具则达到100%。

钢的热处理方法可以分为三大类:

(1) 整体热处理。是指对热处理件进行穿透性加热,以改善整体的组织和性能的处理工艺,分为退火、正火、淬火、回火等。

(2) 表面热处理。是指仅对工件表层进行热处理,以改变其组织和性能的工艺。分为表面淬火、物理气相沉积、化学气相沉积、等离子化学气相沉积等。

图 5.1　热处理工艺曲线

(3) 化学热处理。是指将工件置于一定温度的活性介质中保温,使一种或几种元素渗入它的表层,以改变其化学成分、组织和性能的热处理工艺。根据渗入成分的不同又分为渗碳、渗氮、碳氮共渗、渗金属、多元共渗等。

尽管热处理的种类很多,但是通常所用的各种热处理过程都是由加热、保温和冷却三个基本阶段组成。图 5.1 为最基本的热处理工艺曲线。

第一节　钢的热处理原理

一、钢在加热时的组织转变

根据 Fe-Fe$_3$C 状态图,共析钢在加热温度超过 PSK 线(A_1)时,完全转变为奥氏体。亚共析钢和过共析钢必须加热到 GS 线(A_3)和 ES 线(A_{cm})以上才能全部转变为奥氏体。但在实际热处理加热和冷却条件下,相变是在非平衡条件下进行的。因此上述临界点有所变化。

一般情况下,加热时的临界点比理论值高,而冷却时的临界点温度比理论值低。通常将加热时的临界温度标为 A_{c1}、A_{c3}、A_{ccm},冷却时标为 A_{r1}、A_{r3}、A_{rcm},见图 5.2。上述实际的临界温度并不是固定的,它们受含碳量、合金元素含量、奥氏体化温度、加热和冷却速度等因素的影响而变化。

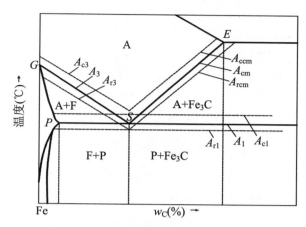

图 5.2　钢在实际加热和冷却时的相变点

（一）奥氏体的形成过程

室温组织为珠光体的共析钢加热至 A_1(A_{c1})以上时,将形成奥氏体,即发生 P(F + Fe_3C)→A 的转变。可见这是由于成分相差悬殊、晶体结构完全不同的两个相向另一种成分和晶格的单相固溶体的转变过程,是一个晶格改组和铁、碳原子的扩散过程,也是通过形核和长大的过程来实现的。其基本过程由以下四个阶段组成,如图 5.3 所示。

(a) A形核　　　(b) A长大　　　(c) 残余Fe₃C溶解　　　(d) A均匀化

图 5.3　共析碳钢中奥氏体形成过程示意图

1．奥氏体晶核的形成

奥氏体晶核优先在铁素体和渗碳体的两相界面上形成。这是因为相界面处成分不均匀,原子排列不规则,晶格畸变大,能为产生奥氏体晶核提供成分和结构两方面的有利条件。

2．奥氏体晶核的长大

奥氏体晶核形成后,依靠铁素体的晶格改组和渗碳体的不断溶解,奥氏体晶核不断向铁素体和渗碳体两个方向长大。与此同时,新的奥氏体晶核也不断形成并随之长大,直到铁素体全部转变为奥氏体为止。

3．残余渗碳体的溶解

在奥氏体的形成过程中,当铁素体全部转变为奥氏体后,仍有部分渗碳体尚未溶解(称为残余渗碳体),随着保温时间的延长,残余渗碳体将不断溶入奥氏体中,直至完全消失。

4. 奥氏体成分均匀化

当残余渗碳体溶解后,奥氏体中的碳成分仍是不均匀的,在原渗碳体处的碳浓度比原铁素体处的要高。只有经过一定时间的保温,通过碳原子的扩散,才能够使奥氏体中的碳成分均匀一致。

亚共析钢和过共析钢的奥氏体形成过程与共析钢基本相同,不同的是亚共析钢的平衡组织中除了珠光体外还有先析出的铁素体,过共析钢中除了珠光体外还有先析出的渗碳体。若加热至 A_{c1} 温度,只能使珠光体转变为奥氏体,得到奥氏体 + 铁素体或奥氏体 + 二次渗碳体组织,称为不完全奥氏体化。只有继续加热至 A_{c3} 或 A_{ccm} 温度以上,才能够得到单相奥氏体组织,即完全奥氏体化。

(二) 奥氏体晶粒的大小及其影响因素

钢在加热时获得的奥氏体晶粒大小,直接影响到冷却后转变产物的晶粒大小(如图 5.4 所示)和力学性能。加热时获得的奥氏体晶粒细小,则冷却后转变产物的晶粒也细小,其强度、塑性和韧性较好;反之,粗大的奥氏体晶粒冷却后转变产物也粗大,其强度、塑性较差,特别是冲击韧度会显著降低。

图 5.4　钢在加热和冷却时晶粒大小的变化

1. 奥氏体的晶粒度

晶粒度是表示晶粒大小的一种尺度。奥氏体晶粒的大小用奥氏体晶粒度来表示。生产中常采用标准晶粒度等级图,由比较的方法来测定钢的奥氏体晶粒大小。国家标准 GB 6394—86《金属平均晶粒度测定法》将奥氏体标准晶粒度分为 00,0,1,2,…,10 等十二个等级,其中常用的为 1~8 级,1~4 级为粗晶粒,5~8 级为细晶粒。金属平均晶粒度标准等级图如图 5.5 所示。

实际晶粒度:某一具体热处理或热加工条件下的奥氏体的晶粒度叫实际晶粒度。它决定了钢的性能。

本质晶粒度:钢在加热时奥氏体晶粒长大的倾向用本质晶粒度来表示。不同成分的钢加热时奥氏体晶粒长大倾向是不同的,如图 5.6 所示。有些钢随着加热温度的提高,奥氏体晶粒会迅速长大,这类钢称为本质粗晶粒钢;而有些钢的奥氏体晶粒不易长大,只有当温度

图 5.5　金属平均晶粒度标准等级图

图 5.6　两种奥氏体晶粒长大倾向的示意图

超过一定值时,奥氏体才会迅速长大,这类钢称为本质细晶粒钢。本质晶粒度并不表示晶粒的实际大小,仅表示奥氏体晶粒长大的倾向。

2. 影响奥氏体晶粒大小的因素

珠光体向奥氏体转变完成后,最初获得的奥氏体晶粒是很细小的。但随着加热的继续,奥氏体晶粒会自发地长大。影响奥氏体晶粒度的主要因素有:

(1) 加热温度和保温时间。奥氏体刚形成时晶粒是细小的,但随着温度的升高,奥氏体晶粒将逐渐长大,温度越高,晶粒长大就越明显;在一定温度下,保温时间越长,奥氏体晶粒就越粗大。因此,热处理加热时要合理选择加热温度和保温时间,以保证获得细小均匀的奥氏体组织。

(2) 钢的成分。随着奥氏体中碳含量的增加,晶粒的长大倾向也增加;若碳以未溶碳化物的形式存在时,则有阻碍晶粒长大的作用。

(3) 合金元素。在钢中加入能形成稳定碳化物的元素(如钛、钒、铌、锆等)和能形成氧化物或氮化物的元素(如适量的铝等),有利于获得细晶粒。因为碳化物、氧化物、氮化物等弥散分布在奥氏体的晶界上,能阻碍晶粒长大。

总之,热处理加热保温的目的是获得细小均匀的奥氏体组织。

二、钢在冷却时的转变

钢加热保温后获得细小的、成分均匀的奥氏体,再以不同的方式和速度进行冷却,可得到不同的产物。在钢的热处理工艺中,热处理冷却方式通常有等温冷却和连续冷却两种。等温冷却就是将已奥氏体化的钢件快速冷却到临界点以下的给定温度进行保温,使其在该温度下发生组织转变,如图5.7中的曲线1所示;连续冷却是将已奥氏体化的钢以某种冷却速度连续冷却,使其在临界点以下的不同温度进行组织转变,如图5.7中的曲线2所示。

1—等温冷却　　2—连续冷却

图 5.7　两种冷却方式示意图

(一) 过冷奥氏体的等温转变

1. 过冷奥氏体等温转变曲线的建立

过冷奥氏体等温转变曲线图是用实验方法建立的。以共析钢为例,等温转变曲线图的建立过程如下:将共析钢制成一定尺寸的试样若干组,在相同条件下加热到 A_1 温度以上使其完全奥氏体化,然后分别迅速投入到 A_1 温度以下不同温度的恒温槽中进行等温冷却。测出各试样过冷奥氏体转变开始时间和转变终了的时间,并把它们描绘在温度-时间坐标图上,再用光滑曲线分别连接各转变开始点和转变终了点,如图5.8所示。共析钢的过冷奥氏

图 5.8　共析钢过冷奥氏体等温转变温度-时间图

体等温转变曲线如图 5.9 所示。

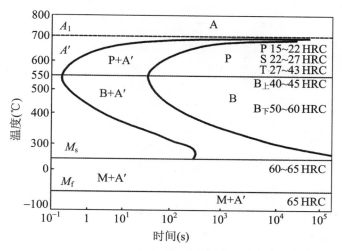

图 5.9　共析钢过冷奥氏体等温转变曲线图

在图 5.9 中，A_1 为奥氏体向珠光体转变的相变点，A_1 以上区域为稳定奥氏体区。两条 C 形曲线中，左边的曲线为转变开始线，该线以左区域为过冷奥氏体区；右边的曲线为转变终了线，该线以右区域为转变产物区；两条 C 形曲线之间的区域为过冷奥氏体与转变产物共存区。水平线 M_s 和 M_f 分别为马氏体型转变的开始线和终了线。

由共析钢过冷奥氏体的等温转变曲线可知，等温转变的温度不同，过冷奥氏体转变所需孕育期的长短也不同，即过冷奥氏体的稳定性不同。在约 550 ℃ 处的孕育期最短，表明在此温度下的过冷奥氏体最不稳定，转变速度也最快。

亚共析钢和过共析钢的过冷奥氏体在转变为珠光体之前，分别有先析出铁素体和先析出渗碳体的结晶过程。因此，与共析钢相比，亚共析钢和过共析钢的过冷奥氏体等温转变曲线图多了一条先析相的析出线，如图 5.10 所示。同时，C 曲线的位置也相对左移，说明亚共析钢和过共析钢过冷奥氏体的稳定性比共析钢要差。

图 5.10　亚共析钢、共析钢和过共析钢过冷奥氏体等温转变曲线图的比较

2. 过冷奥氏体等温转变的产物与性能

（1）珠光体型转变

过冷奥氏体在 $A_1 \sim 550$ ℃ 温度范围等温时，将发生珠光体型转变。由于转变温度较高，

图 5.11　珠光体型组织(500×)

原子具有比较强的扩散能力,转变产物为铁素体薄层和渗碳体薄层交替重叠的层状组织,即珠光体型组织。等温温度越低,铁素体层和渗碳体层越薄,层间距(一层铁素体和一层渗碳体的厚度之和)越小,硬度越高。为区别起见,这些层间距不同的珠光体型组织分别称为珠光体、索氏体和托氏体,用符号 P,S,T 表示,其显微组织如图 5.11 所示。

(2) 贝氏体型转变

过冷奥氏体在 $550\ ℃\sim M_s$ 温度范围等温时,将发生贝氏体型转变。由于转变温度比较低,原子扩散能力较差,渗碳体已经很难聚集长大呈层状。因此,转变产物为由含碳过饱和的铁素体和弥散分布的渗碳体组成的组织,称为贝氏体,用符号 B 来表示。由于等温温度不同,贝氏体的形态也不同,分为上贝氏体($B_上$)和下贝氏体($B_下$)。上贝氏体组织形态呈羽毛状,强度较低,塑性和韧性较差。上贝氏体的显微组织如图 5.12 所示。下贝氏体组织的形态呈黑色针状,强度较高,塑性和韧性也较好,即具有良好的综合力学性能,其显微组织如图 5.13 所示。珠光体型组织和贝氏体型组织通常称为过冷奥氏体的等温转变产物,其组织特征及硬度见表 5.1。

图 5.12　上贝氏体组织(500×)

图 5.13　下贝氏体组织(500×)

表 5.1　共析钢过冷奥氏体等温转变产物的组织及硬度

组织名称	符号	转变温度(℃)	组织形态	层间距(μm)	分辨所需放大倍数	硬度(HRC)
珠光体	P	$A_1\sim650$	粗片状	约 0.3	小于 500	小于 25
索氏体	S	650～600	细片状	0.3～0.1	1 000～1 500	25～35
托氏体	T	600～550	极细片状	约 0.1	10 000～100 000	35～40
上贝氏体	$B_上$	550～350	羽毛状	—	大于 400	40～45
下贝氏体	$B_下$	$350\sim M_s$	黑色针状	—	大于 400	45～55

(二) 过冷奥氏体连续冷却转变

1. 过冷奥氏体连续冷却转变曲线

在实际热处理中,过冷奥氏体转变大多是在连续冷却过程中完成的,其组织的转变规律可以通过过冷奥氏体连续转变曲线图(CCT 图)表示。共析钢的过冷奥氏体连续转变曲线如图 5.14 所示。

图中 P_s,P_f 线分别为珠光体类组织转变开始线和转变终了线,P_1 为珠光体类组织转变中止线。

图 5.14　共析钢过冷奥氏体的连续转变曲线

当冷却曲线碰到 P_1 线时,奥氏体向珠光体的转变将被中止,剩余奥氏体将一直过冷至 M_s 以下转变为马氏体组织。与等温转变图相比,共析钢的连续转变曲线图中珠光体转变开始线和转变终了线的位置均相对右下移,而且只有 C 形曲线的上半部分,没有贝氏体型转变区。由于过冷奥氏体连续转变曲线的测定比较困难。所以在生产中常借用同种钢的等温转变曲线图来分析过冷奥氏体连续冷却转变产物的组织和性能。以共析钢为例,将连续冷却的冷却速度曲线叠画在 C 曲线上,如图 5.15 所示。根据各冷却曲线与 C 曲线交点对应的温度,就可以大致估计过冷奥氏体的转变情况,见表 5.2。冷却速度 V_K 称为临界冷却速度,即钢在淬火时为抑制非马氏体转变所需的最小冷却速度,称为临界冷却速度。

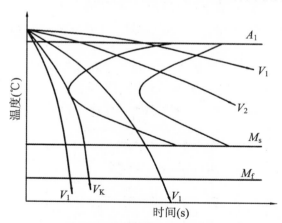

图 5.15　在等温转变图上估计连续冷却时的组织

表 5.2　共析钢过冷奥氏体连续冷却转变产物的组织和硬度

冷却速度	冷却方法	转变产物	符号	硬度
V_1	炉冷	珠光体	P	170～220 HBS
V_2	空冷	索氏体	S	25～35 HRC
V_3	油冷	托氏体 + 马氏体	T + M	45～55 HRC
V_4	水冷	马氏体 + 残余奥氏体	M + A′	55～65 HRC

2. 马氏体转变

过冷奥氏体冷却到 M_s 温度以下将产生马氏体型转变。马氏体是碳溶入 α-Fe 中形成的过饱和固溶体，用符号 M 表示。马氏体具有体心正方晶格，当发生马氏体型转变时，过冷奥氏体中的碳来不及析出而全部保留在马氏体中，形成过饱和的固溶体，产生晶格畸变。

(1) 马氏体的组织形态。马氏体的组织形态因其成分和形成条件而异，通常分为板条状马氏体和针片状马氏体两种基本类型。

板条状马氏体又称为低碳马氏体，主要产生于低碳钢的淬火组织中。显微组织如图 5.16 所示。它由一束束平行的长条状晶体组成，其单个晶体的立体形态为板条状。在光学显微镜下观察所看到的只是边缘不规则的块状，故亦称为块状马氏体。这种马氏体具有良好的综合力学性能。

图 5.16　板条状马氏体组织(500×)　　　图 5.17　针片状马氏体组织(500×)

针片状马氏体又称为高碳马氏体，其显微组织如图 5.17 所示。它由互成一定角度的针状晶体组成。其单个晶体的立体形态呈双凸透镜状，因每个马氏体的厚度与径向尺寸相比很小，所以粗略地说是片状。因在金相磨面上观察到的通常都是与马氏体片成一定角度的截面，呈针状，故亦称为针状马氏体。这种马氏体主要产生于高碳钢的淬火组织中。高碳马氏体硬而脆。

(2) 马氏体的力学性能。马氏体具有高的硬度和强度，这是马氏体主要的性能特点。马氏体的硬度主要取决于 M 中的含碳量，如图 5.18 所示。而塑性和韧性主要取决于组织。板条马氏体具有较高硬度、较高强度与较好塑性和韧性相配合的良好的综合力学性能。针

图 5.18　马氏体硬度与碳含量的关系

片状马氏体具有比板条马氏体更高的硬度,但脆性较大,塑性和韧性较差。

（3）马氏体型转变的特点。马氏体转变也是一个形核和长大的过程,但有着许多独特的特点。

① 马氏体转变是在一定温度范围内进行的。在奥氏体的连续冷却过程中,冷却至 M_s 点时,奥氏体开始向马氏体转变,M_s 点称为马氏体转变的开始点;在以后继续冷却时,马氏体的数量随温度的下降而不断增多,若中途停止冷却,则奥氏体也停止向马氏体转变;冷却至 M_f 点时,马氏体转变终止,M_f 点称为马氏体转变的终了点。

② 马氏体转变的速度极快,瞬间形核,瞬间长大,铁、碳原子的扩散都极其困难,所以相变时只发生从 γ-Fe 到 α-Fe 的晶格改组,而没有原子的扩散,马氏体中的碳含量就是原奥氏体中的碳含量,马氏体转变是一个非扩散型转变。

③ 马氏体转变具有不完全性。马氏体转变不能完全进行到底,M_s、M_f 点的位置与冷却速度无关,主要取决于奥氏体的含碳量,含碳量越高,M_s 和 M_f 越低,如图 5.19（a）,即使过冷到 M_f 点以下,马氏体转变停止后,仍有少量的奥氏体存在。奥氏体在冷却过程中发生相变后,在环境温度下残存的奥氏体称为残余奥氏体,用符号"A′"表示。

由图可见,当奥氏体中含碳量增加至 0.5% 以上时,M_f 点便下降至室温以下,含碳量愈高,马氏体转变温度下降愈大,则残余奥氏体量也就愈多,如图 5.19（b）所示。共析碳钢的 M_f 点约为 -50 ℃,当淬火至室温时,其组织中含有 3%～6% 的残余奥氏体。

(a) 奥氏体的含碳量对马氏体转变温度的影响

(b) 奥氏体的含碳量对残余奥氏体量的影响

图 5.19　奥氏体的含碳量对马氏体转变温度及残余奥氏体量的影响

残余奥氏体的存在,不仅降低了淬火钢的硬度和耐磨性,而且在零件长期使用过程中,会逐渐转变为马氏体,使零件尺寸发生变化,尺寸精度降低。

第二节　钢的退火与正火

一、钢的退火

钢的退火与正火是热处理的基本工艺之一,主要用于铸、锻、焊毛坯的预备热处理,以及改善机械零件毛坯的切削加工性能,也可用于性能要求不高的机械零件的最终热处理。

将钢件加热到适当温度,保持一定时间,然后缓慢冷却的热处理工艺称为退火。

退火的主要目的是:降低硬度,提高塑性,以利于切削加工或继续冷变形;细化晶粒,消除组织缺陷,改善钢的性能,并为最终热处理作组织准备;消除内应力,稳定工件尺寸,防止变形与开裂。

退火的方法很多,通常按退火目的不同,分为完全退火、球化退火、去应力退火等。

1. 完全退火

完全退火又称重结晶退火,一般简称为退火。

完全退火是将亚共析钢或亚共析成分合金钢工件加热至 A_{c3} 以上 30～50 ℃,保温一定时间后,随炉缓慢冷却到 500 ℃,出炉空冷至室温的工艺过程。

由于加热时钢件的组织完全奥氏体化,在以后的缓冷过程中奥氏体全部转变为细小而均匀的平衡组织,从而降低了钢的硬度,细化了晶粒,充分消除了内应力。

完全退火工艺时间很长,尤其是对于某些奥氏体比较稳定的合金钢,往往需要数十小时,甚至数天的时间。如果在对应钢的 C 曲线上的珠光体形成温度进行过冷奥氏体的等温转变处理,就有可能在等温处理的前后稍快地进行冷却。所以为了缩短退火时间,提高生产率,目前生产中多采用等温退火用以代替普通退火。

2. 球化退火

球化退火是将钢加热到 A_{c1} 以上 20～30 ℃,保温后随炉缓慢冷却至 500～600 ℃出炉空冷;也可以在先快冷至 A_{r1} 以下 20 ℃等温足够时间,出炉空冷。

球化退火的目的是使钢中片状、网状碳化物球化。钢件经球化退火后,将获得由大致呈球形的渗碳体颗粒弥散分布于铁素体基体上的球状组织,称为球状珠光体,如图 5.20 所示,为淬火回火做好组织准备;降低硬度以利于切削加工。

球化退火主要用于共析钢和过共析钢的锻轧件。若原始组织中存在有较多的网状渗碳体,则应先进行正火消除渗碳体网后,再进行球化退火。

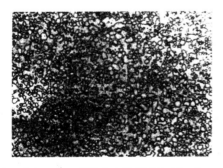

图 5.20　球状珠光体组织(500×)

3. 去应力退火(低温退火)

去应力退火是将钢件加热到 500～650 ℃,经适当时间保温后,随炉缓慢冷却到 300～

200℃以下出炉空冷的工艺。

去应力退火的目的是为了消除铸件、锻件、焊接结构件、热轧件、冷冲压件等的内应力。如果这些应力不消除，零件在切削加工、后续变形加工中以及使用过程中，将引起变形或开裂。去应力退火加热温度低于 A_1，退火过程中没有组织变化，只消除或减少了内应力。

二、钢的正火

钢的正火是把亚共析钢加热到 A_{c3} 以上 30～50℃，过共析钢加热到 A_{ccm} 以上 30～50℃，保温后在空气中冷却的工艺。

正火的目的与退火相似，如细化晶粒，均匀组织，调整硬度等。与退火相比，正火冷却速度较快，因此，正火组织的晶粒比较细小，强度、硬度比退火后要略高一些。

正火的主要应用范围有：

（1）消除过共析钢中的碳化物网，为球化退火作好组织准备。

（2）作为低、中碳钢和低合金结构钢消除应力，细化组织，改善切削加工性和淬火的预备热处理。

（3）用于某些碳钢、低合金钢工件在淬火返修时，消除内应力和细化组织，以防止重新淬火时产生变形和裂纹。

（4）对于力学性能要求不太高的普通结构零件，正火也可以代替调质处理作为最终热处理使用。常用退火和正火的加热温度范围和工艺曲线如图 5.21 所示。

图 5.21　各种退火和正火的加热温度范围

第三节　钢的淬火与回火

一、钢的淬火

将钢加热到 A_{c1} 或 A_{c3} 以上 $30\sim50\,℃$，保温一段时间后，快速冷却以获得马氏体或贝氏体的热处理工艺方法。淬火的目的是强化钢材、为回火做好组织准备。

(一) 钢的淬火工艺

1. 淬火加热温度的选择

亚共析钢的淬火加热温度是 A_{c3} 以上 $30\sim50\,℃$，此时可全部得到奥氏体，淬火后得到马氏体组织，如图 5.22 所示。如果加热到 A_{c1} 或 A_{c3} 之间，这时得到奥氏体和铁素体组织，淬火后奥氏体转变成为马氏体，而铁素体则保留下来，因而使钢的硬度和强度达不到要求，如果淬火温度过高，加热后奥氏体晶粒粗化，淬火后会得到粗大马氏体组织，这将使钢的力学性能下降，特别是塑性和韧性显著降低，并且淬火时容易引起零件变形和开裂。

图 5.22　碳钢的淬火加热温度范围

过共析钢的淬火温度是 A_{c1} 以上 $30\sim50\,℃$，这时得到奥氏体和渗碳体组织，淬火后奥氏体转变为马氏体，而渗碳体被保留下来，获得均匀了细小的马氏体和粒状渗碳体的混合组织，如图 5.21 所示。由于渗碳体的硬度比马氏体还高，所以钢的硬度不但没有降低，而且还可以提高钢的耐磨性。如果将过共析钢加热到 A_{ccm} 以上，这时渗碳体已全部溶入奥氏体中，增加了奥氏体的含碳量，因而钢的 M_s 点下降，从而使淬火后的残余奥氏体量增多，反而降低了钢的硬度和耐磨性。

2. 加热保温时间的选择

淬火加热保温时间一般是根据钢件的材料、有效厚度、加热介质、装炉方式、装炉量等具体情况而定。可以按照下列公式进行计算：

$$\tau = K\alpha D$$

式中，τ——保温时间，单位为 min；

　　K——装炉系数（K 通常取 $1\sim1.5$）；

　　α——加热系数，单位为 min/mm；

　　D——钢件有效厚度，单位为 mm。

3. 淬火介质

钢件进行淬火冷却时所使用的介质称为淬火介质。淬火介质应具有足够的冷却能力、良好的冷却性能和较宽的使用范围。同时还应具有不易老化、不腐蚀零件、易清洗、无公害、价廉等特点。为保证钢件淬火后得到马氏体组织，淬火介质必须使钢件淬火冷却速度大于马氏体临界冷却速度。但过快的冷却速度会产生很大的淬火应力，引起变形和开裂。因此，在选择冷却介质时，既要保证得到马氏体组织，又要尽量减少淬火应力。

由碳钢的过冷奥氏体等温转变曲线图可知，为避免珠光体型转变，过冷奥氏体在 C 曲线的鼻尖处（550 ℃左右）需要快冷，以期 $V \geqslant V_\mathrm{K}$ 而不产生珠光体类组织转变；在 650 ℃ 以上或 400 ℃ 以下（特别是在 M_s 点附近发生马氏体转变时）冷却速度则要求慢一些，减小组织应力和热应力，减少变形开裂倾向。钢在淬火时理想的冷却曲线如图 5.23 所示。符合此种冷却情况的淬火介质称为理想淬火介质。

图 5.23　理想淬火介质冷却曲线

目前生产中常用的淬火介质有水及水溶液、矿物油等，尤其是水和油最为常用。

水在 650~400 ℃ 范围内冷却速度比较大，这对奥氏体稳定性较小的碳钢来说极为有利；但在 300~200 ℃ 的温度范围内，水的冷却速度仍然很大，易使工件产生大的组织应力，而产生变形或开裂。在水中加入少量的盐，只能增加其在 650~400 ℃ 范围内的冷却能力，基本上不改变其在 300~200 ℃ 时的冷却速度。

油在 300~200 ℃ 范围内的冷却速度远小于水，对减少淬火工件的变形与开裂很有利，但在 650~400 ℃ 范围内的冷却速度也远比水要小，所以不能用于碳钢，而只能用于过冷奥氏体稳定性较大的合金钢的淬火。常用冷却介质的冷却能力见表 5.3。

表 5.3　常用冷却介质的冷却能力

冷却介质	冷却速度(℃/s)	
	在 650～550 ℃区间	在 300～200 ℃区间
水(18 ℃)	600	270
水(50 ℃)	100	270
水(74 ℃)	30	200
10%NaOH 水溶液(18 ℃)	1 200	300
10%NaCl 水溶液(18 ℃)	1 100	300
50 ℃矿物油	150	30

(二)常用的淬火方法

由于淬火介质不能完全满足淬火质量要求,所以热处理工艺上还应在淬火方法上加以解决。目前使用的淬火方法较多,以下介绍其中比较常用的几种。

1.单介质淬火法

将加热奥氏体化后的钢件放入单一淬火介质中,连续冷却到室温的操作方法,如图5.24①。碳钢的水中淬火,合金钢的油中淬火都是单介质淬火法。其特点是操作简单,易于实现自动控制,但水中淬火变形与开裂倾向大;油中淬火冷却速度小,淬透直径小,大件无法淬透。单介质淬火法只适用于形状简单、尺寸较小的碳钢和合金钢工件。

图 5.24　几种常用的淬火方法

2.双介质淬火

用两种冷却介质。先浸入一种冷却能力强的介质中,待冷却到接近 M_s 点时立即转入下一种冷却能力弱的介质中的操作方法,如图5.24②。如先水后油、先水后空气等。其特点是马氏体转变区冷速减慢,可减小应力,减少变形、开裂倾向,但不好掌握。双介质淬火适用于中等尺寸、形状复杂的高碳钢和尺寸较大的合金钢工件。

3.分级淬火

将加热奥氏体化的钢件,先浸入温度稍高或稍低于钢的 M_s 点的液态介质中,等温保持适当时间,然后取出空冷到室温,以获得马氏体组织的淬火工艺,也称分级淬火,如图5.24③。其特点是工件温度均匀,组织转变缓慢,淬火应力小,变形开裂倾向显著降低。分级淬火一般适用于变形要求严格且尺寸不大的工件。

4．等温淬火

将奥氏体化后的钢件放入稍高于 M_s 温度的盐浴中，等温保持一定时间，使奥氏体转变为下贝氏体的淬火工艺，也叫等温淬火，如图 5.24④。其特点是减小淬火应力，防止变形和开裂，零件综合力学性能好。等温淬火主要适于形状复杂、截面不大、要求精度高并具有良好强韧性的零件。

5．局部淬火

对工件局部加热到淬火温度，快速冷却的工艺。其目的是使工件局部硬化。如卡规的卡爪、机床顶点等。

（三）钢的淬透性

1．淬透性概念

钢件淬火时，其截面上各处的冷却速度是不同的。表面的冷却速度最大，越往中心冷却速度越小，如图 5.25（a）所示。如果钢件中心部分低于临界冷却速度，则心部将获得非马氏体组织，即钢件没有被淬透，如图 5.25（b）所示。

图 5.25　钢件淬硬深度、硬度分布与冷却速度的关系

在规定条件下，钢材淬硬深度和硬度分布特性称为钢的淬透性，它反映了钢淬火时获得马氏体的能力。通常以钢在规定条件下淬火时获得淬硬深度的能力来衡量。所谓淬硬深度，就是从淬硬的工作表面量至半马氏体区的垂直距离。

2．淬透性测定

为了便于比较各种钢的淬透性，必须在统一标准的冷却条件下进行测定。测定淬透性的方法有很多，最常用的方法有两种。

（1）临界直径法。临界直径法是将钢材在某种介质中淬火后，心部得到全部马氏体或 50%马氏体的最大直径，以 D_0 表示。钢的临界直径愈大，表示钢的淬透性愈高。但是淬火介质不同，钢的临界直径也不同，同一成分的钢在水中淬火时的临界直径大于在油中淬火时的临界直径，如图 5.26 所示。常用钢的临界直径见表 5.4。

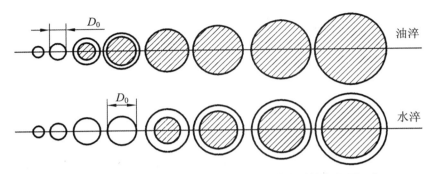

图 5.26 不同直径的 45 钢在油中及水中淬火时的淬硬层深度

表 5.4 常用钢的临界直径

钢 号	临界直径(mm)		钢 号	临界直径(mm)	
	水冷	油冷		水冷	油冷
45	13~16.5	6~9.5	35CrMo	36~42	20~28
60	14~17	6~12	60Si2Mn	55~62	32~46
T10	10~15	<8	50CrVA	55~62	32~40
65Mn	25~30	1 725	38CrMoAlA	100	80
20Cr	12~19	6~12	20CrMnTi	22~35	15~24
40Cr	30~38	19~28	30CrMnSi	40~50	23~40
35SiMn	40~46	25~34	40MnB	50~55	28~40

（2）末端淬火法。末端淬火法是将一个标准尺寸的试棒加热到完全奥氏体化后放在一个支架上，从它的一端进行喷水冷却，然后在试棒表面上从端面起依次测定硬度，便可得到硬度和距端面距离之间的变化曲线，如图 5.27 所示，称为钢的淬透性曲线。各种常用钢的淬透性曲线均可以在手册中查到，比较钢的淬透性曲线便可以比较出不同钢的淬透性。从图 5.27(b)中可见，40Cr 钢的淬透性大于 45 钢。

(a) 末端淬火法　　　　(b) 淬透性曲线

图 5.27 末端淬火法及淬透性曲线

3. 影响淬透性的因素

钢的淬透性主要取决于过冷奥氏体的稳定性。因此，凡是影响过冷奥氏体稳定性的诸因素，都会影响钢的淬透性。

（1）钢的化学成分。在亚共析钢中，随碳的质量分数增加，C 曲线右移，V_K 值减小，淬透性增大；在过共析钢中，随碳的质量分数增加，C 曲线左移，V_K 值增大，淬透性减小。碳钢中含碳量越接近于共析成分，钢的淬透性就越好。合金钢中除钴外，绝大多数合金元素溶于奥氏体后，都能使 C 曲线右移，V_K 值减小，钢的淬透性增加。

（2）奥氏体化温度及保温时间。适当提高钢的奥氏体化温度或延长保温时间，可使奥氏体晶粒更粗大，成分更均匀，增加过冷奥氏体的稳定性，提高钢的淬透性。

4. 淬透性的应用

淬透性对钢热处理后的力学性能有很大的影响。若钢件被淬透，经回火后整个截面上的性能均匀一致；若淬透性差，钢件未被淬透，经回火后钢件表里性能不一，心部强度和韧性均较低。因此，钢的淬透性是一项重要的热处理工艺参数，对于合理选用钢材和正确制定热处理工艺均具有重要意义。

对于多数的重要结构件，如发动机的连杆、拉杆、锻模和螺栓等。为获得良好的使用性能和最轻的结构重量，热处理时都希望能淬透，需要选用淬透性足够的钢材；对于形状复杂、截面变化较大的零件，为减少淬火应力和变形与裂纹，淬火时宜采用冷却较缓慢的淬火介质，也需要选用淬透性较好的钢材；而对于焊接结构件，为了避免在焊缝热影响区形成淬火组织，使焊接件产生变形和裂纹，增加焊接工艺的复杂性，则不应选用淬透性较好的钢材。

5. 淬硬性的概念

淬硬性是指钢件在理想条件下进行淬火硬化所能获得马氏体的最高硬度。钢的淬硬性主要取决于钢在淬火加热时固溶于奥氏体中的含碳量，奥氏体中含碳量愈高，则其淬硬性越好。淬硬性与淬透性是两个意义不同的概念，淬硬性好的钢，其淬透性并不一定好。

二、钢的回火

将淬火钢件重新加热到 A_1 以下的某一温度，保温一定的时间，然后冷却到室温的热处理工艺称为回火。

淬火和回火是在生产中广泛应用的热处理工艺，这两种工艺通常紧密地结合在一起，是强化钢材、提高机械零件使用寿命的重要手段。通过淬火和适当温度的回火，钢可以获得不同的组织和性能，满足各类零件或工具对于使用性能的要求。

（一）回火的目的

工件淬火后硬度高而脆性大，不能满足各种工件的不同性能要求，需要通过适当回火的配合来调整硬度、减小脆性，得到所需的塑性和韧性；同时工件淬火后存在很大内应力，如不及时回火，往往会使工件发生变形甚至开裂。另外，淬火后的组织结构（马氏体和残余奥氏体）是处于不稳定的状态，在使用中要发生分解和转变，从而将引起零件形状及尺寸的变化。利用回火可以促使它转变到一定程度并使其组织结构稳定化，以保证工件在以后的使用过程中不再发生尺寸和形状的改变。综上所述，回火的目的可大体归纳为：

（1）降低脆性，消除或减少内应力。

（2）获得工件所要求的力学性能。

（3）稳定工件组织和尺寸。

（4）对于退火难以软化的某些合金钢，在淬火后予以高温回火，以降低硬度，便于切削加工。

对于未经过淬火处理的钢,回火一般是没有意义的;而淬火钢不经过回火是不能直接使用的。为了避免工件在放置和使用过程中发生变形与开裂,钢件淬火后应及时进行回火。

(二) 钢在回火时的转变

钢件经淬火后的组织(马氏体 + 残余奥氏体)为不稳定组织,有着自发向稳定组织转变的倾向。但在室温下,这种转变的速度极其缓慢。回火加热时,随着温度的升高,原子活动能力也随之加强,使组织转变能较快地进行。淬火钢在回火时的组织转变可以分为马氏体的分解、残余奥氏体的转变、碳化物的析出、聚集与长大,α 固溶体的回复与再结晶等四个阶段。

(1) 马氏体的分解(<200 ℃)。淬火钢在 100 ℃ 以下回火时,由于温度较低,原子的活动能力较弱,钢的组织基本不发生变化。马氏体分解主要发生在 100~200 ℃,此时马氏体中过饱和的碳原子将以 ε 碳化物(Fe_xC)的形式析出,使马氏体的过饱和度降低。析出的 ε 碳化物以极细小的片状分布在马氏体的基体上,这种组织称为回火马氏体,用符号"$M_回$"表示。马氏体分解的过程将持续到 350 ℃ 左右。

(2) 残余奥氏体的分解(200~300 ℃)。由于马氏体的分解,过饱和度的下降,减轻了对残余奥氏体的压力,因而残余奥氏体开始发生分解,形成过饱和 α 固溶体和 ε 碳化物,其组织与同温度下马氏体的回火产物一样,同样是回火马氏体组织。

(3) 碳化物的转变(250~400 ℃)。随着温度的升高,ε 碳化物开始与 α 固溶体脱离,并逐步转变为稳定的渗碳体(Fe_3C)。到达 350 ℃ 左右,马氏体中的碳含量已经基本下降到铁素体的平衡成分,内应力大量消除,形成了在保持马氏体形态的铁素体基体上分布着细粒状渗碳体的组织结构,称为回火托氏体,用符号"$T_回$"表示。

(4) 渗碳体的聚集长大和 α 固溶体的再结晶(>450 ℃)。在这一阶段的回火过程中,随着回火温度的升高,渗碳体颗粒通过聚集长大而形成较大的颗粒状。同时,保持马氏体形态的铁素体开始发生再结晶,形成多边形的铁素体晶粒。这种由颗粒状渗碳体与等轴状铁素体组成的组织称为回火索氏体,用符号"$S_回$"表示。

(三) 淬火钢回火时的性能变化

在回火过程中,随着回火温度的升高,淬火钢的组织发生变化,力学性能也会发生相应的变化。随着回火温度的升高,钢的强度和硬度下降,而塑性和韧性提高,如图 5.28 所示。

(四) 回火的种类及应用

根据加热温度的不同,回火可分为:

1. 低温回火

回火温度是 150~250 ℃。回火后得到回火马氏体组织,硬度一般为 58~64 HRC。低温回火的目的是保持高的硬度和耐磨性,降低内应力,减少脆性。主要适用于刀具、量具、模具和轴承等要求高硬度、高耐磨性的工具和零件的处理过程。

2. 中温回火

回火温度是 350~500 ℃。回火后得到回火托氏体组织,硬度为 35~45 HRC。中温回火的目的是要获得较高的弹性极限和屈服极限,同时又有一定的韧性。主要用于弹簧、发条、热锻模等零件和工具的处理过程。

图 5.28 钢力学性能与回火温度的关系

3．高温回火

回火温度是 $500\sim650\ ℃$。回火后得到回火索氏体组织，硬度为 $20\sim35\ HRC$。高温回火的目的是要获得强度、塑性、韧性都较好的综合力学性能。

在工厂里人们习惯上把淬火加高温回火热处理称为调质处理。调质处理在机械工业中得到广泛应用，主要用于承受交变载荷作用下的重要结构件，如连杆、螺栓、齿轮及轴类零件等。

（五）回火脆性

淬火钢在某些温度区间回火时产生的冲击韧度显著降低的现象称为回火脆性，如图 5.29 所示。

图 5.29 冲击韧度值与回火温度的关系

淬火钢在 $250\sim350\ ℃$ 回火时所产生的回火脆性称为第一类回火脆性，也被称为低温回火脆性，几乎所有的淬火钢在该温度范围内回火时，都产生不同程度的回火脆性。第一类回火脆性一旦产生就无法消除。因此，生产中一般不在此温度范围内回火。

淬火钢在 450～650 ℃ 温度范围内回火后出现的回火脆性称为第二类回火脆性,也被称为高温回火脆性。这类回火脆性主要发生在含有 Cr,Ni,Mn,Si 等元素的合金钢中,当淬火后在上述温度范围内长时间保温或以缓慢的速度冷却时,便发生明显的回火脆性。但回火后采取快冷时,这种回火脆性的发生就会受到抑制或消失。

第四节　钢的表面热处理和化学热处理

一、钢的表面淬火

某些在冲击载荷、循环载荷及摩擦条件下工作的机械零件,如主轴、齿轮、曲轴等,其某些工作表面要承受较高的摩擦力,要求工件的这些表面层具有高的硬度、耐磨性及疲劳强度,而工件的心部要求具有足够的塑性和韧性。为此,生产中常常采用表面热处理的方法,以达到强化工件表面的目的。

利用快速加热使钢件表层很快达到淬火温度,而当热量来不及传导到中心,便立即快速冷却,使工件表面获得马氏体而心部仍保持淬火前组织,以满足工件表硬内韧要求的工艺方法。快速加热的方法较多,目前工业中应用最多的有感应加热表面淬火法和火焰加热表面淬火法。

1. 感应加热表面淬火

利用感应电流通过工件所产生的热效应,使工件表面迅速加热并进行快速冷却的淬火工艺称为感应加热表面淬火。

（1）感应加热表面淬火的基本原理

如图 5.30 所示,工件放入用空心紫铜管绕成的感应器内,给感应器通入一定频率的交变电流,其周围便存在相同频率的交变磁场,于是在工件内部产生同频率的感应电流（涡流）。由于感应电流具有趋肤效应（电流集中分布在工件表面）和热效应,使工件表层迅速加热到淬火温度,而心部则仍处于相变点温度以下,随即快速冷却,从而达到表面淬火的目的。

根据所用电流频率的不同,感应加热可分为高频感应加热、中频感应加热和工频感应加热三种。高频感应加热的常用频率为 200～300 kHz,淬硬层深度为 0.5～2.0 mm,适合用于中、小模数的齿轮及中、小尺寸的轴类零件的表面淬火;中频感应加热的常用频率为 2 500～8 000 Hz,淬硬层深度为 2～10 mm,适合用于较大尺寸的轴类零件和较大模数齿轮的表面淬火;工频感应加热的电流频率为

图 5.30　感应加热表面淬火原理示意图

50 Hz,淬硬层深度为 10～20 mm,适合用于较大直径机械零件的表面淬火,如轧辊、火车车轮等。

（2）感应加热表面淬火的特点与应用

与普通加热淬火相比,感应加热表面淬火加热速度快,加热时间短;淬火质量好,淬火后晶粒细小,表面硬度比普通淬火高,淬硬层深度易于控制;劳动条件好,生产率高,适于大批量生产。但感应加热设备较昂贵,调整、维修比较困难,对于形状复杂的机械零件,其感应圈不易制造,故不适应于单件生产。

碳的质量分数为 0.4%～0.5%的碳素钢与合金钢是最适合于感应加热表面淬火的材料,如 45 钢、40Cr 等。但也可以用于高碳工具钢、低合金工具钢以及铸铁等材料。为满足各种工件对淬硬层深度的不同要求,生产中可以采用不同频率的电流进行加热。

2. 火焰加热表面淬火

火焰加热表面淬火是采用氧-乙炔（或其他可燃气体）火焰,喷射在工件的表面上,使其快速加热,当达到淬火温度时立即喷水冷却,从而获得预期的硬度和有效淬硬层深度的一种表面淬火方法,如图 5.31 所示。

图 5.31　火焰加热表面淬火示意图

火焰加热表面淬火工件的材料,通常选用中碳钢（如 35、40、45 钢等）和中碳低合金钢（如 40Cr、45Cr 等）。若碳的质量分数太低,则淬火后硬度较低;若碳和合金元素的质量分数过高,则易淬裂。火焰加热表面淬火法还可用于对铸铁件（如灰铸铁、合金铸铁等）进行表面淬火。

火焰加热表面淬火的有效淬硬深度一般为 2～6 mm,若要获得更深的淬硬层,往往会引起工件表面的严重过热,而且容易使工件产生变形或开裂现象。

火焰淬火操作方法简单,无需特殊设备,但质量不稳定,淬硬层深度不易控制,故只适用于单件或小批量生产的大型工件,以及需要局部淬火的工具或工件,如大型轴类、大模数齿轮、锤子等。

二、钢的化学热处理

化学热处理是将钢件放在某种化学介质中通过加热和保温,使介质中的某些元素的原子渗入钢件表面层,以改变表面层的化学成分、组织和性能的热处理工艺。与表面淬火相比,化学热处理的主要特点是:不仅表层组织发生变化,而且其化学成分也产生变化。

化学热处理的方法有很多,包括渗碳、渗氮、碳氮共渗以及渗金属等。但无论哪种方法

都是通过以下三个基本过程来完成的:

(1) 分解。化学介质在一定的温度下发生分解,产生能够渗入工件表面的活性原子。

(2) 吸收。吸收就是活性原子进入工件表面溶于组织中,形成固溶体或金属化合物。

(3) 扩散。渗入表面的活性原子由表面向中心扩散,形成一定厚度的扩散层。

上述基本过程都和温度有关,温度越高,活性原子越活跃,各过程进行的速度越快,其扩散层越厚。但温度过高会引起奥氏体晶粒的粗大,而使工件的脆性增加。

(一) 钢的渗碳

向钢件表面层渗入碳原子的过程称为渗碳。其目的是使工件表层含碳量增加,经淬火回火后表面具有高的硬度和耐磨性,而心部仍然保持一定强度和较高的塑性和韧性。

渗碳用钢通常为碳含量 0.15%～0.25% 的低碳钢和低碳合金钢。较低的碳含量是为了保证零件心部具有良好的塑性和韧性。常用的渗碳钢有 15、20、20Cr、20CrMnTi、20MnVB 等。

1. 渗碳方法

根据采用的渗碳剂不同,渗碳方法可分为固体渗碳、液体渗碳和气体渗碳三种。其中气体渗碳的生产率高,渗碳过程容易控制,在生产中应用最广泛。

气体渗碳就是工件在气体渗碳介质中进行渗碳的工艺。如图 5.32 所示,将装挂好的工件放在密封的渗碳炉内,加热到 900～950 ℃,滴入煤油、丙酮或甲醇等渗碳剂,使渗碳剂在高温下分解产生出活性碳原子并渗入工件表面,经过保温,活性碳原子向内部扩散形成一定深度的渗碳层,从而达到渗碳的目的。渗碳层深度主要取决于渗碳时间,一般按每小时 0.10

图 5.32　气体渗碳法示意图

～0.15 mm 估算。

固体渗碳是把工件和固体渗碳剂装入渗碳箱中，用盖子和耐火泥封好后，送入炉中加热到 900～950 ℃，保温一定的时间后出炉，零件便获得了一定厚度的渗碳层。固体渗碳法示意图如图 5.33 所示。

图 5.33　固体渗碳法示意图

固体渗碳剂通常是由一定粒度的木炭和少量的碳酸盐（$BaCO_3$ 或 Na_2CO_3）混合组成。木炭提供渗碳所需要的活性碳原子，碳酸盐只起到催化作用。在渗碳温度下，固体渗碳剂分解出来的不稳定的 CO，能在钢件表面发生气相反应，产生活性碳原子[C]，并为钢件的表面所吸收，然后向钢件的内部扩散而进行渗碳。

固体渗碳的优点是设备简单，容易实现。与气体渗碳法相比，固体渗碳法的渗碳速度慢，劳动条件差，生产率低，质量不易控制。

2. 渗碳后的组织

工件经渗碳后，含碳量从表面到心部逐渐减少，表面碳的质量分数可达 0.80%～1.05%，而心部仍为原来的低碳成分。工件渗碳后缓慢冷却到室温，从表面到心部的组织为珠光体＋网状二次渗碳体、珠光体、珠光体＋铁素体，如图 5.34 所示。渗层的共析成分区与原始成分区之间的区域称为渗层的过渡区，通常规定，从工件表面到过渡区一半处的厚度称为渗碳层厚度。渗碳层的厚度取决于零件的尺寸和工作条件，一般为 0.5～2.5 mm。渗碳层太薄，易造成工件表面的疲劳脱落；渗碳层太厚，则经不起冲击载荷的作用。

图 5.34　低碳钢渗碳退火后的组织

3. 渗碳后的热处理

工件渗碳后的热处理工艺通常为淬火及低温回火。根据工件材料和性能要求的不同，渗碳后的淬火可采用直接淬火或一次淬火，如图 5.35 所示。工件经渗碳淬火及低温回火后，表层组织为回火马氏体和细粒状碳化物，表面硬度可高达 58～64 HRC；心部组织取决于钢的淬透性，通常为低碳马氏体或珠光体＋铁素体组织，硬度较低，体积膨胀较小，会在表层产生压应力，有利于提高工件的疲劳强度。因此，工件经渗碳淬火及低温回火后表面具有高的硬度和耐磨性，而心部具有良好的韧性。

图 5.35　渗碳工件的热处理工艺

（二）钢的氮化

氮化是向钢件表面渗入氮原子的化学热处理过程。其目的是提高零件表面硬度、耐磨性、疲劳强度和耐蚀性。

目前工业中应用广泛的是气体氮化法。它是利用氨气作为渗氮的介质，通过加热分解出活性氮原子，渗入到工件的表层中形成氮化层。

$$2NH_3 \rightarrow 3H_2 + 2[N]$$

氮化通常利用专门设备或井式氮化炉来进行。氮化前须将调质后的零件除油净化，入炉后应先通入氨气排除炉内空气。氨的分解在 200 ℃ 以上开始，同时因为铁素体对氮有一定的溶解能力，所以气体氮化温度应低于钢的 A_1 温度。氮化结束以后，随炉降温至 200 ℃ 以下，停止供氨，零件出炉。

（1）渗氮用钢。对于以提高耐蚀性为主的渗氮，可选用优质碳素结构钢，如 20、30、40 钢等；对于以提高疲劳强度为主的渗氮，可以选用一般合金结构钢，如 40Cr、42CrMo 等；而对于以提高耐磨性为主的渗氮，一般选用渗氮专用钢 38CrMoAlA。

渗氮用钢大多是含有 Al、Cr、Mo、V、Ti 等合金元素的合金钢。因为这些元素极易与氮形成颗粒细小、分布均匀、硬度很高而且稳定的氮化物，如 AlN、CrN、MoN、VN、TiN 等。

（2）渗氮的特点与应用。与渗碳相比，渗氮后工件无需淬火便具有高的硬度、耐磨性、良好的抗蚀性和高的疲劳强度；渗氮温度低，工件的变形小；氮化后一般不再进行回火和机械加工。但渗氮的生产周期长，一般要得到 0.3～0.5 mm 的渗氮层，气体渗氮时间约需 30 ～50 h，成本较高；渗氮层薄而脆，不能承受冲击。因此，渗氮主要用于要求表面高硬度，耐磨、耐蚀、耐高温的精密零件，如精密机床主轴、丝杆、镗杆、阀门等。

（三）钢的碳氮共渗

碳氮共渗是向钢的表层同时渗入碳和氮的过程。目前以中温气体碳氮共渗和低温气体碳氮共渗应用较为广泛。

1. 中温气体碳氮共渗

中温气体碳氮共渗的工艺，一般是将渗碳气体和氨气同时通入炉内，共渗温度为860 ℃，保温 4～5 h，预冷到 820～840 ℃ 淬油。共渗层深度为 0.70～0.8 mm。淬火后进行低温回火,得到的共渗层表面组织由细片状回火马氏体、适量的粒状碳氮化合物以及少量的残余奥氏体组成。

中温气体碳氮共渗与渗碳比较有很多优点,不仅加热温度低,零件变形小,生产周期短,而且渗层具有较高的耐磨性、疲劳强度和抗压强度,并兼有一定的抗腐蚀能力。但是应当指出,中温气体碳氮共渗也有不足之处。例如,共渗层表层经常出现孔洞和黑色组织,中温碳氮共渗的气氛较难控制,容易造成工件氢脆等。

2. 低温气体碳氮共渗

低温气体碳氮共渗通常称为气体软氮化,是以渗氮为主的碳氮共渗工艺。它常用的共渗介质是尿素。处理温度一般不超过 570 ℃,处理时间很短,仅 1~3 h,与一般气体氮化相比,处理时间大大缩短。软氮化处理后,零件变形很小,处理前后零件精度没有显著变化,还能赋予零件耐磨、耐疲劳、抗咬合和抗擦伤等性能。与一般气体氮化相比,软氮化还有一个突出的优点:软氮化表层硬而具有一定韧性,不容易发生剥落现象。

气体软氮化处理不受钢种限制,它适用于碳素钢、合金钢、铸铁以及粉末冶金材料等。现在普遍用于对模具、量具以及耐磨零件进行处理,效果良好。例如 3Cr2W8V 压铸模经软氮化处理后,可提高使用寿命 3~5 倍。

气体软氮化也有缺点:如它的氮化表层中铁的氮化合物层厚度比较薄,仅 0.01~0.02 mm;不适合在重负荷条件下工作的零件。

第五节　金属材料表面处理新技术

一、热喷涂技术

将热喷涂材料加热至熔化或半熔化状态,用高压气流使其雾化并喷射于工件表面形成涂层的工艺称为热喷涂。利用热喷涂技术可改善材料的耐磨性、耐蚀性、耐热性及绝缘性等。已广泛用于包括航空航天、原子能、电子等尖端技术在内的几乎所有领域。

1. 涂层的结构

热喷涂层是由无数变形粒子相互交错呈波浪式堆叠在一起的层状结构,粒子之间就不可避免地存在着孔隙和氧化物夹杂缺陷。孔隙率因喷涂方法不同,一般在 4%～20% 之间,氧化物夹杂是喷涂材料在空气中发生氧化形成的。孔隙和夹杂的存在将使涂层的质量降低,可通过提高喷涂温度、喷速,采用保护气氛喷涂及喷后重熔处理等方法减少或消除这些缺陷。喷涂层与基体之间以及喷涂层中颗粒之间主要是通过镶嵌、咬合、填塞等机械形式连接的,其次是微区冶金结合及化学键结合。

2. 热喷涂方法

常用的热喷涂方法如下。

火焰喷涂:多用氧-乙炔火焰为热源,具有设备简单、操作方便、成本低但涂层质量不太高的特点,目前应用较广。

电弧喷涂:是以丝状喷涂材料作为自耗电极、以电弧作为热源的喷涂方法。与火焰喷涂相比,具有涂层结合强度高、能量利用率高、孔隙率低等优点。

等离子喷涂:是一种利用等离子弧为热源进行喷涂的方法,具有涂层质量优良、适应材料广泛的优点,但设备较复杂。

3. 热喷涂工艺

热喷涂的工艺过程一般为:表面预处理→预热→喷涂→喷后处理。表面预处理主要是在去油、除锈以后,对表面进行喷砂粗化。预热主要用于火焰喷涂。喷后处理主要包括封孔、重熔等。

4. 热喷涂的特点及应用

热喷涂的特点是:

(1) 工艺灵活:热喷涂的对象小到 Ø10 mm 的内孔,大到铁塔、桥梁。可整体喷涂,也可局部喷涂。

(2) 基体及喷涂材料广泛:基体可以是金属或非金属,涂层材料可以是金属、合金及塑料陶瓷等。

(3) 工件变形小:热喷涂是一种冷工艺,基体材料温度不超过 250 ℃。

(4) 热喷涂层可控:从几十微米到几毫米。

(5) 生产效率高。

由于涂层材料的种类很多,所获得的涂层性能差异很大,可应用于各种材料的表面保护、强化及修复并满足特殊功能需要。

二、气相沉积技术

气相沉积技术是指,将含有沉积元素的气相物质,通过物理或化学的方法沉积在材料表面形成薄膜的一种新型镀膜技术。根据沉积过程的原理不同,气相沉积技术可分为物理气相沉积(PVD)和化学气相沉积(CVD)两大类。

1. 物理气相沉积(PVD)

物理气相沉积是指在真空条件下,用物理的方法,使材料汽化成原子、分子或电离成离子,并通过气相过程,在材料表面沉积一层薄膜的技术。物理沉积技术主要包括:真空蒸镀、溅射镀、离子镀等三种基本方法。

真空蒸镀是蒸发成膜材料使其汽化或升华沉积到工件表面形成薄膜的方法。根据蒸镀材料熔点的不同,其加热方式有电阻加热、电子束加热、激光加热等多种。真空蒸镀的特点是设备、工艺及操作简单,但因气化粒子动能低,镀层与基体的结合力较弱,镀层较疏松,因而耐冲击、耐磨损性能不高。

溅射镀是在真空下通过辉光放电来电离氩气,氩离子在电场作用下加速轰击阴极,被溅射下来的粒子沉积到工件表面成膜的方法。其优点是气化粒子动能大、适用材料广泛(包括基体材料和镀膜材料)、均镀能力好,但沉积速度慢、设备昂贵。

离子镀是在真空下利用气体放电技术,将蒸发的原子部分电离成离子,与同时产生的大量高能中性粒子一起沉积到工件表面成膜的方法。其特点是镀层质量高、附着力强、均镀能力好、沉积速度快,但存在设备复杂、昂贵等缺点。

物理气相沉积具有适用的基体材料和膜层材料广泛,工艺简单、省材料、无污染,获得的膜层膜基附着力强、膜层厚度均匀、致密、针孔少等优点。已经广泛用于机械、航空航天、电子、光学和轻工业等领域制备耐磨、耐蚀、耐热、导电、绝缘、光学、磁性、压电、滑润、超导等薄膜。

2. 化学气相沉积(CVD)

化学气相沉积是指在一定温度下,混合气体与基体表面相互作用而在基体表面形成金属或化合物薄膜的一种方法。例如,气态的 $TiCl_4$ 与 N_2 和 H_2 在受热钢的表面反应生成 TiN,并沉积在钢的表面形成耐磨抗蚀的沉积层。

化学气相沉积的特点是:沉积物种类多,可沉积金属、半导体元素、碳化物、氮化物、硼化物等,并能在较大范围内控制膜的组成及晶型;能够均匀涂覆几何形状复杂的零件;沉积速度快,膜层致密,与基体结合牢固;易于实现大批量生产。

由于化学气相沉积膜层具有良好的耐磨性、耐蚀性、耐热性及电学、光学等特殊性能,已经被广泛用于机械制造、航空航天、交通运输、煤炭化工等工业领域。

三、三束表面改性技术

三束表面改性技术是指将激光束、电子束和离子束(合称"三束")等具有高能量密度的能源(一般大于 10^3 W/cm^2)施加到材料表面,使之发生物理、化学变化,以获得特殊表面性能的技术。三束对材料表面的改性是通过改变材料表面的成分和结构来实现的。由于这些束流具有极高的能量密度,可对材料表面进行快速加热和快速冷却,使其表层的结构和成分发生大幅度改变(如形成微晶、纳米晶、非晶、亚稳成分固溶体和化合物等),从而获得所需要的特殊性能。此外,束流技术还具有能量利用率高、工件变形小、生产效率高等特点。

1. 激光束表面改性技术

激光是由受激辐射引起的并通过谐振放大了的光。激光与一般光的不同之处在于纯单色,具有相干性,因而具有强大的能量密度。由于激光束能量密度高(10^6 W/cm^2),可在短时间内将工件表面快速加热或融化,而心部温度基本不变;当激光辐射停止以后,由于散热速度快,又会产生"自激冷"。激光束表面改性技术主要应用于以下几方面:

(1) 激光表面淬火:又称激光相变硬化。激光表面淬火件硬度高(比普通淬火高15%~20%)、耐磨、耐疲劳,变形极小,表面光亮。已经广泛用于发动机缸套、滚动轴承圈、机床导轨、冷作模具等。

(2) 激光表面合金化:预先用镀膜或喷涂等技术把所要求的合金元素涂敷到工件表面,再用激光束照射涂敷表面,使表面膜与基体材料表层融合在一起并迅速凝固,从而形成成分与结构均不同于基体的、具有特殊性能的合金化表层。利用这种方法可以进行局部表面合金化,使普通金属零件的局部表面经处理后可获得高级合金的性能。这种方法还具有层深层宽可精密控制、合金用量少、对基体影响小、可将高熔点合金涂敷到低熔点合金表面等优点。已成功用于发动机阀座和活塞环、涡轮叶片等零件的性能和寿命的改善。

激光束表面改性技术还可用于激光涂敷,以克服热喷涂层的气孔、夹杂和微裂纹缺陷;还可用于气相沉积技术,以提高沉积层与基体之间的结合力。

2. 电子束表面改性技术

电子束表面改性技术是以在电场中高速移动的电子作为载能体,电子束的能量密度最高可达 10^9 W/cm^2。除所使用的热源不同外,电子束表面改性技术与激光束表面改性技术的原理和工艺基本类似。凡激光束可进行的处理,电子束也都可以进行。

与激光束表面改性技术相比,电子束表面改性技术还具有以下特点:① 由于电子束具有更高的能量密度,所以加热的尺寸范围和深度更大。② 设备投资较低,操作较方便(无需像激光束处理那样在处理之前进行"黑化")。③ 因需要真空条件,故零件的尺寸受到限制。

3. 离子注入表面改性技术

离子注入是指在真空下,将注入元素离子在几万到几十万电子伏特电场作用下高速注入材料表面,使材料表面层的物理、化学和机械性能发生变化的方法。

离子注入的特点是:可注入任何元素,不受固溶度和热平衡的限制;注入温度可控,不氧化、不变形;注入层厚度可控,注入元素分布均匀;注入层与基体结合牢固,无明显界面;可同时注入多种元素,也可获得两层或两层以上性能不同的复合层。

通过离子注入可提高材料的耐磨性、耐蚀性、抗疲劳性、抗氧化性及电、光等特性。目前离子注入在微电子技术、生物工程、宇航及医疗等高技术领域获得了比较广泛的应用,尤其是在工具和模具制造工业的应用效果突出。

其他表面处理新技术还包括热渗镀技术(如热镀锌、热渗镀铝等)、特种电镀技术(如电刷镀、低温镀铁等)、化学镀技术(如化学镀镍、磷化处理等)、堆焊技术、化学转化膜技术、金属表面彩色技术以及涂装技术等。

第六节　热处理零件质量分析

一、热处理工艺对质量的影响

因为热处理工艺不当,常产生过热、过烧、氧化、脱碳、变形与开裂等缺陷。

1. 过热与过烧

淬火加热温度过高或保温时间过长,晶粒过分粗大,以致钢的性能显著降低的现象称为过热。工件过热后可通过正火细化晶粒予以补救。若加热温度达到钢的固相线附近时,晶界氧化和开始部分熔化的现象称为过烧。工件过烧后无法补救,只能报废。防止过热和过烧的主要措施是正确地选择和控制淬火加热温度和保温时间。

2. 变形与开裂

工件淬火冷却时,由于不同部位存在着温度差异及组织转变的不一致性所引起的应力称为淬火应力。当淬火应力超过钢的屈服点时,工件将产生变形;当淬火应力超过钢的抗拉强度时,工件将产生裂纹,从而造成废品。为防止淬火变形和裂纹,需要从零件结构设计、材料选择、加工工艺流程、热处理工艺等各方面全面考虑,尽量减少淬火应力,并在淬火后及时进行回火处理。

3. 氧化与脱碳

工件加热时,介质中的氧、二氧化碳和水等与金属反应生成氧化物的过程称为氧化。而加热时由于气体介质和钢铁表层碳的作用,使表层含碳量降低的现象称为脱碳。氧化脱碳使工件表面质量降低,淬火后硬度不均匀或偏低。防止氧化脱碳的主要措施是采用保护气氛或可控气氛加热,也可以在工作表面涂上一层防氧化剂。

4．硬度不足与软点

钢件淬火硬化后,表面硬度低于应有的硬度,称为硬度不足;表面硬度偏低的局部小区域称为软点。引起硬度不足和软点的主要原因有淬火加热温度偏低、保温时间不足、淬火冷却速度不够以及表面氧化脱碳等。

二、热处理对零件结构设计的要求

零件结构形状是否合理,会直接影响热处理质量和生产成本。因此,在设计零件结构时,除满足使用要求外,还应满足热处理对零件结构形状的要求。其中,零件淬火时造成的内应力最大,极容易引起工件的变形和开裂。因此,对于淬火零件的结构设计应给予更充分的重视。

1．零件结构应尽量避免尖角和棱角

零件的尖角和棱角处是产生应力最集中的地方,常成为淬火开裂的源头,应设计或加工成圆角或倒角,如图 5.36 所示。

图 5.36　零件结构中的尖角和棱角设计

2．零件的壁厚应力求均匀

均匀的壁厚设计能减少冷却时的不均匀性,避免相变时在过渡区产生应力集中,增大零件变形和开裂倾向。因此,零件结构设计时应尽量避免厚薄太悬殊,必要时候可增设工艺孔来解决,如图 5.37 所示。

图 5.37　零件结构的壁厚均匀性设计

3．零件的形状结构应尽量对称

零件的形状结构应尽量对称、以减少零件在淬火时因应力分布不均而造成变形和翘曲,如图 5.38 所示。

4．应尽量减少孔、槽、键槽和深筋

零件结构上应尽量减少孔、槽、键槽和深筋,若工件结构上确实需要则应采取相应的防护措施(如绑石棉绳或堵孔等),以减少这些地方因应力集中而引起的开裂倾向。

5．某些易变形零件可采用封闭结构

对于某些易变形零件可采用封闭结构,可有效防止刚性低的零件热处理引起的变形。

图 5.38　零件的形状结构设计

如汽车上的拉条,其结构上要求制成开口型,但制造时,应先加工成封闭结构(如图中点划线所示),淬火、回火后再加工成开口状(用薄片砂轮切开),以减少变形,如图 5.39 所示。

图 5.39　零件的封闭结构

6. 零件的组合结构

对某些结构复杂的零件,可将其设计成几个简单零件的组合体。分别热处理后,再用焊接或其他机械连接法将其组合成一个整体。如图 5.40 所示,该磨床顶尖,原设计时采用W18Cr4V 整体制造,在淬火时出现裂纹。用图示的组合结构(顶尖部分采用钢,尾部采用钢)分别热处理后,采用热套方式配合,既解决了开裂问题,又节约了高速钢。

图 5.40　零件的组合结构

课 后 习 题

一、判断题

1. 碳钢加热到稍高于 A_{c1} 时,所有组织都向奥氏体转变。(　　)

2. 钢加热后形成的奥氏体晶粒大小主要取决于原始组织的晶粒大小,而与加热条件无关。(　　)

3. 钢在加热后的奥氏晶粒大小对冷却后组织的晶粒大小起着决定作用,只有细小的奥氏体晶粒,才会得到细小的室温组织。(　　)

4. 利用 C 曲线可以分析钢中过冷奥氏体在不同等温温度下,其组织转变过程及转变产物。(　　)

5. 在 C 曲线的珠光体类型转变中,随着过冷度的增加,珠光体中铁素体和渗碳体的片间距离越来越小。(　　)

6. 共析碳钢的过冷奥氏体,在等温转变中形成的珠光体,索氏体,托氏体三种组织都是铁素体与渗碳体层片相间的机械混合物,所以它们的力学性能都是相同的。(　　)

7. 下贝氏体的性能与上贝氏体相比,它不仅具有较高的硬度和耐磨性,而且强度、韧性和塑性也高于上贝氏体。(　　)

8. 共析成分的碳钢比亚共析成分的碳钢具有较好的淬透性。(　　)

9. 淬透性好的钢,淬火后硬度一定很高。(　　)

10. 钢件经渗碳后,使表层含碳量提高,再经淬火后以便获得高碳马氏体,使表层具有很高的硬度、耐磨性。(　　)

二、选择题

1. 亚共析钢加热时完全奥氏体化的温度,随着钢中含碳量的增加而(　　)。
   A. 升高　　　　　　B. 降低　　　　　　C. 不变　　　　　　D. 变化无规律

2. 过共析成分碳钢加热时完全奥氏体化的温度,随着钢中含碳量的增加而(　　)。
   A. 降低　　　　　　B. 升高　　　　　　C. 不变　　　　　　D. 变化无规律

3. 对共析碳钢,由"C"曲线得知,过冷奥氏体最不稳定的温度区间是(　　)。
   A. 稍低于 A　　B. 稍高于 M_s　　C. 低于 M_s　　D. "C"曲线鼻尖附近

4. 珠光体,索氏体,托氏体同属珠光体类型组织,但是它们的(　　)。
   A. 形成温度不同　　　　　　B. 组织的片间距离不同
   C. 组成相不同　　　　　　　D. 力学性能不同

5. 马氏体的硬度主要取决于(　　)。
   A. 获得马氏体的冷却速度　　　　B. 马氏体中碳的含量高低
   C. 转变前奥氏体的晶粒度　　　　D. 马氏体的形成温度

三、问答题

1. 指出钢加热时引起奥氏体晶粒长大的因素是什么。说明钢热处理加热时为什么总是希望获得细小的奥氏体晶粒。

2. 说明共析碳钢随过冷奥氏体等温转变温度的不同,其转变产物的组织及性能有何不同。

3. 正火操作工艺与其他热处理相比有何优点?简述正火的目的及在生产中的主要应用范围。

4. 根据共析碳钢的"C"曲线,说明对淬火介质在 650～500 ℃ 和 300～200 ℃ 两温度范围的冷却速度要求及原因。指出常温水和矿物油在上述两温度范围的冷却能力。

四、应用题

1. 有一批 45 钢制零件,经淬火后,部分零件硬度未达到图纸要求值,经金相显微组织分析后的组织是:(1) 马氏体 + 铁素体 + 残余奥氏体;(2) 马氏体 + 托氏体 + 残余奥氏体。试分析说明它们在淬火工艺中的问题各是什么。指出该钢淬火的合理工艺及最终形成的组织。

2. 45 钢经淬火、低温回火后的硬度为 57 HRC,若再进行 400 ℃ 回火,硬度有何变化?

为什么？如果要求最后得到回火索氏体组织，将 400 ℃ 回火后的钢应再进行何种热处理工艺？

3. 一根 Ø6 mm 的 45 钢棒材，先经 840 ℃ 加热淬火，硬度为 55 HRC（未回火），然后从一端加热，依靠热传导使圆棒材上各点达到如图所示的温度。试问：

（1）各点所在部位的组织是什么？

（2）整个如图示的圆棒缓冷至室温后，各点所在部位的组织又是什么？

（3）若将圆棒从图示温度快冷淬火至室温后，各点所在部位的组织会是什么？

4. 生产中通常把已加热到淬火温度的钳工用凿子的刃部先投入水中急冷，然后出水停一定时间后整体投入水中冷却而进行热处理。试分析说明第一次冷却、出水后停留及第二次冷却的作用和出水停留时间对最终性能的影响。

第六章 低合金钢与合金钢

碳钢虽然价格低廉，容易加工。但是碳钢具有淬透性低、回火稳定性差、基本组成相弱等缺点，使其应用受到了一定的限制。

为改善碳钢的组织和性能，在碳钢基础上有目的地加入一种或几种合金元素所形成的铁基合金称为合金钢。常加入的合金元素有锰（Mn）、硅（Si）、铬（Cr）、镍（Ni）、钼（Mo）、钨（W）、钒（V）、钛（Ti）、铌（Nb）、锆（Zr）、稀土元素（RE）等。

第一节 合金元素在钢中的作用

一、合金元素与铁、碳的作用

1. 合金元素与铁的作用

合金钢中的元素，按其与碳的亲和力大小可以分为非碳化物形成元素，如 Ni、Si、Al、Co 等；弱碳化物形成元素，如锰；中强碳化物形成元素，如 Cr、W、Mo 等；强碳化物形成元素，如 V、Ti、Nb 等。

大多数合金元素都能溶于铁素体中，通过固溶强化，使其力学性能发生变化，但各元素的影响程度不同，合金元素对铁素体力学性能的影响如图 6.1 所示。由于 Mn、Si、Ni 等含金元素的原子半径与铁的原子半径相差较大，而且其晶体结构与铁素体不同，所以对铁素体的

(a) 对硬度的影响 　　　　(b) 对韧性的影响

图 6.1 合金元素对铁素体力学性能的影响

强化效果较 Cr、W、Mo 等元素显著。合金元素对铁素体韧性的影响较为复杂,当 Si 的质量分数在 0.6% 以下、Mn 的质量分数在 1.5% 以下时,其韧性并不低,当超过此值时则有下降趋势;Cr、Ni 在适当的质量分数范围内($w_{Cr} \leqslant 2\%$,$w_{Ni} \leqslant 5\%$)可对铁素体的韧性有所提高。

2. 合金元素与碳的作用

弱碳化物形成元素、中强碳化物形成元素可溶入渗碳体中形成合金渗碳体,如 $(Fe,Mn)_3C$、$(Fe,Cr)_3C$ 等,是低合金钢中存在的主要碳化物。

中强碳化物形成元素与碳形成合金碳化物,如 MoC、WC、Cr_3C_6 等。

强碳化物形成元素与碳结合形成特殊碳化物,如 TiC、NbC、VC 等。

无论是合金渗碳体、合金碳化物,还是特殊碳化物,它们都具有比普通渗碳体更高的熔点、硬度、耐磨性和稳定性,如呈细小粒状均匀分布于钢中,可产生弥散强化,提高钢的强度、硬度和耐磨性。

二、合金元素对 Fe-Fe₃C 相图的影响

1. 对奥氏体单相区的影响

合金元素镍、锰、钴等可以使 GS 线向左下方移动,扩大了奥氏体单相区,如图 6.2(a)。当钢中含有大量能扩大奥氏体相区的元素时,有可能在室温形成单相奥氏体组织,这种钢称为"奥氏体钢"。

合金元素铬、钼、钨、钒、钛、硅等可使 GS 线向左上方移动,缩小了奥氏体单相区,如图 6.2(b)所示。当钢中含有大量能缩小奥氏体相区的元素时,有可能在室温形成单相铁素体组织,这种钢称为"铁素体钢"。

单相奥氏体和单相铁素体具有抗蚀、耐热等性能,是不锈、耐蚀、耐热钢中常见的组织。

(a) 锰的影响　　　　　　　　　　(b) 铬的影响

图 6.2　合金元素 Mn、Cr 对 Fe-Fe₃C 相图的影响

2. 对 S、E 点的影响

大多数的合金元素均使 S、E 点左移。S 点左移表明共析点含碳量降低,使含碳量相同的碳钢与合金钢具有不同的组织和性能。例如,钢中含有 12% 的铬时,可以使 S 点左移至

$w_C = 0.4\%$ 左右,这样 $w_{Cr} = 0.4\%$ 的合金钢便具有共析成分;E 点左移表明出现莱氏体的含碳量降低,有可能在钢中会出现莱氏体。例如,高速工具钢中的 $w_C < 2.11\%$,但在铸态组织中却出现了鱼骨状莱氏体。

由于合金元素使钢的 S、E 点发生变化,必然导致钢的相变点发生相应的变化。由图 6.3可知,除锰、镍外,其他合金元素均不同程度地使共析温度升高,因此大多数低合金钢与合金钢的奥氏体化温度比相同含碳量的碳钢高。

图 6.3　合金元素对共析温度的影响

三、合金元素对钢热处理的影响

1. 合金元素对奥氏体形成速度的影响

合金钢的奥氏体形成过程基本上与碳钢相同,但由于合金元素的加入改变了碳在钢中的扩散速度,从而影响奥氏体的形成速度。非碳化物形成元素 Co 和 Ni 能够提高碳在奥氏体中的扩散速度,从而增大奥氏体的形成速度;碳化物形成元素 Cr、Mo、W、To、V 等与碳有较强的亲和力,显著减慢了碳在奥氏体中的扩散速度,使奥氏体的形成速度大大降低;其他元素如 Si、Al 对碳在奥氏体中的扩散速度影响不大,对奥氏体的形成速度几乎没有影响。

由强碳化物形成元素所形成的碳化物 TiC、VC、NbC 等,只有在高温下才开始溶解,使奥氏体成分较难达到均匀化,一般可以采取提高淬火加热温度或延长保温时间的方法予以改善,这也是提高钢的淬透性的有效方法。

此外,合金元素也会影响奥氏体晶粒的长大。如 P、Mn 会促进奥氏体晶粒的长大,而 Al、Zr、Nb、V 等形成细小稳定的碳化物质点,强烈阻碍晶界的移动(V 的作用可以保持到 1 150 ℃,Ti、Zr、Nb 的作用可保持到1 200 ℃),使奥氏体保持细小的晶粒状态。

2. 合金元素对过冷奥氏体转变的影响

除 Co 以外,绝大多数合金元素均会不同程度地延缓珠光体和贝氏体相变,这是由于它们溶入奥氏体后,增加其稳定性,使 C 曲线右移所致,如图 6.4(a),其中以碳化物形成元素的影响较为显著。

碳化物形成元素较多时,还会使钢的 C 曲线形状发生变化,甚至出现两组 C 曲线,如图 6.4(b)。如 Ti、V、Nb 等强烈推迟珠光体转变,而对贝氏体转变影响较小,同时会升高珠光

(a) 镍、硅、锰的影响　　　　　　(b) 铬、钨、钼的影响

图 6.4　合金元素对 C 曲线的影响

体最大转变速度的温度并且降低贝氏体最大转变速度的温度,使 C 曲线分离。

　　除 Co 和 Al 以外,大多数合金元素总是不同程度地降低马氏体转变温度,使 M_s 点和 M_f 点下降,并增加残余奥氏体量,如图 6.5 所示。

图 6.5　合金元素对马氏体形成温度及残余奥氏体量的影响

3. 合金元素对回火转变的影响

　　合金元素能够使淬火钢在回火过程中的组织分解和转变速度减慢,增加回火抗力,提高了钢的耐回火性,从而使钢的硬度随回火温度的升高而下降的程度减弱。

　　碳化物形成元素,尤其是强碳化物形成元素会减缓碳的扩散,推迟马氏体分解过程;非碳化物形成元素 Si,能抑制 ε 碳化物质点的长大并延缓 ε 碳化物向 Fe_3C 的转变,因而提高了马氏体分解的温度;非碳化物形成元素 Ni 及弱碳化物形成元素 Mn,对马氏体分解几乎无影响。

　　随着回火温度的升高,合金元素在 α 固溶体和碳化物两个基本相之间将进行重新分布。碳化物形成元素将从 α 固溶体移至碳化物内,直到平衡。因此,随着回火温度的升高,碳化物成分不断发生变化,碳化物类型也发生相应转变,一般是由较不稳定的碳化物演变为比较稳定的碳化物。

　　在碳化物形成元素含量较高的高合金钢中,在 500～600 ℃回火时硬度反而上升的现象称为"二次硬化"。这是因为淬火后残余奥氏体加热到 500～600 ℃,析出碳化物,使其含碳

量和合金元素的含量降低，使 M_s 点和 M_f 点上升，在冷却过程中一部分残余奥氏体转变为马氏体，产生"二次淬火"；此外，由于 Ti、V、Mo、W 等在 $500\sim600\ ℃$ 温度范围内回火时，将沉淀析出某些元素的特殊碳化物，产生弥散强化。如回火温度继续升高，特殊碳化物将发生聚集长大，温度愈高，聚集愈快，这时钢的硬度又开始下降。

第二节　合金钢的分类与编号

一、合金钢的分类

1．按用途分类

（1）合金结构钢。可以分为机械制造用钢和工程结构用钢等，主要用于制造各种机械零件、工程结构件等。

（2）合金工具钢。可以分为刃具钢、模具钢、量具钢三类，主要用于制造刃具、模具、量具等。

（3）特殊性能钢。可以分为抗氧化用钢、不锈钢、耐热钢等。

2．按合金元素含量分类

（1）低合金钢。合金元素的总含量在5%以下。

（2）中合金钢。合金元素的总含量在5%～10%之间。

（3）高合金钢。合金元素的总含量在10%以上。

3．按金相组织分类

（1）按平衡组织或退火组织分类，可以分为亚共析钢、共析钢、过共析钢和莱氏体钢。

（2）按正火组织分类，可以分为珠光体钢、贝氏体钢、马氏体和奥氏体钢。

4．其他分类方法

除上述分类方法外，还有许多其他的分类方法。例如按工艺特点可分为铸钢、渗碳钢、易切削钢等；按质量可以分为普通质量钢、优质钢和高级质量钢。

二、合金钢的编号

我国的合金钢编号，通常采用数字＋化学元素符号＋数字的方法。化学成分的表示方法如下：

（1）碳含量。一般以平均碳含量的万分之几表示。如平均碳含量为0.50%，则表示为50；不锈钢、耐热钢、高速钢等高合金钢，其碳含量一般不予标出，但如果几个钢的合金元素相同，仅碳含量不同，则将碳含量用千分之几表示。合金工具钢平均碳含量≥1.00%时，其碳含量不予标出；碳含量＜1.00%时，用千分之几表示。

（2）合金元素含量。除铬轴承钢和低铬工具钢外，合金元素含量一般按以下原则表示：含量小于1.5%时，钢号中仅表明元素种类，一般不表明含量；平均含量在1.50%～2.49%，2.50%～3.49%，…，22.50%～23.49%等时，分别表示为2，3，…，23等；为避免铬轴承钢与其他合金钢表示方法的重复,含碳量不标出,铬含量以千分之几表示,并冠以用途名称,如平均含铬量为 1.5% 的铬轴承钢,其牌号写为"滚铬 15"或"GCr15",低铬工具钢的铬含量也以千分之几表示,但是在含量前加个"0",如平均含铬量为 0.6% 的低铬工具钢,其牌号写为"铬 06"或"Cr06";易切削钢前冠以汉字"易"或符号"Y";各种高级优质钢在钢号之后加"高"或"A"。

1. 机械结构用合金钢与工程结构用合金钢

(1)机械结构用合金钢。常用的有表面硬化合金结构钢(如合金渗碳钢)、调质处理合金结构钢(合金调质钢)、合金弹簧钢等。这些钢的牌号均依次由两位数字、元素符号和数字组成。前两位数字表示钢中平均含碳量的万分数,元素符号表示钢中所含的合金元素,元素符号后面的数字表示该合金元素平均含量的百分数(若平均含量$<1.5\%$时,元素符号后不标出数字;若平均含量为 $1.5\%\sim2.4\%$,$2.5\%\sim3.4\%$,…时,则在相应的合金元素符号后标注 2,3,…)。机械结构用合金钢按冶金质量(即钢中磷、硫多少)不同分为优质钢、高级优质钢(牌号后加"A")、特级优质钢(牌号后加"E"),见表 6.1。如 20CrMnTi 钢,表示钢中平均 $w_C=0.2\%$,w_{Cr}、w_{Mn}、w_{Ti} 均$<1.5\%$(不标出数字),是优质钢;又例如 25Cr2Ni4WA 钢,表示钢中平均 $w_C=0.25\%$,$w_{Cr}=2\%$,$w_{Ni}=4\%$,$w_w<1.5\%$,"A"表示钢中磷、硫含量较少,质量好,是高级优质钢。

表 6.1　钢中磷、硫含量

钢　　类	$w_P(\%)$	$w_S(\%)$
	不　大　于	
优质钢	0.035	0.035
高级优质钢	0.025	0.025
特级优质钢	0.025	0.015

资料来源:摘自 GB/T 3077—1999。

(2)工程结构用合金钢。常用的有高锰耐磨钢,其牌号依次由"铸钢"汉语拼音字首"ZG"、合金元素符号"Mn"和数字组成,其数字表示平均含锰量的百分数。例如,ZGMn13—1 表示平均 $w_{Mn}=13\%$,序号为 1 的高锰耐磨钢。

2. 轴承钢

轴承钢的牌号依次由"滚"字汉语拼音字首"G"、合金元素符号"Cr"和数字组成。其数字表示平均含铬量的千分数。例如,GCr15 表示平均 $w_{Cr}=1.5\%$ 的轴承钢。如果钢中还含有其他合金元素,应依次在数字后面写出元素符号,如 GCr15SiMn 表示平均 $w_{Cr}=1.5\%$、w_{Si} 和 w_{Mn} 均$<1.5\%$ 的轴承钢。无铬轴承钢的编号方法与结构钢相同。

3. 合金工具钢

合金工具钢包括量具刃具用钢、冷作模具钢、热作模具钢和塑料模具钢。这类钢的牌号表示方法与机械结构用合金钢相似。区别在于:若钢中平均 $w_C<1\%$ 时,牌号以一位数字为首,表示平均含碳量的千分数;若钢中平均 $w_C\geqslant1\%$ 时,则牌号前面不写数字。例如,9Mn2V 表示平均 $w_C=0.9\%$,$w_{Mn}=2\%$,$w_V<1.5\%$ 的量具刃具用钢;又例如,CrWMn 表示平均 $w_C\geqslant1\%$(牌号前不写数字),w_{Cr}、w_w、w_{Mn} 均$<1.5\%$ 的冷作模具钢。

4. 高速工具钢

高速工具钢的牌号表示方法与合金工具钢基本相同。主要区别在于有些牌号的钢,即使 $w_C<1\%$,其牌号前也不标出数字。例如,W18Cr4V 表示平均 $w_w=18\%$,$w_{Cr}=4\%$,

$w_V < 1.5\%$ 的高速工具钢,其 $w_C = 0.7\% \sim 0.8\%$。

5. 不锈、耐蚀钢和耐热钢

不锈、耐蚀钢和耐热钢的牌号表示方法与合金工具钢基本相同。例如,4Cr13 表示钢中平均 $w_C = 0.4\%$,$w_{Cr} = 13\%$ 的不锈、耐蚀钢。但若钢中 $w_C \leqslant 0.03\%$ 或 $w_C \leqslant 0.08\%$ 时,牌号分别以"00"或"0"为首。例如,00Cr17Ni14Mo2 钢、0Cr18Ni11Ti 钢等。

第三节　合金结构钢

一、低合金钢

1. 低合金高强度结构钢

低合金高强度结构钢是在碳素结构钢的基础上加入少量合金元素而形成的钢。钢中 $w_C \leqslant 0.2\%$,通常加入的合金元素有硅、锰、钛、铌、钒等,其总含量 $w_{Me} < 3\%$。

钢中的含碳量较低,是为了获得良好的塑性、焊接性和冷变形能力。合金元素硅、锰主要溶于铁素体中,起固溶强化作用。钛、铌、钒等在钢中形成细小碳化物,起细化晶粒和弥散强化作用,从而提高钢的强韧性。此外,合金元素能降低钢的共析含碳量,与相同含碳量的碳钢相比,低合金高强度结构钢组织中珠光体比较多,且晶粒细小,故也可提高钢的强度。

低合金高强度结构钢大多在热轧、正火状态下供应,使用时一般不再进行热处理。

低合金高强度结构钢的强度高,塑性和韧性好,焊接性和冷成型性良好,耐蚀性较好,韧脆转变温度低,成本低,适于冷成型和焊接。在某些情况下,用这类钢代替碳素结构钢,可大大减轻零件或构件的重量。例如,我国载重汽车的大梁采用 Q345(16Mn)钢后,使载重比由 1.05 提高到 1.25;又如,南京长江大桥采用 Q345 钢比用碳钢节约钢材 15% 以上。

低合金高强度结构钢被广泛用于桥梁、车辆、船舶、锅炉、高压容器、输油管以及低温下工作的构件等。最常用的是 Q345 钢。常用低合金高强度钢牌号、力学性能和用途见表 6.2。

2. 易切削结构钢

易切削结构钢是指含硫、锰、磷量较高或含微量铅、钙的低碳或中碳结构钢,简称易切钢。

硫在钢中以 MnS 夹杂物形式存在,它割裂了钢基体的连续性,使其切屑易脆断,便于排屑,切削抗力小。MnS 的硬度低,摩擦系数小,有润滑作用,可减轻刀具磨损,并能降低零件加工表面粗糙度值。磷固溶于铁素体中,使铁素体强度提高,塑性降低,也可改善切削加工性。但硫、磷含量不能过高,以防产生"热脆"和"冷脆"。

铅在室温下不溶于铁素体,呈细小的铅颗粒分布在钢的基体上,既容易断屑,又起润滑作用。但是铅含量不宜过多,以防产生密度偏析。钙在钢中以钙铝硅酸盐夹杂物形式存在,具有润滑作用,可减轻刀具磨损。

易切削结构钢可经渗碳、淬火或调质、表面淬火等热处理来提高其使用性能。所有易切削结构钢的锻造性能和焊接性能都不好,选用时应注意。

表6.2　常用低合金高强度钢牌号、力学性能和用途

牌号	力学性能			特性及应用
	δ_s(MPa)	δ_b(Mpa)	δ_5(%)	
Q295	235～295	390～570	23	具有优良的韧性、塑性、冷弯性、焊接性及冲压成型性,一般在热轧或正火状态下使用。适于制作各种容器、螺旋焊管、车辆冲压件、建筑结构件、农机结构件、储油罐、低压锅炉汽包、输油管道、造船及金属结构等
Q345	275～345	470～630	21	具有良好的综合力学性能塑性、焊接性、冲击韧性较好,一般在热轧或正火状态下使用。适合制作桥梁、船舶、车辆、管道、锅炉、各种容器、油罐、电站、厂房结构、低温压力容器等结构件等
Q390	330～390	490～650	19	具有良好的综合力学性能,塑性和冲击韧性良好,一般在热轧状态下使用。适于制作锅炉汽包、中高压石油化工容器、桥梁、船舶、起重机、较高负荷的焊接件、连接构件等
Q420	360～420	520～680	18	具有良好的综合力学性能,优良的低温韧性,焊接性好,冷热加工性良好,一般在热轧或正火状态下使用。适合制作高压容器、重型机械、桥梁、船舶、机车车辆、锅炉及其他大型焊接结构件等
Q460	400～460	550～720	17	淬火、回火后用于大型挖掘机、起重运输机械、钻井平台等

易切削结构钢主要用于成批、大量生产时,制作对力学性能要求不高的紧固件和小型零件。常用易切削钢牌号、化学成分、性能及用途见表6.3。

表6.3　常用易切削钢牌号、化学成分、性能及用途

牌号	化学成分 w(%)						力学性能				用途举例
	C	Si	Mn	S	P	其他	σ_b(MPa)	δ_5(%)	A_K(J)	HBS	
								不小于		不大于	
Y12	0.06～0.16	0.15～0.35	0.70～1.00	0.10～0.20	0.08～0.15		390～540	22	36	170	双头螺柱、螺钉、螺母等一般标准紧固件等
Y12Pb	0.08～0.16	≤0.15	0.70～1.10	0.15～0.25	0.05～0.10	Pb:0.15～0.35	390～540	22	36	170	同Y12,但切削加工性提高
Y15	0.10～0.18	≤0.15	0.8～1.20	0.23～0.33	0.05～0.10		390～540	22	36	170	同Y12,但切削加工性显著提高
Y30	0.27～0.35	0.15～0.35	0.70～1.00	0.08～0.15	≤0.06		510～655	15	25	187	强度较高的小件,结构复杂、不易加工的零件,如纺织机、计算机上的零件
Y40Mn	0.37～0.45	0.15～0.35	1.20～1.35	0.20～0.30	≤0.05		590～735	14	20	207	要求强度高、硬度较高的零件,例如机床丝杆和自行车、缝纫机上的零件
Y45Ca	0.42～0.50	0.20～0.40	0.60～0.90	0.04～0.08	≤0.04	Ca:0.002～0.006	600～745	12	26	241	同Y40Mn,齿轮、轴

注:表中Y12钢、Y15钢、Y30钢为非合金易切削结构钢。

资料来源:摘自 GB 8731—1988。

3. 低合金高耐候性钢

低合金高耐候性钢即耐大气腐蚀钢,是近年来我国开始推广应用的新钢种。在钢中加入少量合金元素(如铜、磷、铬、钼、钛、铌、钒等),使其在钢表面形成一层致密的保护膜,提高了钢材的耐候性能。这类钢与普通碳钢相比,具有良好的抗大气腐蚀能力。

低合金高耐候性钢常用牌号有 09CuPCrNi - A 钢、09CuPCrNi - B 钢和 09CuP 钢等。主要应用于铁道车辆、农业机械、起重运输机械、建筑和塔架等方面,可制作螺栓连接、铆接和焊接结构件等。

二、合金渗碳钢

许多机械零件如汽车、拖拉机齿轮,内燃机凸轮,活塞销等是在冲击力和表面受到强烈摩擦、磨损条件下工作的。因此,要求零件表面有高的硬度和耐磨性,心部有足够的强度和良好的韧性。为满足上述性能要求,通常选用合金渗碳钢。

(1)化学成分。合金渗碳钢的 $w_C = 0.10\% \sim 0.25\%$,以保证零件心部有足够的塑性和韧性。加入铬、锰、镍、硼等合金元素可提高淬透性,并保证钢经渗碳、淬火后,心部得到低碳马氏体组织,以提高强度和韧性。加入少量钛、钒、钨、钼等强和中强碳化物形成元素,可以形成稳定的合金碳化物,细化晶粒,防止钢件在渗碳时过热导致晶粒粗大。

(2)热处理特点。预备热处理,一般是正火,组织为 P + F,目的是调整硬度,改善组织和切削加工性能;最终热处理,一般是渗碳后直接淬火 + 低温回火。其表面组织为:$M_回$ + 细小碳化物 + 少量 $A_残$。

(3)常用合金渗碳钢。

低淬透性合金渗碳钢,例如 15Cr、20Cr、15Mn2、20Mn2 等。经渗碳、淬火与低温回火后心部强度较低,强度与韧性配合较差。一般可用作受力不太大,不需要高强度的耐磨零件,比如柴油机的凸轮轴、活塞销、滑块、小齿轮等。

中淬透性合金渗碳钢,例如 200rMnTi、12CrNi3A、20CrMnMo、20MnVB 等,合金元素的总含量≤4%,其淬透性和力学性能均较高。通常用作承受中等动载荷的受磨零件,如变速齿轮、齿轮轴、十字销头、花键轴套、气门座、凸轮盘等。

高淬透性合金渗碳钢,例如 12Cr2Ni4A、18Cr2Ni4W 等,合金元素总含量约在 4%～6% 之间,淬透性很大,经渗碳、淬火与低温回火后心部强度高,强度与韧性配合好。通常用作承受重载和强烈磨损的大型、重要零件,如内燃机车的主动牵引齿轮、柴油机曲轴、连杆及缸头精密螺栓等。常用合金渗碳钢牌号、成分、热处理、力学性能和用途见表 6.4。

三、合金调质钢

合金调质钢是指经过调质处理后使用的合金结构钢。多数调质钢属于中碳钢,调质处理后,其组织为回火索氏体。调质钢具有高的强度、良好的塑性与韧性,即具有良好的综合力学性能,通常用于制造汽车、拖拉机、机床及其他要求具有良好综合力学性能的各种重要零件,如柴油机连杆螺栓、汽车底盘上的半轴以及机床主轴等。调质钢要获得良好综合力学性能的回火索氏体组织,其前提是在淬火后必须获得马氏体组织,因此调质效果与钢的淬透性有着密切的关系。

表 6.4　常用合金渗碳钢的牌号、化学成分、热处理、力学性能及用途

类别	牌号	化学成分 w(%)							试样尺寸(mm)	热处理			力学性能 不小于				用途举例
		C	Si	Mn	Cr	Ni	V	其他		第一次淬火温度(℃)	第二次淬火温度(℃)	回火温度(℃)	σ_b(MPa)	σ_s(MPa)	δ_5(%)	A_K(J)	
低淬透性	15Cr	0.12~0.18	0.17~0.37	0.40~0.70	0.70~1.00				15	880 水、油	780~720 水、油	200 水、空	735	490	11	55	截面不大、心部韧性较高的受磨损零件，例如齿轮、活塞、活塞环、小轴、联轴节等
	20Cr	0.18~0.24	0.17~0.37	0.50~0.80	0.70~1.00				15	880 水、油	780~720 水、油	200 水、空	835	540	10	47	心部要求强度较高的小截面受磨损零件，例如机床齿轮、涡轮齿轮、凸轮轴等
中淬透性	20MnV	0.17~0.24	0.17~0.37	1.30~1.60			0.07~0.12		15	880 水、油		200 水、空	785	590	10	55	凸轮、活塞销等
	20Mn2	0.17~0.24	0.17~0.37	1.40~1.80					15	850 水、油		200 水、空	785	590	11	47	代替20Cr（以节约铬元素），作小齿轮、小轴、活塞销、气门顶杆等
	20CrNi3	0.17~0.24	0.17~0.37	0.30~0.60	0.60~0.90	2.75~3.15			25	830 水、油		480 水、空	930	735	10	78	承受重载荷的齿轮、凸轮、机床主轴、传动轴等
	20CrMnTi	0.17~0.23	0.17~0.37	0.80~1.10	1.00~1.30			Ti: 0.04~0.10	15	880 水、油	870 油	200 水、空	1080	850	10	55	截面30 mm²以下、高速、承受中或重载荷，冲击及摩擦的重要零件，例如汽车齿轮、齿轮轴、十字头、凸轮等
	20CrMnMo	0.17~0.23	0.17~0.37	0.90~1.20	1.10~1.40			Mo: 0.20~0.30	15	850 水、油		200 水、空	1180	885	10	55	要求表面高硬度和耐磨的重要碳件，例如大型拖拉机主齿轮、活塞销、球头销、钻机的牙轮、钻头等
	20MnVB	0.17~0.23	0.17~0.37	1.20~1.60			0.07~0.12	B: 0.0005~0.0035	15	860 水、油		200 水、空	1080	885	10	55	代替20CrMnTi，作汽车齿轮、重型机床上的轴、齿轮等
高淬透性	20Cr2Ni4	0.17~0.23	0.17~0.37	0.30~0.60	1.25~1.65	3.25~3.65			15	880 水、油	780 油	200 水、空	1180	1080	10	63	大截面重要渗碳件，如大齿轮、轴、飞机发动机齿轮等
	18Cr2Ni4WA	0.13~0.19	0.17~0.37	0.30~0.60	1.35~1.65	4.00~4.50		W: 0.80~1.20	15	950 水、油	850 空	200 水、空	1180	835	10	78	大截面、高强度、高韧性的重要渗碳件，例如大齿轮、传动轴、曲轴等

资料来源：摘自 GB/T 3077—1999。

（1）化学成分。调质钢的碳含量介于 0.27%～0.50% 之间。碳含量过低时不易淬硬，回火后不能达到所要求的强度；碳含量过高时韧性不足。通常用的碳素调质钢，其碳含量接近上限，如 40、45、50 钢等。

合金调质钢中含有 Cr、Ni、Mn、Ti 等的合金元素，其主要作用是提高钢的淬透性，并使调质后的回火索氏体组织得到强化。实际上这些元素大多数溶于铁素体中，使铁素体得到强化。调质钢中合金元素的含量能使铁素体得到强化而不明显降低其韧性，甚至有的还能同时提高其韧性。调质钢中的 Mo、V、Al、B 等合金元素，其含量一般是较少，特别是 B 的含量极微。Mo 所起的主要作用是防止合金调质钢在高温回火时产生第二类向火脆性；V 的作用是阻碍高温奥氏体晶粒长大；Al 的主要作用是能加速合金调质钢的氮化过程；微量的 B 能强烈地使等温转变曲线向右移，显著提高合金调质钢的淬透性。

（2）热处理特点。调质钢热处理的淬火是将钢件加热至约 850 ℃左右的温度，保温一定时间后在水中或油中冷却。为使调质钢具有良好的综合力学性能，淬火后的零件一般采用 500～650 ℃高温回火。

（3）常用合金调质钢。

按淬透性的高低，调质钢大致可以分为三类：

① 低淬透性调质钢。典型钢种 45、40Cr，这类钢的油淬临界直径最大为 30～40 mm，广泛用于制造一般尺寸的重要零件，如轴、齿轮、连杆螺栓等。

② 中淬透性调质钢。典型钢种 40CrNi，这类钢的油淬临界直径最大为 40～60 mm，含有较多的合金元素，常用于制造截面较大、承受较重载荷的零件，比如曲轴、连杆等。

③ 高淬透性调质钢。典型钢种 40CrNiMoA，这类钢的油淬临界直径为 60～100 mm，多半为铬镍钢。常用于制造大截面、承受重负荷的重要零件，例如汽轮机主轴、压力机曲轴、航空发动机曲轴等。

通常用合金调质钢牌号、成分、热处理、力学性能和用途见表 6.5。

四、合金弹簧钢

弹簧是各种机械和仪表中的重要零件，主要利用弹性变形时所储存的能量来起到缓和机械上的振动和冲击作用。由于弹簧一般是在动负荷条件下工作，因此要求弹簧钢必须具有高的抗拉强度、高的屈强比，高的疲劳强度（尤其是缺口疲劳强度），并有足够的塑性、韧性以及良好的表面质量，同时还要求有比较好的淬透性和低的脱碳敏感性等。

（1）化学成分。合金弹簧钢的碳含量在 0.45%～0.75% 之间，所含的合金元素有 Si、Mn、Cr、W、V 等，主要作用是提高钢的淬透性和回火稳定性，强化铁素体和细化晶粒，有效地改善弹簧钢的力学性能，提高弹性极限、屈强比。其中 Cr、W、V 还有利于提高弹簧钢的高温强度，但是 Si 的加入，使钢在加热时容易脱碳，使疲劳强度大为下降，因此，在热处理时应注意防止脱碳。

（2）热处理特点。根据弹簧加工成型方法的不同，弹簧分为热成型弹簧和冷成型弹簧。一般情况下，截面尺寸＞10～15 mm 的弹簧采用热成型方法；截面尺寸＜10 mm 的采用冷成型方法。

① 热成型弹簧：淬火＋中温回火，组织为 T$_\text{回}$。

这类弹簧多用热轧钢丝或钢板制成。以 60Si2Mn 制造的汽车板簧为例，工艺路线如下：

表 6.5　常用合金调质钢的牌号、化学成分、热处理、力学性能及用途

类别	牌号	化学成分 w(%)					热处理		力 学 性 能（不小于）					用途举例
		C	Si	Mn	Cr	其他	淬火温度(℃)	回火温度(℃)	σ_b (MPa)	σ_s (MPa)	δ_5 (%)	ψ (%)	A_K (J)	
低淬透性	40Cr	0.37~0.44	0.17~0.37	0.50~0.80	0.80~1.10		850 油	520 水、油	980	785	9	45	47	重要的齿轮、轴、曲轴、套筒、连杆等
	40Mn2	0.37~0.44	0.17~0.37	1.40~1.80			840 油	540 水、油	885	735	12	45	55	轴、半轴、涡杆、连杆等
	40MnB	0.37~0.44	0.17~0.37	1.10~1.40		B:0.000 5~0.003 5	850 油	500 水、油	980	785	10	45	47	可代替40Cr作小截面重要零件，如汽车转向节、半轴、涡杆、花键轴等
	40MnVB	0.37~0.44	0.17~0.37	1.10~1.40		B:0.000 5~0.003 5 V:0.05~0.10	850 油	520 水、油	980	785	10	45	47	可代替40Cr作柴油机油缸头螺栓、机床齿轮、花键轴等
中淬透性	35CrMo	0.32~0.40	0.17~0.37	0.40~0.70	0.80~1.10	Mo: 0.15~0.25	850 油	550 水、油	980	835	12	45	63	用作截面不大而要求力学性能高的重要零件，例如主轴、曲轴、锤锻等
	30CrMnSi	0.27~0.34	0.90~1.20	0.80~1.10	0.80~1.10		880 油	520 水、油	1 080	885	10	45	39	用作截面不大而要求力学性能高的重要零件，例如齿轮、轴、轴套等
	40CrNi	0.37~0.44	0.17~0.37	0.50~0.80	0.45~0.75	Ni: 1.00~1.40	820 油	500 水、油	980	785	10	45	55	用作截面较大、要求力学性能较高的零件，例如轴、连杆、齿轮轴等
高淬透性	38CrMoAl	0.35~0.42	0.20~0.45	0.30~0.60	1.35~1.65	Mo:0.15~0.25 Al:0.70~1.10	940 水、油	640 水、油	980	835	14	50	71	氮化零件专用钢，用作磨床、自动车床主轴，精密丝杠、精密齿轮等
	40CrMnMo	0.37~0.45	0.17~0.37	0.90~1.20	0.90~1.20	Mo: 0.20~0.30	850 油	600 水、油	980	785	10	45	63	截面较大、要求强度高、韧性好的重要零件，如汽车机轴、曲轴等
	40CrNiMo	0.37~0.44	0.17~0.37	0.50~0.80	0.60~0.90	Mo:0.15~0.25 Ni:1.25~1.65	850 油	600 水、油	980	835	12	45	78	截面较大、要求强度高、韧性好的重要零件，如汽车轮机轴、叶片曲轴等
	25Cr2Ni4WA	0.21~0.28	0.17~0.37	0.30~0.60	1.35~1.65	W:0.80~1.20 Ni:4.00~4.50	850 油	550 水、油	1 080	930	11	45	71	200 mm 以下、要求淬透的大截面重要零件

注：试样尺寸 Ø25 mm；38CrMoAl 钢试样尺寸为 Ø30 mm。

资料来源：摘自 GB/T 3077—1999。

下料→加热压弯成型→淬火＋中温回火→喷丸处理→装配

成型后采用淬火＋中温回火（350～500 ℃），组织为 $T_{回}$，硬度 39～52 HRC，具有高的弹性极限、屈强比和足够的韧性喷丸处理可进一步提高疲劳强度。例如，用板簧经喷丸处理，使用寿命提高 5～6 倍。

弹簧钢的淬火温度一般为 830～880 ℃，温度过高易发生晶粒粗大和脱碳，使其疲劳强度大为降低。因此，在淬火加热时，炉内气氛要严格控制，并且尽量缩短弹簧在炉中停留的时间，也可在脱氧较好的盐浴炉中加热。淬火加热后在 50～80 ℃ 油中冷却，冷至 100～150 ℃ 时即可取出进行中温回火。回火温度根据弹簧的性能要求加以确定，一般为 480～550 ℃。回火后的硬度约为 39～52 HRC。

弹簧的表面质量对使用寿命影响很大，微小的表面缺陷可造成应力集中，使钢的疲劳强度降低。因此，弹簧在热处理后还要进行喷丸处理，使弹簧表面层产生残余压应力，以提高其疲劳强度。

② 冷成型弹簧：这类弹簧是用冷拉钢丝或淬火回火钢丝冷卷成型。

冷成型弹簧按制造工艺不同可分为三类：

铅浴等温处理冷拉钢丝。这种钢丝生产工艺的主要特点是钢丝在冷拉过程中，经过一道快速等温冷却的工序，然后冷拉成所需要的尺寸。这类钢丝主要是 65、65Mn 等碳素弹簧钢丝，冷卷后再进行去应力退火。

油淬回火钢丝。冷拔到规定尺寸后连续进行淬火回火处理的钢丝，抗拉强度虽然不及铅浴等温处理冷拉钢丝，但性能比较均匀，抗拉强度波动范围小，广泛用于制造各种动力机械阀门弹簧，冷卷成型后，只需进行去应力退火。

退火状态供应的合金弹簧钢丝。这类钢丝制成弹簧后，需经淬火、回火处理，才能达到所需要的力学性能，主要有 50CrVA、60Si2MnA、55Si2Mn 钢丝等。

冷拉碳素钢丝和油淬回火钢丝冷卷成型后都要经过去内应力退火。选用的退火温度要恰当，温度过低去除内应力不充分，弹簧的性能不能得到充分改善；温度过高，由于退火软化作用而使抗拉强度和弹性极限降低。

通常用合金弹簧钢牌号、成分、热处理、力学性能和用途见表 6.6。

五、高锰耐磨钢

耐磨钢主要指在冲击载荷作用下产生冲击硬化的高锰钢，主要化学成分是含碳 1.0%～1.3%，含锰 11%～14%。由于这种钢机械加工比较困难，基本上都是铸造成型，其钢的牌号为 ZGMn13。

高锰钢使用时通常要进行"水韧处理"，即把高锰耐磨钢加热到临界点温度以上（约在 1 000～1 100 ℃），保温一定的时间，使钢中碳化物全部溶入奥氏体，然后在水中快速冷却。水韧处理后，高锰钢的组织为单一的奥氏体，其硬度并不高，约为 180～220 HBS 左右。当它在受到剧烈的冲击或较大压力作用时，表面层的奥氏体将迅速产生加工硬化，并伴有马氏体相变，从而使表面层硬度提高到 450～550 HBW，并且使表面层获得高的耐磨性，其心部则仍维持原来的奥氏体状态的高韧性。

高锰钢广泛用于既耐磨损又耐冲击的零件。高锰钢可用于挖掘机的铲斗；各式碎石机的颚板；拖拉机、坦克等的履带板，通常用高锰耐磨钢铸件牌号、化学成分、热处理、力学性能

表6.6　常用合金弹簧钢的牌号、化学成分、热处理、力学性能及用途

类别	牌号	化学成分 w(%)									热处理		力学性能					用途举例
		C	Si	Mn	Cr	Ni	Cu	P	S	其他	淬火温度(℃)	回火温度(℃)	σ_s(MPa)	σ_b(MPa)	δ_5(%)	δ_{10}(%)	ψ(%)	
						不小于							不小于					
硅锰系	55Si2Mn	0.52~0.60	1.50~2.00	0.60~0.90	≤0.35	0.35	0.25	0.035	0.035		870油	480	1177	1275		6	30	有较好的淬透性、较高的弹性极限、屈服点和疲劳极限,被广泛用于汽车、拖拉机、铁道车辆的弹簧,卷止回阀和安全阀,并可作250℃以下使用的耐热弹簧
	55Si2MnB	0.52~0.60	1.50~2.00	0.60~0.90	≤0.35	0.35	0.25	0.035	0.035	B:0.005~0.004	870油	480	1177	1275		6	30	
	60Si2Mn	0.56~0.64	1.50~2.00	0.60~0.90	≤0.35	0.35	0.25	0.035	0.035		870油	480	1177	1275		5	25	
	55SiMnVB	0.52~0.60	0.70~1.00	1.00~1.30	≤0.35	0.35	0.25	0.035	0.035	V:0.08~0.16 B:0.000 5~0.003 5	860油	460	1226	1373		5	30	
硅铬系	60Si2CrA	0.56~0.64	1.40~1.80	0.40~0.70	0.70~1.00	0.35	0.25	0.030	0.030		870油	420	1569	1765	6		20	用作承受重载荷和重要的大型螺旋弹簧,如汽轮机汽封弹簧,调节阀和冷凝器弹簧等,并可作300℃以下的耐热弹簧
	60Si2CrVA	0.56~0.64	1.40~1.80	0.40~0.70	0.90~1.20	0.35	0.25	0.030	0.030	V:0.10~0.20	850油	410	1667	1863	6		20	用作载荷较重、应力较大的载重汽车、拖拉机和小轿车的板簧和直径较大(50 mm)的螺旋弹簧等
铬锰系	55CrMnA	0.52~0.60	0.17~0.37	0.65~0.95	0.65~0.95	0.35	0.25	0.030	0.030		830~860油	460~510	$\sigma_{0.2}$ 1079	1226	9		20	用作特别重要的、承受大应力的各种尺寸的螺旋弹簧,并可作400℃以下工作的耐热弹簧等
	60CrMnA	0.56~0.64	0.17~0.37	0.70~1.00	0.70~1.00	0.35	0.25	0.030	0.030		830~860油	460~520	$\sigma_{r,0.2}$ 1079	1226	9		20	
铬钒系	50CrVA	0.46~0.64	0.17~0.37	0.50~0.80	0.80~1.10	0.35	0.25	0.030	0.030	V:0.10~0.20	850油	500	1128	1275	10		40	
	30W4Cr2VA	0.26~0.34	0.17~0.37	≤0.40	2.00~2.50	0.35	0.25	0.030	0.030	V:0.50~0.80 W:4.00~4.50	1050~1100油	600	1324	1471	7		40	用作高温(≤500℃)下使用的重要弹簧,例如锅炉主安全阀弹簧等

资料来源:摘自 GB/T 1222—1984。

及用途见表 6.7。

表 6.7　常用高锰耐磨钢铸件牌号、化学成分、热处理、力学性能及用途

牌号	化学成分 w(%)						热处理		力 学 性 能					用途举例
	C	Mn	Si	其他	S ≤	P ≤	淬火温度 (℃)	冷却介质	σ_s (MPa)	σ_b (MPa)	δ_5 (%)	A_K (J)	HBS	
									不小于				不大于	
ZGMn13-1	1.00~1.45	11.00~14.00	0.30~1.00	—	0.040	0.090	1 060~1 100	水	—	635	20	—	—	低冲击耐磨零件,如齿板、铲齿等
ZGMn13-2	0.90~1.35	11.00~14.00	0.30~1.00	—	0.040	0.070	1 060~1 100	水	—	685	25	147	300	普通耐磨零件,如球磨机
ZGMn13-3	0.95~1.35	11.00~14.00	0.30~0.80	—	0.040	0.070	1 060~1 100	水	—	735	30	147	300	高冲击耐磨零件,如坦克、拖拉机履带板等
ZGMn13-4	0.90~1.30	11.00~14.00	0.30~0.80	Cr 1.50~2.50	0.040	0.070	1 060~1 100	水	390	735	20	—	300	复杂耐磨零件,如铁道道岔等

资料来源:摘自 GB/T 5680—1998。

六、轴承钢

轴承钢用于制造滚动轴承的滚动体和内、外圈,属于专用结构钢。

滚动轴承在工作时,滚动体和内圈均受周期性交变载荷作用,由于接触面积小,其接触应力可达 3 000~3 500 MPa,循环受力次数可达数万次/min。在周期载荷作用下,在套圈和滚动体表面都会产生小块金属剥落从而导致疲劳破坏。滚动体和套圈的接触面之间既有滚动,也有滑动,因而轴承往往因摩擦造成的过度磨损而丧失精度。根据滚动轴承的工作条件,要求轴承钢具有高而均匀的硬度和耐磨性,高的弹性极限和接触疲劳强度,以及足够的韧性和淬透性,同时在大气或润滑剂中具有一定的抗蚀能力。

1. 化学成分

通常所说的滚动轴承钢都是指高碳低铬钢,其碳含量一般为 0.95%~1.10%,铬含量一般为 0.50%~1.60%。

加入 0.40%~1.66% 的铬是为了提高钢的淬透性。铬与碳所形成的 $(Fe,Cr)_3C$ 合金渗碳体比一般 Fe_3C 稳定,且能阻碍奥氏体晶粒长大,减小钢的过热敏感性,使淬水后能获得细针状或隐晶马氏体组织,而增加钢的韧性。Cr 还有利于提高低温回火时的回火稳定性。对于大型轴承(如直径>30~50 mm 的钢珠),在 GCr15 基础上,还可加入适量的 Si(0.40%~0.65%)和 Mn(0.90%~1.20%),以进一步改善淬透性,提高钢的强度和弹性极限,而不降低其韧性。

此外,在滚动轴承钢中,对杂质含量要求很严格,一般规定硫的含量应小于 0.02%,磷的含量应小于 0.027%。

2. 热处理特点

滚动轴承钢的热处理工艺主要为球化退火、淬火和低温回火。

球化退火是预备热处理,其目的是获得粒状珠光体,使钢锻造后的硬度降低,以利于切削加工,并为零件的最后热处理作组织准备。经退火后钢的组织为球化体和均匀分布的过剩的细粒状碳化物,硬度低于 210 HBS,具有良好的切削加工性。球化退火工艺为:将钢材加热到 790～800 ℃,快冷至 710～720 ℃等温 3～4 小时,而后炉冷。

淬火和低温回火是最后决定轴承钢性能的重要热处理工序,GCr15 钢的淬火温度要求十分严格,如果淬火加热温度过高(≥850 ℃),将会使残余奥氏体量增多,并会因过热而淬得粗片状马氏体,使钢的冲击韧度和疲劳强度急剧降低。淬火后应立即回火,回火温度为 150～160 ℃,保温 2～3 小时,经热处理后的金相组织为极细的回火马氏体、分布均匀的细粒状碳化物及少量的残余奥氏体,回火后硬度为 61～65 HRC。通常使用的轴承钢牌号、化学成分、热处理及用途见表 6.8。

表 6.8　常用轴承钢牌号、化学成分、热处理及用途

类别	牌号	化学成分 w(%)								热处理			用途举例
		C	Cr	Mn	Si	Mo	V	RE	S、P	淬火温度(℃)	回火温度(℃)	回火后硬度(HRC)	
铬轴承钢	GCr9	1.0～1.10	0.9～1.2	0.2～0.4	0.15～0.35	—	—	—	—	810～830	150～170	62～66	Ø10～20 mm 的钢球
	GCr15	0.95～1.05	1.3～1.65	0.2～0.4	0.15～0.35	—	—	—	—	825～845	150～170	62～66	厚度 20 mm 的中小型套圈,直径小于 50 mm 的钢球,柴油机精密偶件
	GCr15SiMn	0.95～1.05	1.3～1.65	0.9～1.2	0.4～0.65	—	—	—	—	820～840	150～170	≥62	壁厚>30 mm 的大型套圈,Ø50～100 mm的钢球
无铬轴承钢	GSiMnV	0.95～1.10	—	1.3～1.8	0.55～0.8	—	0.2～0.3	—	≤0.03	780～810	150～170	≥62	可以代替 GCr15 钢
	GSiMnVRE	0.95～1.10	—	1.1～1.3	0.55～0.8	—	0.2～0.3	0.1～0.15	≤0.03	780～810	150～170	≥62	可以代替 GCr15 及 GCr15SiMn 钢
	GSiMnMoV	0.95～1.10	—	0.75～1.05	0.4～0.65	0.2～0.4	0.2～0.3	—	—	770～810	165～175	≥62	可以代替 GCr15SiMn 钢

资料来源:铬轴承钢摘自 YB(T) 1—1980。

第四节　合金工具钢

一、量具钢、刃具钢

用于制造刃具、模具、量具等工具的钢称为工具钢。

1. 量具钢

(1) 对量具钢的要求。根据量具的工作性质,其工作部分应有高的硬度(≥56 HRC)和耐磨性,某些量具要求热处理变形小,在存放和使用的过程中,尺寸变形小,始终保持其高的精度,并要求有好的加工工艺性。

(2) 量具用钢及热处理。高精度的精密量具如塞规、块规等,常采用热处理变形较小的钢制造,如 CrMn、CrWMn、GCr15 钢等;精度较低、形状简单的量具,如量规、样套等可采用

T10A、T12A、9SiCr 等钢制造,也可选用 10、15 钢经渗碳热处理或 50、55、60、60Mn、65Mn 钢经高频感应加热处理后制造精度要求不高,但是使用频繁,碰撞后不致拆断的卡板、样板、直尺等量具。

2．刃具钢

刃具钢主要指制造金属切削刀具的钢种。在切削时,刀具受到工件的压应力和弯曲应力,刃部与切屑之间发生相对摩擦,产生热量,使温度升高;切削速度愈大,温度愈高,有时可达 500～600 ℃;某些刀具在工作时还会受到冲击作用。

（1）刃具钢的性能。

高硬度:只有刀具的硬度高于被切削材料的硬度时,才能顺利地进行切削。切削金属材料所用刃具的硬度,一般都在 60 HRC 以上。刃具钢的硬度主要取决于马氏体中的含碳量,因此,刃具钢的碳含量都较高,一般为 0.6%～1.5%。

高耐磨性:耐磨性是反映材料抵抗磨损的能力。材料硬度愈高,其耐磨性愈好。

高热硬性:所谓热硬性是指刃部受热升温时,刃具钢仍能维持高的硬度(>60 HRC)的能力,热硬性的高低与回火稳定性和碳化物的弥散程度等因素有关。

（2）刃具钢成分特点。

刃具钢含碳量 0.75%～1.50%,保证高硬度,并形成足够的合金碳化物,提高耐磨性。

主加元素硅、锰、铬、钼,产生固溶强化,提高刃具钢硬度和淬透性。

辅加元素钼、钨、矾,细化晶粒,形成碳化物,进一步提高刃具钢硬度与耐磨性。

（3）热处理工艺。

预备热处理采用等温球化退火,等温冷却使球化更充分,为了节省时间,500 ℃后出炉冷却,这时组织已转变完成。目的:消除锻造应力,降低硬度,便于切削加工。

最终热处理采用等温淬火加低温回火。等温淬火是减少淬火应力和变形的主要方法。一般在盐浴中等温,转变产物为下贝氏体组织,具有良好的综合机械性能。低温回火目的是消除应力,保持高硬度和高的耐磨性。

（4）常用钢种及用途。

9SiCr、CrWMn、9Mn2V 是生产中经常使用的刃具钢。

① 主要用于制作形状复杂、尺寸不大的低速切削刀具,例如铣刀、拉刀、板牙、丝锥、钻头、铰刀等。

② 用于尺寸较大、形状较复杂的冷作模具和量具。

常用合金刃具钢牌号、化学成分、热处理、性能及用途见表 6.9。

二、模具钢

用于制造各类模具的钢称为模具钢。和刃具钢相比,其工作条件不同,因而对模具钢性能要求也有所区别。

1．冷作模具钢

冷作模具包括拉延模、拔丝模或压弯模、冲裁模、冷镦模和冷挤压模等,均属于在室温下对金属进行变形加工的模具,也称为冷变形模具。由其工作条件可知,冷作模具钢所要求的性能主要是高的硬度、良好的耐磨性以及足够的强度和韧性。尺寸较小、载荷较轻的模具可采用 T10A、9SiCr、9Mn2V 等刃具钢制造;尺寸较大的、重载的或性能要求较高、热处理变形要求小的模具,采用 Cr12、Cr12MoV 等 Cr12 型钢专用冷模具钢制造。常用冷作模具钢牌号、化学成分、热处理、性能及用途见表 6.10。

表 6.9　常用低合金刃具钢牌号、化学成分、热处理、性能及用途

牌号	化学成分 w(%)					热处理				用 途 举 例
	C	Mn	Si	Cr	其他	淬火		回火		
						淬火温度（℃）	HRC	回火温度（℃）	HRC	
9SiCr	0.85~0.95	0.30~0.60	1.20~1.60	0.95~1.25		820~860 油	≥62	180~200	60~62	板牙、丝锥、绞刀、搓丝板、冷冲模等
CrMn	1.30~1.5	0.45~0.75	≤0.35	1.30~1.60		840~860 油	≥62	130~140	62~65	各种的量规和块规等
9Mn2V	0.85~0.95	1.70~2.00	≤0.40		V 0.10~0.25	780~810 油	≥62	150~200	60~62	各种变形小的量规、丝锥、板牙、绞刀、冲模等
CrWMn	0.90~1.05	0.80~1.10	≤0.40	0.90~1.20	W 1.20~1.60	800~830 油	≥62	140~160	62~65	板牙、拉刀、量规及形状复杂、高精度冷冲模等

资料来源:摘自 GB 1299—1985。

表 6.10　常用冷作模具钢牌号、化学成分、热处理、性能及用途

牌号	化学成分 w(%)						交货状态（退火）HBS	热处理		用 途 举 例
	C	Si	Mn	Cr	Mo	其他		淬火温度（℃）	HRC ≥	
Cr12	2.00~2.30	≤0.40	≤0.40	11.5~13.00			217~269	950~1 000 油	60	用作耐磨性高、尺寸较大的模具,例如冷冲模、拉丝模、冷切剪刀,也可作量具
Cr12MoV	1.45~1.70	≤0.40	≤0.40	11.00~12.50	0.40~0.60	V 0.15~0.30	207~255	950~1 000 油	58	用于制作截面较大、形状复杂、工作条件繁重的各种冷作模具,例如冲孔模、切边模、拉丝模和量具等

资料来源:摘自 GB 1299—1985。

2. 热作模具钢

　　热作模具包括热锻模、热镦模、热挤压模、压铸模等,均属于在受热状态下对金属进行变形加工的模具,也称为热变形模具。由于热作模具是在非常苛刻的条件下工作的,承受压应力、张应力、弯曲应力及冲击应力,还经受到强烈的摩擦,因此必须具有高的强度以及与韧性的良好配合,同时还要有足够的硬度和耐磨性;工作时经常与炽热的金属接触,型腔表面温度高达 400~600 ℃,因此必须具有高的回火稳定性;工作中反复受到炽热金属的加热和冷却介质冷却的交替作用,极易引起"热疲劳",因此还必须具有耐热疲劳性。热作模具一般尺寸较大,热作模具钢应具有较好的淬透性和导热性。

综上所述,一般的碳素工具钢和低合金工具钢是不能满足性能要求的。一般中、小型热锻模具(高度小于 250 mm 为小型模具;高度在 250～400 mm 为中型模具)均采用 5CrMnMo 钢来制造;而大型热锻模具则采用 5CrNiMo 钢制造,因为它的淬透性比较好,强度和韧性亦比较高。常用热作模具钢牌号、化学成分、热处理、性能及用途见表 6.11。

表 6.11　常用热作模具钢牌号、化学成分、热处理、性能及用途

牌号	化学成分 $w(\%)$							交货状态(退火)HBS	热处理 淬火温度(℃)	用途举例
	C	Si	Mn	Cr	W	Mo	其他			
5CrMnMo	0.50～0.60	0.25～0.60	1.20～1.60	0.60～0.90		0.15～0.30		197～241	820～850 油或空冷	用作边长≤300～400 mm 的中小型热锻模等
5CrNiMo	0.50～0.60	≤0.40	0.50～0.80	0.50～0.8		0.15～0.30	Ni 1.40～1.80	197～241	830～860 油或空冷	用作边长≥400 mm 的大中型热锻模等
3Cr2W8V	0.30～0.40	≤0.40	≤0.40	2.20～2.70	7.50～9.00		V 0.20～0.50	207～255	1 075～1 125 油或空冷	用作压铸模、热挤压模、平锻机上的凸模、凹模、镶块等
4Cr5W2VSi	0.32～0.42	0.8～1.2	≤0.40	4.50～5.50	1.60～2.4		V 0.60～1.00	≤229	1 030～1 050 油或空冷	用作高速锤用模具及冲头,热挤压模具及芯棒,有色金属压铸模等

资料来源:摘自 GB 1299—1985。

三、高速工具钢

高速工具钢是一种高合金工具钢,含有 W、Mo、Cr、V 等合金元素,其总量超过 10%。

1. 成分特点

高速钢含碳量为 0.7%～1.65%,属高碳。高的含碳量,保证高硬度,并与 W、V 等形成特残碳化物或合金渗碳体,保证具有高的耐磨性和良好的热硬性。其含有大量合金元素,主要是 Cr、W、Mo、V 等。

(1)碳。一方面要保证能与钨、铬、钒形成足够数量的碳化物,另一方面又要有一定的碳溶于高温奥氏体,获得过饱和的马氏体,以保证高硬度、高耐磨性以及高热硬性。W18Cr4V 钢的碳含量为 0.70%～0.80%,若含碳量过低,则不能保证形成足够数量的合金碳化物,在高温奥氏体和马氏体中的含碳量均减少,以致降低钢的硬度、耐磨性以及热硬性;如含碳量过高,则碳化物数量增加,同时碳化物不均匀性也增加,致使钢的塑性降低,脆性增加,工艺性变坏。

(2)钨。钨是保证高速钢热硬性的主要元素,它与钢中的碳形成钨的碳化物,可以提高钢的热硬性,并减小其过热敏感性。

(3)铬。铬的主要作用是提高钢的淬透性,改善耐磨性和提高硬度。

(4)钒。钒与碳的结合力比钨与碳或钼与碳的结合力大,所形成的 V_4C_3(或 VC)比钨碳化物更稳定,能细化晶粒,提高热硬性。

2．性能特点

具有高的硬度、耐磨性和热硬性。工作温度在 600 ℃ 时,硬度仍保持在 60HRC 以上。

3．热处理工艺

下面以制造 W18Cr4V 盘形齿轮铣刀为例,说明高速钢制作刀具的工艺路线及热处理工艺的制定。盘形齿轮铣刀生产过程的工艺路线如下:

下料→锻造→退火→机加工→淬火→回火→喷砂→磨加工→成品

高速钢的铸态组织中具有鱼骨状碳化物,这些粗大的碳化物不能用热处理的方法予以消除,只有采用锻造的方法将其击碎,并使其分布均匀,W18Cr4V 高速钢各种状态下的显微组织如图 6.6 所示。

铸态组织　　　　　　　　　　退火组织

淬火组织　　　　　　　　　淬火、回火组织

图 6.6　W18Cr4V 高速钢各种状态下的显微组织

锻造以后必须经过退火,以降低硬度(退火后硬度为 207~255 HBS),消除内应力,并为随后淬火、回火处理作好组织准备。

W18Cr4V 钢制齿轮铣刀的淬火工艺如图 6.7 所示。

由图可见,W18Cr4V 钢盘形齿轮铣刀在淬火之前先要进行一次预热(800~840 ℃)。由于高速钢导热性差、塑性低,而淬火温度又很高,如直接加热到淬火温度就很容易产生变形与裂纹,所以必须预热。对于大型或形状复杂的工具,还要采用两次预热。

淬火方法根据具体情况确定,本例采用 580~620 ℃ 在中性盐中进行一次分级淬火,可以减小工件的变形与开裂,对于小型或形状简单的刀具也可采用油淬。

W18Cr4V 钢的硬度与回火温度之间的关系如图 6.8 所示。由图可知,在 550~570 ℃ 回火时硬度最高。因为在此温度范围内,钨及钒的碳化物(W_2C,VC)呈细小分散状从马氏体中弥散沉淀析出,这些碳化物很稳定,难以聚集长大,从而提高了钢的硬度,这就是所谓"弥散硬化";在此温度范围内,一部分碳及合金元素也从残余奥氏体中析出,降低了残余奥

氏体中碳及合金元素含量,提高了马氏体转变温度,随着温度的继续冷却,就会有部分残余奥氏体转变为马氏体,使钢的硬度得到提高。

图 6.7　W18Cr4V 钢制齿轮铣刀的淬火工艺

图 6.8　W18Cr4V 钢硬度与回火温度的关系

由于 W18Cr4V 钢在淬火状态约有 20%~25% 的残余奥氏体,一次回火难以全部消除,经三次回火后才可使残余奥氏体减至最低量(一次回火后约剩 15%,二次回火后约剩 3%~5%,三次回火后约剩 1%~2%)。且后一次回火还可以消除前一次回火中由于奥氏体转变为马氏体所产生的内应力。回火后的组织由回火马氏体 + 少量残余奥氏体 + 碳化物组成。

W6Mo5Cr4V2 为生产中广泛应用的另一种高速钢,其热塑性、使用状态的韧性、耐磨性等均优于 W18Cr4V 钢,热硬性不相上下,并且碳化物细小,分布均匀,密度小,价格便宜,但磨削加工性稍差,脱碳敏感性较大。W6Mo5Cr4V2 的淬火温度为 1 220~1 240 ℃,可以用于制造要求耐磨性和韧性很好配合的高速切削刀具,如丝锥、钻头等。

常用高速工具钢牌号、化学成分、热处理、性能及用途见表 6.12。

表 6.12　常用高速工具钢牌号、化学成分、热处理、性能及用途

牌号	化学成分 w(%)							热处理				用途举例
								淬火		回火		
	C	Mn	Si	Cr	W	V	Mo	淬火温度(℃)	HRC	回火温度(℃)	HRC	
W18Cr4V	0.70~0.80	0.10~0.40	0.20~0.40	0.80~4.40	17.50~19.00	1.00~1.40	≤0.30	1 270~1 285 油	≥63	550~570 三次	63~66	高速切削车刀、刨刀、钻头、铣刀、插齿刀、绞刀
W6Mo5Cr4V2	0.80~0.90	0.15~0.40	0.20~0.45	3.80~4.40	5.50~6.75	1.75~2.20	4.50~5.50	1 210~1 230 油	≥63	540~560 三次	63~66	钻头、丝锥、滚刀、拉刀、插齿刀、冷冲模、冷挤压模
W6Mo5Cr4V3	1.00~1.10	0.15~0.40	0.20~0.45	3.75~4.50	5.00~6.75	2.25~2.75	4.75~6.50	1 200~1 220 油	≥63	540~560 三次	>65	拉刀、铣刀、成型刀具
W9Mo3Cr4V	0.77~0.87	0.20~0.40	0.20~0.40	3.80~4.40	8.50~9.50	1.30~1.70	2.70~3.30	1 220~1 240 油	≥63	540~560 三次	63~66	拉刀、铣刀、成型刀具

资料来源:摘自 GB 9943—1988。

第五节　特殊用途钢

一、不锈、耐蚀钢

不锈、耐蚀钢是指抵抗大气或其他介质腐蚀的钢。按其组织不同分为以下三类:

1. 铁素体不锈、耐蚀钢

这类钢的 $w_C<0.12\%$，$w_{Cr}=16\%\sim18\%$，加热时组织无明显变化，为单相铁素体组织，故不能用热处理强化,通常在退火状态下使用。这类钢耐蚀性、高温抗氧化性、塑性和焊接性好,但是强度低。主要制作化工设备的容器和管道等。常用牌号有 1Cr17 钢等。

2. 马氏体不锈、耐蚀钢

这类钢的 $w_C=0.10\%\sim0.40\%$，随含碳量增加,钢的强度、硬度和耐磨性提高,但耐蚀性下降。为提高耐蚀性,钢中加入 $w_{Cr}=12\%\sim18\%$。这类钢在大气、水蒸气、海水、氧化性酸等氧化性介质中有较好的耐蚀性。主要用于制作要求力学性能较高,并有一定耐蚀性的零件,如汽轮机叶片、阀门、喷嘴、滚动轴承等。一般淬火、回火后使用。常用牌号有 1Cr13 钢、3Cr13 钢等。

3. 奥氏体不锈、耐蚀钢

奥氏体不锈、耐蚀钢的 $w_{Cr}=18\%$，$w_{Ni}=8\%\sim11\%$。含碳量很低,也称为"18—8"型不

锈钢。镍可使钢在室温下呈单一奥氏体组织。铬、镍使钢有好的耐蚀性和耐热性,较高的塑性和韧性。

　　为了得到单一的奥氏体组织,提高耐蚀性,应采用固溶处理,即将奥氏体钢加热 1 050～1 150 ℃,使碳化物全部溶于奥氏体中,然后水淬快冷至室温,得到单相奥氏体组织。经固溶处理后的钢具有高的耐蚀性,好的塑性和韧性,但强度低。这类钢主要用于制作在腐蚀性介质中工作的零件,如管道、容器、医疗器械等。常用的牌号有 1Cr18Ni9 钢和 1Cr18Ni9Ti 钢,1Cr18Ni9Ti 钢可制作焊芯、抗磁仪表、医疗器械、耐酸容器及设备衬里、输送管道的零件。常用不锈、耐蚀钢的牌号、化学成分、热处理、力学性能及用途见表 6.13。

二、耐热钢

　　耐热钢是指具有热化学稳定性和热强性的钢。热化学稳定性是指抗氧化性,即钢在高温下对氧化作用的稳定性。为了提高钢的抗氧化能力,向钢中加入合金元素铬、硅、铝等,使其在钢的表面形成一层致密的氧化膜(如 Cr_2O_3、SiO_2、Al_2O_3),保护金属在高温下不再继续被氧化。热强性是指钢在高温下对外力的抵抗能力。高温(再结晶温度以上)下金属原子间结合力减弱,强度降低,此时金属在恒定应力作用下,随时间的延长会产生缓慢的塑性变形,称此现象为"蠕变"。为提高高温强度,防止蠕变,可向钢中加入铬、钼、钨、镍等元素,以提高钢的再结晶温度,或加入钛、铌、钒、钨、钼、铬等元素,形成稳定且均匀分布的碳化物,产生弥散强化,从而提高高温强度。

　　耐热钢按组织不同分为四类。

　　1. 珠光体型耐热钢

　　这类钢合金元素总含量＜3%～5%,是低合金耐热钢。常用牌号有 15CrMo 钢、12CrMoV 钢、25Cr2MoVA 钢、35CrMoV 钢等。主要用于制作锅炉炉管、耐热紧固件、汽轮机转子、叶轮等。此类钢使用温度＜600 ℃。

　　2. 马氏体型耐热钢

　　这类钢通常是在 Cr13 型不锈钢的基础之上加入一定量的钼、钨、钒等元素。钼、钨可提高再结晶温度,钒可提高高温强度。此类钢使用温度＜650 ℃,为保持在使用温度下钢的组织和性能稳定,需进行淬火和回火处理。通常用于制作承载较大的零件,如汽轮机叶片等。常用牌号有 1Cr13 钢和 1Cr11MoV 钢。

　　3. 奥氏体型耐热钢

　　这类钢含有较多的铬和镍。铬可提高钢的高温强度和抗氧化性,镍可促使稳定奥氏体组织的形成。此类钢工作温度为 650～700 ℃,常用于制造锅炉和汽轮机零件。常用牌号有 1Cr18Ni9Ti 钢和 4Cr14Ni14W2Mo 钢。1Cr18Ni9Ti 钢作耐热钢使用时,要进行固溶处理和时效处理,以进一步稳定组织。

　　4. 铁素体型耐热钢

　　这类钢主要含有铬,用以提高钢的抗氧化性。钢经退火后可制作在 900 ℃以下工作的耐氧化零件,如散热器等。常用牌号有 1Cr17 钢等,1Cr17 钢可长期在 580～650 ℃使用。常用耐热钢的牌号、化学成分、热处理、力学性能及用途见表 6.14。

表6.13　常用不锈、耐蚀钢的牌号、化学成分、热处理、力学性能及用途

类别	牌号	化学成分 w(%)						热　处　理				力　学　性　能					用途举例
		C	Si	Mn	Ni	Cr	其他	退火温度(℃)	固溶处理温度(℃)	淬火温度(℃)	回火温度(℃)	σ_b(MPa)	δ_5(%)	ψ(%)	HBS	A_K(J)	
奥氏体型	1Cr18Ni9	≤0.15	≤1.00	≤2.00	8.00~10.00	17.0~19.00			1010~1150 快冷			≥520	≥60	≥60	≤187		生产硝酸、化肥等工设备零件、建筑用装饰部件等
奥氏体型	00Cr18Ni10N	≤0.030	≤1.00	≤2.00	8.50~11.50	17.00~19.00	N 0.12~0.22		1010~1150 快冷			≥520	≥40	≥50	≤217		作化学、化肥、化纤工业的耐蚀材料等
奥氏体铁素体型	0Cr26Ni5Mo32	≤0.08	≤1.00	≤1.50	3.00~6.00	23.00~28.00	Mo 1.00~3.00		950~1100 快冷			≥520	≥18	≥40	≤277		有较高的强度、抗氧化性。作海水腐蚀的零件等
奥氏体铁素体型	00Cr18Ni5Mo3Si2	≤0.030	1.30~2.00	1.00~2.00	4.50~5.50	18.0~19.50	Mo 2.50~3.00		920~1150 快冷			≥590	≥20	≥40			有较高强度、耐应力腐蚀,用于化工行业的热交换器、冷凝器等
铁素体型	1Cr17	≤0.012	≤0.75	≤1.00	≤0.60	16.00~18.00		780~850 空冷或缓冷				≥450	≥22	≥50	≤183		重油燃烧部件、化工容器、管道、食品加工设备、家庭用具等
铁素体型	00Cr30Mo2	≤0.010	≤0.40	≤0.40		28.50~32.00	Mo 1.50~2.50 N≤0.015	900~1025 快冷				≥520	≥20	≥45	≤228		与乙酸等有机酸有关的设备,制苛性碱设备等
马氏体型	1Cr13	≤0.15	≤1.00	≤1.00	≤0.60	11.50~13.50		800~900 缓冷或约750快冷		950~1000 油	700~750 快冷	≥450	≥25	≥35	159	≥78	汽轮机叶片、阀、螺栓、螺母、日常生活用品等
马氏体型	3Cr13	0.26~0.40	≤1.00	≤1.00	≤0.60	12.00~14.00				920~980 油	600~750 快冷	≥540	≥12	≥40	217	≥24	要求硬度较高的医疗工具、量具,不锈弹簧、阀门等
马氏体型	1Cr17Ni2	0.11~0.17	≤0.80	≤0.80	1.50~2.50	16.00~18.00		680~700 高温回火空冷		950~1050 油	275~350 空冷	≥735	≥10			≥39	要求有较高强度、有机酸腐蚀的零件、容器和设备
沉淀硬化型	0Cr17Ni7Al	≤0.09	≤1.00	≤1.00	6.5~7.5	16.00~18.00	Cu≤0.50 Al 0.75~1.50		1000~1000 快冷		565 时效	≥1080	≥5	≥25	≥363		用作耐蚀的弹簧、垫圈等
沉淀硬化型	0Cr17Ni7Al										510 时效	≥1230	≥4	≥10	≥388		

资料来源:摘自 GB/T 3077—1992。

表6.14 常用耐热钢的牌号、化学成分、热处理、力学性能及用途

类别	牌号	化学成分 w(%)							热 处 理				力 学 性 能						用途举例
		C	Si	Mn	Ni	Cr	Mo	其他	退火温度(℃)	固溶处理温度(℃)	淬火温度(℃)	回火温度(℃)	$\sigma_{0.2}$(MPa)	σ_b(MPa)	δ_5(%)	ψ(%)	A_K(J)	HBS	
奥氏体型	4Cr14Ni14W2Mo	0.40~0.50	≤0.80	≤0.70	13.00~15.00	13.00~15.00	0.25~0.40	W 2.00~2.75	820~850 快冷				≥315	≥705	≥20	≥35		≤248	有较高的热强性,用于内燃机重负荷排气阀
	3Cr18Mn12Si2N	0.22~0.30	1.40~2.20	10.50~12.50		17.00~19.00		N 0.22~0.33		1100~1150 快冷			≥390	≥685	≥35	≥45		≤248	有较高的高温强度,一定的抗氧化性,较好的抗碱,抗增碳性,用于吊性支架,渗碳炉构件等
铁素体型	0Cr13Al	≤0.08	≤1.00	≤1.00		11.50~14.50		Al 0.10~0.30	780~830 空冷或缓冷				≥177	≥410	≥20	≥60		≥183	因冷却硬化少,作燃气透平压缩机叶片,退火箱,淬火台架等
	1Cr17	≤0.12	≤0.75	≤1.00		16.0~18.0			780~850 空冷或缓冷				≥205	≥450	≥22	≥50		≥183	作900℃以下耐氧化部件,如散热器,炉用部件,油喷嘴等
马氏体型	4Cr9Si2	0.35~0.50	2.00~3.00	≤0.70	≤0.60	8.00~10.00					1020~1040 油冷	780~830 油冷	≥590	≥885	≥19	≥50		≥	有较高的热强性,作内燃机进气阀,轻负荷发动机的排气阀等
	1Cr13	≤0.15	≤1.00	≤1.00	≤0.60	11.50~13.50			800~900 缓冷或约750快冷		950~1100 冷	700~750 油冷	≥345	≥540	≥25	≥55	≥78	≥159	作800℃以下耐氧化部件等
沉淀硬化型	0Cr17Ni4Cu4Nb	≤0.07	≤1.00	≤1.00	3.00~5.00	15.50~17.50		Cu 3.00~5.00 Nb 0.15~0.45		1020~1060 快冷		470~490 时效	≥1180	≥1310	≥10	≥40		≥375	作燃气透平压缩机叶片,燃气透平发动机绝缘材料等
												540~560 时效	≥1000	≥1070	≥12	≥45		≥331	
												570~590 时效	≥865	≥1000	≥13	≥45		≥302	
												610~630 时效	≥725	≥930	≥16	≥50		≥277	

资料来源:摘自 GB/T 1221—1992。

课 后 习 题

一、判断题

1. 锰和硅属合金元素,所以凡含有锰和硅的钢都属合金钢。(　　)

2. 几乎所有加入钢中的合金元素,都能溶入铁素体中,使铁素体产生固溶强化。(　　)

3. 合金元素锰、镍等因扩大了奥氏体相区,从而使高锰和高镍钢在室温下形成奥氏体组织。(　　)

4. 由于合金元素的加入,使 Fe-Fe$_3$C 状态图中的 S 点左移,从而使含碳量相同的合金钢比碳素钢珠光体量的比例增大。(　　)

5. 合金钢中形成的各种合金碳化物均具有比渗碳体高的硬度、熔点和稳定性。(　　)

6. 除锰钢外,合金钢加热时不易过热,所以淬火后有利于获得细马氏体。(　　)

7. 合金钢加热时,当合金元素溶入奥氏体后,能够显著阻碍奥氏体晶粒长大。(　　)

8. 除了钴外,所有溶于奥氏体中的合金元素都使过冷奥氏体稳定性增大,"C"曲线右移,临界冷却速度减小,所以提高了钢的淬透性。(　　)

9. 除低合金结构和耐候钢,其他合金钢都属优质钢或高级优质钢。(　　)

10. 为了保证渗碳零件心部获得良好的韧性,渗透钢的含碳量一般都小于 0.25%。
(　　)

二、选择题

1. 钢中由于合金元素的加入,使 Fe-Fe$_3$C 状态图中的 S 点和 E 点(　　)。

　　A. S 点左移,E 点右移　　　　　　　B. S 点、E 点都左移

　　C. S 点右移,E 点左移　　　　　　　D. S 点、E 点都右移

2. 合金元素加入钢中存在的形式,因元素类别和数量可以(　　)。

　　A. 溶于铁素体　　　　　　　　　　　B. 溶于奥氏体

　　C. 溶于渗碳体　　　　　　　　　　　D. 形成碳化物

3. 当马氏体中溶有合金元素时,对于淬火钢在回火时马氏体的分解(　　)。

　　A. 有促进作用　　　　　　　　　　　B. 有阻碍作用

　　C. 无影响　　　　　　　　　　　　　D. 有影响但无规律

4. 除钴外,所有合金元素溶入奥氏体中,使过冷奥氏体的稳定性(　　)。

　　A. 增大　　　　　B. 减小　　　　　C. 无变化　　　　　D. 变化但无规律

5. 当马氏体中溶有合金元素时,使淬火钢在回火时马氏体的分解(　　)。

　　A. 加速　　　　　B. 减缓　　　　　C. 无变化　　　　　D. 变化,无规律

三、问答题

1. 说明合金元素在钢中的存在形式有哪几种,指出合金元素在钢中的存在对铁碳状态图中 A 相区和 E、S 点位置有何影响。

2. 说明合金元素在钢中的存在对钢的淬透性的影响,并指出这种影响在生产中有何实际意义。

3. 说明合金元素在钢中的存在,对淬火钢回火时组织转变的影响,并指出这种影响对回火工艺及回火后的性能有何作用。

四、应用题

试对下列零件进行选材,并提出最终热处理方法:

（1）汽车变速箱中的齿轮；

（2）汽车板簧；

（3）机器中较大截面的轴；

（4）中等尺寸的滚动轴承。

第七章　铸　　铁

第一节　概　　述

一、铸铁的分类

通常人们把 $2.11\% < w_C < 6.69\%$ 的铁碳合金称为铸铁。一般说来铸铁与钢的不同表现为碳、硅以及杂质元素硫、磷的质量分数都比较高。有时为进一步提高铸铁的力学性能或得到某种特殊性能，还可加入铬、钼、钒、铜、铝等合金元素，或提高硅、锰、磷等元素的质量分数，这种铸铁称为合金铸铁。

虽然它的强度、塑性和韧性比钢差，也不能进行压力加工，但铸铁生产中所需要的生产设备和熔炼工艺简单，价格低廉，具有优良的铸造性能、切削加工性能、耐磨性及减振性等。被广泛地应用于机械制造、交通运输和国防建设等各个部门。在各类机械中，铸铁件约占机器重量的 $40\% \sim 70\%$，在机床和重型机械中，甚至高达 $80\% \sim 90\%$。

1. 按石墨化程度分类

根据碳在铸铁中的存在形式，铸铁可分为三类：

(1) 白口铸铁。碳几乎全部以 Fe_3C 形式存在，断口呈银白色，故称为白口铸铁。此类铸铁组织中存在大量莱氏体，性能是硬而脆，切削加工比较困难。除少数用来制造不需加工的硬度高、耐磨零件外，主要用作炼钢原料。

(2) 灰口铸铁。碳主要以石墨形式存在，断口呈浅灰色或暗灰色，故称灰口铸铁，是工业上应用最多最广的铸铁。

(3) 麻口铸铁。一部分碳以石墨形式存在，另一部分则以 Fe_3C 形式存在，其组织介于白口铸铁和灰口铸铁之间，断口黑白相间构成麻点，所以称为麻口铸铁。该铸铁性能硬而脆、切削加工困难，故工业生产中使用也较少。

2. 按灰口铸铁中石墨形态分类

根据灰口铸铁中石墨存在的形态不同，可将灰口铸铁分为以下四种：

(1) 灰铸铁。铸铁组织中的石墨呈片状。这类铸铁力学性能较差，但生产工艺简单，价格低廉，工业上应用最广。

(2) 可锻铸铁。铸铁中的石墨呈团絮状。其力学性能优于灰铸铁，但生产工艺较复杂，成本高，故只用来制造一些重要的小型铸件。

(3) 球墨铸铁。铸铁组织中的石墨呈球状。此类铸铁生产工艺比可锻铸铁简单，且力学性能较好，工业生产中得到了广泛应用。

（4）蠕墨铸铁。铸铁组织中的石墨呈短小的蠕虫状。其强度和塑性介于灰铸铁和球墨铸铁之间。此外，它的铸造性、耐热疲劳性比球墨铸铁好，可以用来制造大型复杂的铸件，以及在较大温度梯度下工作的铸件。

二、铸铁的石墨化及其影响因素

铸铁中碳以石墨状态析出的过程，称为铸铁的石墨化。

1. 铁碳合金双重相图

碳在铸件中存在的形式有渗碳体（Fe_3C）和游离状态的石墨（G）两种。渗碳体是铁和碳组成的金属化合物，它具有较复杂的晶格结构。石墨的晶体结构是简单六方晶格，如图 7.1 所示。晶体中碳原子为层状排列，同一层上的原子间为共价键结合，原子间距为 1.42 Å，结合力强。层与层之间为分子键结合，而间距为 3.40 Å，结合力较弱，石墨受力时容易沿层面间滑移，故其强度、塑性、韧性都极低，接近于零，硬度仅为 3 HBS。

图 7.1　石墨的晶体结构图

若将渗碳体加热到高温，则可以分解为铁素体（奥氏体）与石墨，即 $Fe_3C \rightarrow F(A) + G$。这表明石墨是稳定相，而渗碳体仅是亚稳定相。成分相同的铁水在冷却时，冷却速度越慢，析出石墨的可能性越大；冷却速度越快，析出渗碳体的可能性越大。因此，描述铁碳合金结晶过程的相图应有两个，即前述的 $Fe\text{-}Fe_3C$ 相图（它说明了亚稳定相 Fe_3C 的析出规律）和 $Fe\text{-}G$ 相图（它说明了稳定相石墨的析出规律）。为便于比较和应用，习惯上把这两个相图合画在一起，称为铁碳合金双重相图，如图 7.2 所示。图中实线表示 $Fe\text{-}Fe_3C$ 相图，虚线表示

图 7.2　铁碳合金双重相图

Fe-G相图,凡虚线与实线重合的线条都用实线表示。

由图可见,虚线均位于实线的上方或下方,与渗碳体相比,石墨在奥氏体和铁素体中的溶解度比较小,且同一成分的铁碳合金,石墨析出的温度比渗碳体析出的温度要高一些。

2. 石墨化过程

(1) 铸铁的石墨化有以下两种方式:

① 按照 Fe-G 相图,从液态和固态中直接析出石墨。在生产中经常出现的石墨飘浮现象,就证明了石墨可从铁液中直接析出。

② 按照 Fe-Fe$_3$C 相图结晶出渗碳体,随后渗碳体在一定条件下分解出石墨。在生产实践中,白口铸铁经高温退火后可获得可锻铸铁,就证实了石墨也可由渗碳体分解得到。

(2) 石墨化过程:现以过共晶合金的铁液为例,当它以极缓慢的速度冷却,并全部按 Fe-G 相图进行结晶时,则铸铁的石墨化过程可分为三个阶段。

第一阶段(液相-共晶阶段):从液体中直接析出石墨,包括过共晶液相沿着液相线 $C'D'$ 冷却时析出的一次石墨 G_I,以及共晶转变时形成的共晶石墨 $G_{共晶}$,其反应式可写成:

$$L \rightarrow L_{C'} + G_I$$
$$L_{C'} \rightarrow A_{E'} + G$$

第二阶段(共晶-共析阶段):过饱和奥氏体沿着 $E'S'$ 线冷却时析出的二次石墨 G_{II},反应式可写成:

$$A_{E'} \rightarrow A_{S'} + G$$

第三阶段(共析阶段):在共析转变阶段,由奥氏体转变为铁素体和共析石墨 $G_{共析}$,其反应式可写成:

$$A_{S'} \rightarrow F_{P'} + G$$

上述成分的铁液若按 Fe-Fe$_3$C 相图进行结晶,然后由渗碳体分解出石墨,则其石墨化过程同样可分为三个阶段:

第一阶段:一次渗碳体和共晶渗碳体在高温下分解而析出石墨;

第二阶段:二次渗碳体分解而析出石墨;

第三阶段:共析渗碳体分解而析出石墨。

石墨化过程是原子扩散的过程,所以石墨化的温度愈低,原子扩散愈难,因而愈不易石墨化。显然,由于石墨化程度的不同,将获得不同基体的铸铁。

3. 影响石墨化的因素

影响铸铁石墨化的主要因素是化学成分和结晶过程中的冷却速度。

(1) 化学成分的影响

① 碳和硅。碳和硅是强烈促进石墨化的元素。在砂型铸造且铸件壁厚一定的条件下,碳、硅的质量分数高低对铸件组织的影响如图 7.3 所示。由图可见,铸铁中碳和硅的质量分数越高,石墨化程度越充分。这是因为随着含碳量的增加,液态铸铁中石墨晶核数目增多,所以促进了石墨化。

② 硫。硫是强烈阻碍石墨化的元素,硫不仅增强铁、碳原子的结合力,而且形成硫化物后,常以共晶体形式分布在晶界上,阻碍碳原子的扩散。

③ 锰。锰是阻碍石墨化的元素。但锰与硫能形成硫化锰,减弱了硫的有害作用,结果又间接地起到了促进石墨化的作用,有利于形成珠光体,提高基体性能,因此,铸铁中含锰量要适当。

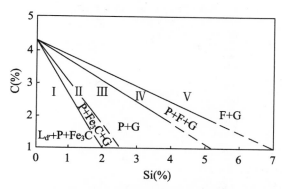

图 7.3 碳、硅含量对铸铁组织的影响(铸件壁厚 50 mm)

④ 磷。磷是微弱促进石墨化的元素,同时它能提高铁液的流动性,但形成的 Fe_3P 常以共晶体形式分布在晶界上,增加铸铁的脆性,使铸铁在冷却过程中易于开裂,所以一般铸铁中磷含量也应严格控制。

（2）冷却速度的影响

生产实践证明,在同一成分的铸铁件中,可以具有不同的铸铁组织,比如铸铁件的表面和薄壁部分,常常容易出现白口组织,而内部和厚壁部分则容易得到灰口组织。冷却速度越慢,原子扩散的时间越充分,也就越有利于石墨化的进行。冷却速度主要决定于浇注温度、铸件壁厚和铸型材料。

根据上述分析可知,要得到所需的铸铁组织,必须根据铸件壁厚来选择适当的铸铁成分,即主要是选择适当的碳的质量分数和硅的质量分数。图 7.4 表示在一般砂型铸造条件下,铸铁成分、冷却速度对铸铁组织的影响。

图 7.4 冷却速度和化学成分对铸铁组织的影响

三、铸铁的组织与石墨化的关系

在实际生产中,由于化学成分、冷却速度以及孕育处理、铁水净化情况的不同,各阶段石墨化过程进行的程度也会有所不同,从而可获得各种不同金属基体的铸态组织。灰铸铁、球墨铸铁、蠕墨铸件、可锻铸铁的铸态组织与石墨化进行程度之间的关系见表 7.1。

表 7.1　铸铁组织与石墨化进行程度之间的关系

铸铁名称	铸铁显微组织	石墨化进行的程度	
		第一阶段的石墨化	第二阶段的石墨化
灰铸铁	F+G 片 F+P+G 片 P+G 片	完全进行	完全进行 部分进行 未进行
球墨铸铁	F+G 球 F+P+G 球 P+G 球	完全进行	完全进行 部分进行 未进行
蠕墨铸铁	F+G 蠕虫 F+P+G 蠕虫	完全进行	完全进行 部分进行
可锻铸铁	F+G 团絮 P+G 团絮	完全进行	完全进行 未进行

第二节　灰铸铁及热处理

一、灰铸铁的成分、组织与性能

1. 灰铸铁的化学成分和组织

灰铸铁的化学成分是：$w_C = 2.7\% \sim 3.6\%$，$w_{Si} = 1.0\% \sim 2.5\%$，$w_{Mn} = 0.5\% \sim 1.3\%$，$w_P \leqslant 0.3\%$，$w_S \leqslant 0.15\%$。在灰铸铁中，碳、硅、锰是调节组织的元素，磷是控制使用的元素，硫是应限制的元素。灰铸铁是第一阶段和第二阶段石墨化过程都能充分进行时形成的铸铁，它的显微组织特征呈片状石墨分布在各种基体组织上。

由于第三阶段石墨化程度的不同，可以获得三种不同基体组织的灰铸铁。

（1）铁素体灰铸铁：其组织为铁素体＋片状石墨（图 7.5(a)）。

（2）珠光体灰铸铁：其组织为珠光体＋片状石墨（图 7.5(b)）。

（3）铁素体＋珠光体灰铸铁：其组织为铁素体＋珠光体＋片状石墨（图 7.5(c)）。

(a) 铁素体灰铸铁　　　　(b) 珠光体灰铸铁　　(c) 铁素体+珠光体灰铸铁

图 7.5　灰铸铁的显微组织

2. 灰铸铁的性能特点

（1）力学性能

灰铸铁的性能主要取决于基体组织的性能和石墨片的数量、尺寸和分布情况。灰铸铁组织相当于以钢为基体加片状石墨，而片状石墨的强度、塑性、韧性几乎为零，可近似地把它看成是一些孔洞和裂纹,它不仅割裂了基体的连续性,缩小了承受载荷的有效截面积,而且在石墨片的尖角处易造成应力集中。故灰铸铁的抗拉强度、塑性、韧性远比同基体的碳钢低。石墨片的数量愈多,尺寸愈大,分布愈不均匀,对基体的割裂作用和应力集中现象愈严重,则铸铁的强度、塑性与韧性就愈低。

由于灰铸铁的抗压强度、硬度与耐磨性主要取决于基体,石墨的存在对其影响不大,所以灰铸铁的抗压强度一般是其抗拉强度的 3~4 倍。同时,珠光体基体比其他两种基体的灰铸铁具有更高的强度、硬度与耐磨性。

(2)其他性能

石墨虽然会降低铸铁的抗拉强度、塑性和韧性,但也正是由于石墨的存在,才使铸铁具有一系列其他优良性能。

① 铸造性能良好。由于灰铸铁的碳当量接近共晶成分,所以与钢相比,不仅熔点低,流动性好,而且铸铁在凝固过程中要析出比容较大的石墨,部分地补偿了液态收缩,从而降低了灰铸铁的收缩率,所以灰铸铁具有良好的铸造性能。

② 减摩性好。灰铸铁中石墨本身具有润滑作用,而且当它从铸铁表面掉落后,所遗留下的孔隙具有吸附和储存润滑油的能力,使摩擦面上的油膜易于保持而具有良好的减摩性。

③ 减振性强。石墨比较松软,能阻止振动的传播,起缓冲作用,并把振动能量转变为热能。

④ 切削加工性良好。由于石墨割裂了基体的连续性,使铸铁切削时容易断屑和排屑,且石墨对刀具具有一定润滑作用,故可减少刀具磨损。

⑤ 缺口敏感性小。钢常因表面有缺口(如油孔、键槽、刀痕等)造成应力集中,使力学性能显著降低,导致钢的缺口敏感性大。灰铸铁中石墨本身已使金属基体形成了大量缺口,致使外加缺口的作用相对减弱,所以灰铸铁具有较小的缺口敏感性。

由于灰铸铁具有上述一系列的优良性能,而且价廉,易于获得,故在目前工业生产中,它仍然是应用最广泛的金属材料之一。

二、灰铸铁的孕育处理

为了提高灰铸铁的力学性能,生产上常进行孕育处理。孕育处理就是在浇注前往铁水中加入少量孕育剂,改变铁液的结晶条件,从而细化石墨片和基体组织的工艺过程。经孕育处理后的铸铁称为孕育铸铁。常用的孕育剂为硅铁或锰铁。因孕育剂增加了石墨结晶的核心,经过孕育处理的铸铁石墨细小、均匀,强度、硬度较普通灰铸铁高。

三、灰铸铁的牌号和应用

灰铸铁的牌号用 HT 和三位数字来表示,其中的 HT 为"灰铁"两字汉语拼音字首,三位数字则表示最低抗拉强度值。例如,HT200,表示抗拉强度值大于 200 MPa 的灰铸铁。常用的灰铸铁牌号、力学性能及用途见表 7.2。

由表 7.2 可见,灰铸铁的强度与铸件壁厚大小有关,在同一牌号中,随着铸件壁厚的增加,其抗拉强度与硬度要降低。因此,根据零件的性能要求去选择铸铁牌号时,必须注意铸件壁厚的影响,如果铸件的壁厚过大或过小,且超出表中所列的尺寸时,要根据具体情况,适当提高或降低灰铸铁强度级别。

表 7.2　灰铸铁的牌号、力学性能及用途

牌　号	铸铁类别	铸件壁厚 (mm)	最小抗拉强度 σ_b(MPa)	适 用 范 围 及 举 例
HT100	铁素体灰铸铁	2.5~10	130	低载荷和不重要的零件,例如盖、外罩、手轮、支架、锤等
		10~20	100	
		20~30	90	
		30~50	80	
HT150	珠光体＋铁素体灰铸铁	2.5~10	175	承受中等应力(抗弯应力小于 100 MPa)的零件,例如支柱、底座、齿轮箱、工作台、刀架、端盖、阀体、管路附件及一般无工作条件要求的零件等
		10~20	145	
		20~30	130	
		30~50	120	
HT200	珠光体灰铸铁	2.5~10	220	承受较大应力(抗弯应力小于 300 MPa)和较重要的零件,例如汽缸体、齿轮、机座、飞轮、床身、缸套、活塞、刹车轮、联轴器、齿轮箱、轴承座、液压缸等
		10~20	195	
		20~30	170	
		30~50	160	
HT250		4.0~10	270	
		10~20	240	
		20~30	220	
		30~50	200	
HT300	孕育铸铁	10~20	290	承受高弯曲应力(小于 500 MPa)及抗拉应力的重要零件,例如齿轮、凸轮、车床卡盘、剪床和压力机的机身、床身、高压液压缸、滑阀壳体等
		20~30	250	
		30~50	230	
HT350		10~20	340	
		20~30	290	
		30~50	260	

资料来源:摘自 GB 9439—88。

四、灰铸铁的热处理

由于热处理只能改变铸铁的基体组织,并不能改变石墨的数量、形状、大小和分布,因此,通过热处理来提高灰铸铁力学性能效果不大,生产中灰铸铁的热处理主要用于消除铸件的内应力和改善切削加工性等。

1. 消除内应力退火

铸件在铸造冷却过程中容易产生内应力,可能导致铸件变形和裂纹,为保证尺寸的稳定,防止变形开裂,对一些大型复杂的铸件,例如机床床身、柴油机汽缸体等,往往需要进行消除内应力的退火处理(又称人工时效)。工艺规范一般为:将铸铁加热到 500~550 ℃,其加热速度一般在 60~120 ℃/h,经一定时间保温后,炉冷到 150~220 ℃出炉空冷。

2. 改善切削加工性退火

灰口铸铁的表层及一些薄的截面处,由于冷速较快,可能产生白口,硬度增加,切削加工困难,故需要进行退火降低硬度,其工艺规程依铸件壁厚而定。厚壁铸件加热至 850~950 ℃,保温 2~3 h;薄壁铸件加热到 800~850 ℃,保温 2~5 h。冷却方法根据性能要求而定,如果主要是为了改善切削加工性,可采用炉冷或以 30~50 ℃/h 速度缓慢冷却。若需要提高铸件的耐磨性,采用空冷,可得到珠光体为主要基体的灰铸铁。

3. 表面淬火

表面淬火的目的是提高灰铸铁件的表面硬度和耐磨性。其方法除感应加热表面淬火外,铸铁还可以采用接触电阻加热表面淬火。图7.6为机床导轨进行接触电阻加热表面淬火的示意图。其原理是用一个电极(紫铜滚轮)与要淬硬的工作表面紧密接触,通以低压(2~5 V)大电流(400~750 A)的交流电,利用电极与工作接触处的电阻热将工件表面迅速加热到淬火温度,操作时将电极以一定的速度移动,于是被加热的表面依靠工件本身的导热而迅速冷却下来,从而达到表面淬火的目的。

图7.6 接触电阻加热表面淬火示意图

接触电阻加热表面淬火层的深度可达 0.20~0.30 mm,组织为极细的马氏体(或隐针马氏体)+ 片状石墨。这种表面淬火方法设备简单,操作方便,并且工件变形很小。为保证工件淬火后获得高而均匀的表面硬度,铸铁原始组织应是珠光体基体上分布细小均匀的石墨。

第三节 球 墨 铸 铁

一、球墨铸铁的生产方法

球墨铸铁是20世纪40年代末发展起来的一种新型铸铁材料,它的石墨全部或大部分呈球状,对基体的割裂作用小,基体的应力集中倾向也很小。因此,球墨铸铁具有很高的强度,良好的塑性和韧性,而且铸造性能也很好,成本低廉,生产方便,在工业生产中被广泛应用。

球墨铸铁一般生产过程如下:

(1) 制取铁水。制造球墨铸铁所用的铁水碳含量要高(3.6%~4.0%),但硫、磷含量要低。为防止浇注温度过低,出炉的铁水温度必须高达 1 400 ℃以上。

(2) 球化处理和孕育处理。浇注前,向铁液中加入球化剂和孕育剂进行球化处理和孕育处理。球化剂的作用是使石墨呈球状析出,国外使用的球化剂主要是金属镁,我国目前广泛采用的球化剂是稀土镁合金。稀土镁合金中的镁和稀土都是球化元素,其含量均小于

10%，其余为硅和铁。以稀土镁合金作球化剂，结合了我国的资源特点，其作用平稳，减少了镁的用量，还能改善球墨铸铁的质量。球化剂的加入量一般为铁水重量的 1.0%～1.6%（视铸铁的化学成分和铸件大小而定）。

孕育剂的主要作用是促进石墨化，防止球化元素所造成的白口倾向。常用的孕育剂为硅含量 75% 的硅铁，加入量为铁水重量的 0.4%～1.0%。

二、球墨铸铁的成分、组织与性能特点

1. 球墨铸铁的成分

球墨铸铁的化学成分为：$w_C = 3.6\%\sim4.0\%$，$w_{Si} = 2.0\%\sim3.2\%$，$w_{Mn} = 0.6\%\sim0.9\%$；$w_s < 0.07\%$，$w_P < 0.1\%$。与灰铸铁相比，其特点是含碳与含硅量高，含锰量较低，含硫与含磷量低，并含有一定量的稀土与镁；锰有去硫、脱氧的作用，并可稳定和细化珠光体。故要求珠光体基体时，$w_{Mn} = 0.6\%\sim0.9\%$；要求铁素体基体时，$w_{Mn} < 0.6\%$；硫、磷是有害元素，其含量愈低愈好。

2. 球墨铸铁的组织

根据基体组织的不同，球墨铸铁有三种：铁素体球墨铸铁、铁素体＋珠光体球墨铸铁、珠光体球墨铸铁，如图 7.7 所示。

(a) 铁素体球墨铸铁　(b) 铁素体+珠光体球墨铸铁　(c) 珠光体球墨铸铁

图 7.7　球墨铸铁的显微组织

3. 球墨铸铁的性能特点

由于球墨铸铁中的石墨呈球状，对基体的割裂作用和造成应力集中的倾向比片状石墨小，因此，球墨铸铁的基体强度利用率可高达 70%～90%，而灰铸铁的基体强度利用率仅为 30%～50%。故球墨铸铁的抗拉强度、塑性、韧性不仅高于其他铸铁，而且可与相应组织的铸钢相媲美，例如疲劳极限接近一般中碳钢；而冲击疲劳抗力则高于中碳钢；特别是球墨铸铁的屈强比几乎比钢提高一倍，一般钢的屈强比为 0.35～0.50，而球墨铸铁的屈强比达 0.7～0.8。对于承受静载荷的零件，用球墨铸铁代替铸钢，就可以减轻机器重量。但球墨铸铁的塑性与韧性却低于钢。

球墨铸铁中的石墨球愈小、愈分散，球墨铸铁的强度、塑性与韧性愈好，反之则差。球墨铸铁的力学性能还与其基体组织有关。铁素体基体球墨铸铁具有高的塑性和韧性，但是强度与硬度较低，耐磨性较差。珠光体基体球墨铸铁强度较高，耐磨性较好，但塑性、韧性较低。铁素体＋珠光体基体球墨铸铁的性能介于前两种基体的球墨铸铁之间。经热处理后，具有回火马氏体基体的球墨铸铁硬度最高，但韧性很低。

三、球墨铸铁的牌号与应用

我国球墨铸铁牌号的表示方法是用"QT"代号及其后面的两组数字组成。"QT"为球铁二字的汉语拼音首字母,第一组数字代表最低抗拉强度值,第二组数字代表最低伸长率值。球墨铸铁的牌号、组织、性能和用途举例见表7.3。

表7.3 球墨铸铁的牌号、组织、性能和用途

牌 号	基体组织	力学性能				用 途 举 例
		σ_b (MPa)	$\sigma_{0.2}$ (MPa)	δ (%)	硬度 (HBW)	
		不小于				
QT400—18	铁素体	400	250	18	130~180	承受冲击、振动的零件,如汽车、拖拉机的轮毂、驱动桥壳、差速器壳、拨叉,农机具零件中的压阀门、上下水及气管道,压缩机高低压气缸,电动机机壳、齿轮箱
QT400—15		400	250	15	130~180	
QT450—10		450	310	10	160~210	
QT500—7	铁素体 + 珠光体	500	320	7	170~230	机器座架、传动轴、飞轮、内燃机的机油泵齿轮、铁路机车车辆轴瓦
QT600—3	铁素体 + 珠光体	600	370	3	190~270	载荷大、受力复杂的零件,如汽车、拖拉机的曲轴、连杆、凸轮轴、汽缸套,部分磨床、铣床、车床的主轴,机床蜗杆、涡轮,轧钢机轧辊、大齿轮,小型水轮机主轴、汽缸体、桥式起重机大小滚轮
QT700—2	珠光体	700	420	2	225~305	
QT800—2	珠光体或回火组织	800	480	2	245~335	
QT900—2	贝氏体或回火马氏体	900	600	2	280~360	高强度齿轮,如汽车后桥螺旋锥齿轮,大减速器齿轮,内燃机曲轴、凸轮轴

资料来源:摘自 GB/T 1348—1988。

由表可见,球墨铸铁通过热处理可获得不同的基体组织,其性能可在较大范围内变化,再加上球墨铸铁的生产周期短、成本低(接近于灰铸铁),因此,球墨铸铁在机械制造业中得到了广泛的应用。它成功地代替碳钢、合金钢,用来制造一些受力复杂,强度、韧性和耐磨性要求较高的零件。如拖拉机或柴油机中的曲轴、连杆、凸轮轴,各种齿轮、机床的主轴、轧钢机的轧辊、大齿轮及大型水压机的工作缸、缸套、活塞等。

四、球墨铸铁的热处理

球墨铸铁的热处理原理与钢大致相同,但是由于球墨铸铁中含有较多的碳、硅等元素,而且组织中有石墨球存在,因此其热处理工艺与钢相比,具有以下特点:

(1)共析转变温度高,因此奥氏体化的加热温度较碳钢高。

(2)球墨铸铁的奥氏体等温转变图右移并形成两个鼻尖,淬透性比碳钢好,因而,中小铸件可用油作淬火介质,并容易实现等温淬火工艺,获得下贝氏体基体。

(3)可采用控制淬火加热温度和保温时间的方法来调整奥氏体中碳的质量分数。

球墨铸铁常用的热处理方法有退火、正火、等温淬火、调质处理等。

1.退火

(1)去应力退火。球墨铸铁的弹性模量以及凝固时收缩率比灰铸铁高,故铸造内应力比灰铸铁约大两倍。对于不再进行其他热处理的球墨铸铁铸件,都应进行去应力退火。去应力退火工艺是将铸件缓慢加热至 500~620 ℃ 左右,保温 2~8 h,然后随炉缓冷。

(2) 石墨化退火。石墨化退火的目的是消除白口,降低硬度,改善切削加工性以及获得铁素体球墨铸铁。根据铸态基体组织不同,分为高温石墨化退火和低温石墨化退火两种。

① 高温石墨化退火。由于球墨铸铁白口倾向较大,因而铸态组织往往会出现自由渗碳体,为获得铁素体球墨铸铁,需要进行高温石墨化退火。

高温石墨化退火工艺是将铸件加热到 900~950 ℃,保温 2~4 h,使自由渗碳体石墨化,然后随炉缓冷至 600 ℃,使铸件发生第二和第三阶段石墨化,再出炉空冷。其工艺曲线和组织变化如图 7.8 所示。

图 7.8　球墨铸铁高温石墨化退火工艺曲线

② 低温石墨化退火。当铸态基体组织为珠光体 + 铁素体而无自由渗碳体存在时,为了获得塑性、韧性较高的铁素体球墨铸铁,可进行低温石墨化退火。

低温退火工艺是把铸件加热至共析温度范围附近,即 720~760 ℃,保温 2~8 h,使铸件发生第二阶段石墨化,然后随炉缓冷到 600 ℃,再出炉空冷。其退火工艺曲线和组织变化如图 7.9 所示。

图 7.9　球墨铸铁低温石墨化退火工艺曲线

2. 正火

球墨铸铁正火的目的是为了获得珠光体组织,并使晶粒细化、组织均匀,从而提高零件的强度、硬度和耐磨性,并可作为表面淬火的预先热处理。正火可分为高温正火和低温正火两种。

(1) 高温正火。高温正火工艺是把铸件加热至共析温度范围以上,一般为 900~950 ℃,保温 1~3 h,使其基体组织全部奥氏体化,然后出炉空冷,使其在共析温度范围内,由于快冷而获得珠光体基体。对含硅量高的厚壁铸件,则应采用风冷,或者喷雾冷却,以保正火后能获得珠光体球墨铸铁。其工艺曲线如图 7.10 所示。

(2) 低温正火。低温正火工艺是把铸件加热至共析温度范围内,即 820~860 ℃,保温 1

～4 h，使基体组织部分奥氏体化，然后出炉空冷，其工艺曲线如图 7.11 所示。低温正火后获得珠光体＋分散铁素体球墨铸铁，可以提高铸件的韧性与塑性。

图 7.10　球墨铸铁高温正火工艺曲线

图 7.11　球墨铸铁低温正火工艺曲线

由于球墨铸铁导热性比较差，弹性模量又较大，正火后铸件内有较大的内应力，因此多数工厂在正火后，还进行一次去应力退火（常称回火），即加热到 550～600 ℃，保温 3～4 h，然后出炉空冷。

3. 等温淬火

当铸件形状复杂、又需要高的强度和较好的塑性与韧性时，正火已很难满足技术要求，而往往采用等温淬火。

球墨铸铁等温淬火工艺是把铸件加热至 860～920 ℃，保温一定时间（约是钢的一倍），然后迅速放入温度为 250～350 ℃的等温盐浴中进行 0.5～1.5 h 的等温处理，然后取出空冷。等温淬火后的组织为下贝氏体＋少量残余奥氏体＋少量马氏体＋球状石墨。通常用来处理一些要求高的综合力学性能、良好的耐磨性且外形又较复杂、热处理易变形或开裂的零件，如齿轮、滚动轴承套圈、凸轮轴等。

4. 调质处理

调质处理的淬火加热温度和保温时间，基本上与等温淬火相同，即加热温度为 860～920 ℃。除形状简单的铸件采用水冷外，一般都采用油冷。淬火后组织为细片状马氏体和球状石墨。然后再加热到 550～600 ℃回火 2～6 h。球墨铸铁调质处理工艺曲线如图 7.12 所示。

图 7.12　球墨铸铁调质处理工艺曲线

球墨铸铁经调质处理后，获得回火索氏体和球状石墨组织，硬度为 250～380 HBS，具有良好的综合力学性能，所以常用调质处理来处理柴油机曲轴、连杆等重要零件。

一般也可在球墨铸铁淬火后，采用中温或低温回火处理，获得回火马氏体或回火托氏体基体组织，具有高的硬度、耐磨性或良好的强度、韧性，用来制作轴承内外套圈、铣床主轴等零件。

　　球墨铸铁除能进行上述各种热处理外，为提高球墨铸铁零件表面的硬度、耐磨性、耐蚀性及疲劳极限，还可以进行表面热处理，如表面淬火、渗氮等。

第四节　可锻铸铁与蠕墨铸铁

一、可锻铸铁

1. 可锻铸铁的生产方法

可锻铸铁的生产分为两个步骤：

　　第一步，浇注出白口铸件坯件。为了获得白口铸件，必须采用碳和硅含量均较低的铁水。为了后面缩短退火周期，也需要进行孕育处理。常用孕育剂为硼、铝和铋。

　　第二步，石墨化退火。其工艺是将白口铸件加热至 $900\sim980\,^{\circ}\text{C}$，保温约 15 h 左右，使其组织中的渗碳体发生分解，得到奥氏体和团絮状的石墨组织。在随后缓冷过程中，从奥氏体中析出二次石墨，并沿着团絮状石墨的表面长大；当冷却至 $750\sim720\,^{\circ}\text{C}$ 共析温度时，奥氏体发生转变生成铁素体和石墨。其退火工艺曲线如图 7.13 中曲线 1 所示，如在共析转变过程中冷却速度较快，如图 7.13 中的曲线 2 所示，最终将得到珠光体可锻铸铁。

1—铁素体可锻铸铁退火工艺　2—珠光体可锻铸铁退火工艺图
图 7.13　可锻铸铁的可锻化退火工艺曲线

　　由于球墨铸铁的迅速发展，加之可锻铸铁退火时间长、工艺复杂、成本高，不少可锻铸铁零件已被球墨铸铁所代替。

2. 可锻铸铁的成分、组织与性能特点

（1）可锻铸铁的成分

　　由于生产可锻铸铁的先决条件是先浇注出白口铸铁，所以促进石墨化的碳硅元素含量不能太高，以促使铸铁完全白口化；但碳、硅含量也不能太低，否则使石墨化退火困难，退火周期增长。可锻铸铁的大致化学成分为：$w_C=2.2\%\sim2.8\%$，$w_{Si}=1.0\%\sim1.8\%$，$w_{Mn}=0.4\%\sim1.2\%$，$w_p<0.2\%$，$w_s<0.18\%$。

（2）可锻铸铁的组织

　　常用可锻铸铁的组织有两种，一种是铁素体基体＋团絮状石墨，其显微组织如图 7.14（a）所示，称为铁素体基体可锻铸铁。其断口呈黑灰色，俗称黑心可锻铸铁。另一种为珠光

体＋团絮状石墨,其显微组织如图 7.14(b)所示,称为珠光体基体可锻铸铁。

(a) 铁素体可锻铸铁　　　　　　(b) 珠光体可锻铸铁

图 7.14　可锻铸铁的显微组织

（3）可锻铸铁的性能特点

可锻铸铁的力学性能优于灰铸铁,并接近于同类基体的球墨铸铁,但与球墨铸铁相比,具有铁水处理简易、质量稳定、废品率低等优点。因此生产中,通常用可锻铸铁制作一些截面较薄而形状较复杂、工作时受震动而强度、韧性要求较高的零件,因为这些零件如用灰铸铁制造,则不能满足力学性能要求,如用球墨铸铁铸造,易形成白口,如用铸钢制造,则因铸造性能较差,质量不易保证。

3. 可锻铸铁的牌号与应用

可锻铸铁的牌号、力学性能及用途见表 7.4。牌号中"KT"是"可铁"两字汉语拼音的首字母,"H"表示黑心可锻铸铁,"Z"表示珠光体可锻铸铁。符号后面的两组数字分别表示其最低抗拉强度值（MPa）和伸长率值（%）。

表 7.4　可锻铸铁的牌号和力学性能

分类	牌　号	试样直径 (mm)	σ_b (MPa)	σ_s (MPa)	δ (%)	硬度 (HBW)	使用举例
			不小于				
铁素体可锻铸铁	KTH300—06	12 或 15	300	186	6	120～150	管道、弯头、接头、三通、中压阀门等
	KTH330—08	12 或 15	330	－	8	120～150	各种扳手、犁刀、犁挂;粗纺机和印花机盘头等
	KTH350—10	12 或 15	350	200	10	120～150	汽车、拖拉机中的前后轮壳、差速器壳、制动器支架;农机中的犁刀、犁挂以及铁道扣板、船用电机壳等
	KTH370—12	12 或 15	370	226	12	120～150	
珠光体可锻铸铁	KTZ450—06	12 或 15	450	270	6	150～200	曲轴、凸轮轴、联杆、齿轮、摇臂、活塞环、轴套、犁刀、耙片、万向接头、棘轮、扳手、传动链条、矿车轮
	KTZ550—04	12 或 15	550	340	4	180～250	
	KTZ650—02	12 或 15	650	430	2	210～260	
	KTZ700—02	12 或 15	700	530	2	240～290	

资料来源:摘自 GB/T 9400—88。

可锻铸铁常用来制造形状复杂、承受冲击和震动载荷、并且壁厚＜25 mm 的铸件,拖拉机的后桥外壳、机床扳手、低压阀门、管接头、农具等承受冲击、震动和扭转载荷的零件,这些零件用铸钢生产时,因而铸造性不好,工艺上困难较大;而用灰铸铁时,又存在性能不满足要求的问题。与球墨铸铁相比,可锻铸铁具有成本低、质量稳定、铁水处理简单、容易组织流水生产等优点。尤其对于薄壁件,如果采用球墨铸铁易生成白口,需要进行高温退火,采用可锻铸铁更为实用。

二、蠕墨铸铁

蠕墨铸铁是近年来发展起来的一种新型工程材料。它是在一定成分的铁水中加入适量的蠕化剂和孕育剂促使石墨呈蠕虫状析出,其方法和程序与球墨铸铁基本相同。蠕化剂目前主要采用镁钛合金、稀土镁钛合金或稀土镁钙合金等。

1．蠕墨铸铁的化学成分和组织特征

蠕墨铸铁的化学成分一般为:$w_C = 3.4\% \sim 3.9\%$,$w_{Si} = 2.2\% \sim 2.8\%$,$w_{Mn} = 0.4\% \sim 0.8\%$,$w_P < 0.1\%$,$w_S < 0.1\%$。蠕墨铸铁中的石墨呈蠕虫状,其对机体的割裂作用和造成应力集中倾向介于片状和球状石墨之间的中间形态,在光学显微镜下为互不相连的短片,与灰铸铁的片状石墨类似,不同的是,其石墨片的长厚比较小,端部比较钝,如图 7.15 所示。

图 7.15　蠕墨铸铁石墨的显微组织(200x)

2．蠕墨铸铁的牌号、性能特点及用途

蠕墨铸铁的牌号、力学性能及用途见表 7.5。牌号中"RuT"表示"蠕铁"二字中"蠕"的汉语全拼及"铁"的汉语拼音首字母,在"RuT"后面的数字表示最低抗拉强度。如:RuT300 表示最低抗拉强度为 300 MPa 的蠕墨铸铁。

表 7.5　蠕墨铸铁的牌号、性能及用途

组　织	牌号	力 学 性 能			用　　途
		抗拉强度 σ_b(MPa)	延伸率 δ(%)	硬度 (HBW)	
珠光体＋石墨	RuT420	420	0.75	200～280	活塞环、制动盘、钢球研盘
	RuT380	380	0.75	193～274	
铁素体＋珠光体＋石墨	RuT340	340	1.0	170～249	重型机床件,大型齿轮箱体、盖、座,飞轮起重机卷筒
	RuT300	300	1.5	140～217	
铁素体＋石墨	RuT260	260	3.0	121～274	增压器废气缸体,汽车底盘零件

资料来源:摘自 GB 4403—87。

由于蠕墨铸铁的组织是介于灰铸铁与球墨铸铁之间的中间状态,故蠕墨铸铁的性能也介于两者之间,即强度和韧性高于灰铸铁,但不如球墨铸铁。蠕墨铸铁的耐磨性较好,它适用于制造重型机床床身、机座、活塞环、液压件等。蠕墨铸铁的导热性比球墨铸铁要高得多,几乎接近于灰铸铁,它的高温强度、热疲劳性能大大优于灰铸铁,适合应用于制造承受交变热负荷的零件,例如钢锭模、结晶器、排气管和汽缸盖等。蠕墨铸铁的减振能力优于球墨铸铁,铸造性能接近于灰铸铁,铸造工艺简便,成品率高。

第五节 合 金 铸 铁

为改善铸铁的性能,在普通铸铁成分的基础上加入一部分合金元素的铸铁称为特殊性能铸铁或合金铸铁。根据其性能的不同,大致可分为:耐磨铸铁、耐热铸铁及耐蚀铸铁等。

一、耐磨铸铁

耐磨铸铁根据组织可分为下面几类:

1. 耐磨灰铸铁

在灰铸铁中加入少量合金元素(如磷、钒、钼、锑、稀土元素等),可增加金属基体中珠光体数量,且使珠光体细化,同时也细化了石墨。使铸铁的强度和硬度升高,显微组织得到改善,这种灰铸铁具有良好的润滑性和抗咬合抗擦伤的能力(如磷铜钛铸铁、磷钒钛铸铁、铬钼铜铸铁、稀土磷铸铁、锑铸铁等)。耐磨灰铸铁广泛应用于制造机床导轨、汽缸套、活塞环、凸轮轴等零件。

2. 抗磨铸铁

不易磨损的铸铁称为抗磨铸铁。通常通过急冷或向铸铁中加入铬、钨、钼、铜、锰、磷等元素,在铸铁中形成一定数量的硬化相来提高其耐磨性。抗磨铸铁按其工作条件大致可分为两类:减磨铸铁和抗磨白口铁。

减磨铸铁是在润滑条件下工作的,例如机床导轨、汽缸套、活塞环和轴承等。材料的组织特征应该是软基体上分布着硬的相。珠光体灰铸铁基本上符合要求,其珠光体基体中的铁素体为软基体,渗碳体为硬相组织,石墨本身是良好的润滑剂,并且由于石墨组织的"松散"特点,可以储存润滑油,从而达到润滑摩擦表面的效果。

抗磨白口铸铁是在无润滑、干摩擦条件下工作的。白口组织具有高硬度和高耐磨性的特点。加入铬、钼、钒等合金元素,可以促使白口化。含铬大于 12% 的高铬白口铸铁,经过热处理后,基体为高强度的马氏体,另外还有高硬度的碳化物,故具有很好的抗磨料磨损性能。抗磨白口铸铁牌号用汉语拼音字母"KmTB"表示,后面为合金元素及其含量。GB 8263—87 中规定了 KmTBMn5W3、KmTBW5Cr4、KmTBCr9Ni5Si2、KmTBCr2Mo1Cu1、KmTB-Cr26 等 10 个牌号。抗磨白口铸铁广泛应用于制造犁铧、泵体,各种磨煤机、矿石破碎机、水泥磨机、抛丸机的衬板。

3. 中锰抗磨球墨铸铁

中锰抗磨球墨铸铁是一种含锰为 4.5%～9.5% 的抗磨合金铸铁。当含锰量在 5%～7% 时,基体部分主要为马氏体。当含锰量增加到 7%～9% 时,基体部分主要为奥氏体。另外,组织中还存在有复合型的碳化物,如 $(Fe, Mn)_3C$。马氏体和碳化物具有高的硬度,也是一种良好的抗磨组织。奥氏体具有加工硬化现象,使铸件表面硬度升高,提高耐磨性,而其心部仍具有一定韧性,所以中锰抗磨球铁具有较高力学性能,良好的抗冲击性和抗磨性。中锰抗磨球墨铸铁可以用于制造磨球、煤粉机锤头、耙片、机引犁铧、拖拉机履带板等。

二、耐热铸铁

能够在高温下使用,其抗氧化或抗生长性能符合使用要求的铸铁称为耐热铸铁。铸铁在反复加热冷却时产生体积长大的现象称为铸铁的生长。在高温下铸铁产生的体积膨胀是不可逆的,这是由于铸铁内部发生氧化现象和石墨化现象引起的。因此,铸铁在高温下损坏的形式主要是在反复加热、冷却中,发生相变和氧化,从而引起铸铁生长产生微裂纹。提高铸铁的耐热性可以通过以下几方面的措施:

(1) 合金化。在铸铁中加入硅、铝、铬等合金元素进行合金化,可使铸铁表面形成一层致密的、稳定性高的氧化膜,如 SiO_2、Al_2O_3、Cr_2O_3 阻止氧化气氛渗入铸铁内部产生内部氧化,从而抑制铸铁的生长。

(2) 球化处理或变质处理。经过球化处理或变质处理,使石墨转变成球状和蠕虫状,提高铸铁金属基体的连续性,减少氧化气氛渗入铸铁内部的可能性,从而有利于防止铸铁内部氧化和生长。

(3) 加入合金元素。使基体为单一的铁素体或奥氏体,这样使其在工作范围内不发生相变,从而减少因相变而引起的铸铁生长和微裂纹。

通常使用的耐热铸铁有:中硅耐热铸铁(RTSi5.5)、中硅球墨铸铁(RQTSi5.5)、高铝耐热铸铁(RTAl22)、高铝球墨铸铁(RQTAl22)、低铬耐热铸铁(RTCr1.5)和高铬耐热铸铁(RTCr28)等。

常用耐热铸铁的化学成分、使用温度及用途见表 7.6。

表 7.6　几种耐热铸铁的化学成分、使用温度及用途

铸铁名称	化学成分（%）						使用温度（℃）	应用举例
	w_C	w_{Si}	w_{Mn}	w_P	w_S	其他		
中硅耐热铸铁	2.2~3.0	5.0~6.0	<1.0	<0.2	<0.12	w_{Cr} 0.5~0.9	≤850	烟道挡板,换热器
中硅球墨铸铁	2.4~3.0	5.0~6.0	<0.7	<0.1	<0.03	w_{Mg} 0.4~0.07 w_{RE} 0.015~0.035	900~950	加热炉底板、化铝电阻炉、坩埚
高铝球墨铸铁	1.7~2.2	1.0~2.0	0.4~0.8	<0.2	<0.01	w_{Al} 21~24	1 000~1 100	加热炉底板、渗碳罐、炉子传送链构件
铝硅球墨铸铁	2.4~2.9	4.4~5.4	<0.5	<0.1	<0.02	w_{Al} 4.0~5.0	950~1 050	
高铬耐热铸铁	1.5~2.2	1.3~1.7	0.5~0.8	≤0.1	≤0.1	w_{Cr}32~36	110~1 200	加热炉底板、炉子传送链构件

三、耐蚀铸铁

能够耐化学腐蚀、电化学腐蚀的铸铁称为耐蚀铸铁。耐蚀铸铁的化学和电化学腐蚀原理以及提高耐蚀性的途径基本上与不锈耐酸钢相同。即铸件表面形成牢固的、致密而又完整的保护膜,阻止腐蚀继续进行,提高铸铁基体的电极电位。铸铁组织最好在单相组织的基体上分布着彼此孤立的球状石墨,并控制石墨量。它广泛地应用于化工部门,用来制造管道、阀门、泵类、反应锅及盛贮器等。

目前生产实践中,主要通过加入硅、铝、铬、镍、铜等合金元素,这些合金元素能使铸铁表面生成一层致密稳定的氧化物保护膜,从而提高耐蚀铸铁的耐腐蚀能力。耐蚀铸铁用"蚀铁"两字汉语拼音的首字母"ST"表示,后面为合金元素及其含量。GB 8491—87 中规定的耐蚀铸铁牌号较多,其中应用最为广泛的是高硅耐蚀铸铁(STSi15),它的含碳量 $w_C <$ 1.4%,含硅量 $w_{Si} = 10\% \sim 18\%$,组织为含硅合金铁素体 + 石墨 + Fe_3Si(或 $FeSi$)。这种铸铁在含氧酸类(如硝酸、硫酸)中的耐蚀性不亚于 1Cr18Ni9 钢,而在碱性介质和盐酸、氢氟酸中,由于铸铁表面的 Fe_2SO_4 保护膜受到破坏,使耐蚀性下降。使用的耐蚀铸铁还有高硅钼铸铁(STSi15Mo4)、铝铸铁(STA15)、铬铸铁(STCr28)、抗碱球铁(STQNiCrR)等。

课后习题

一、判断题

1. 从组织来看,可以把灰铸铁看成是以碳素钢为基体,增加了片状石墨。( )

2. 铸铁组织与力学性能一般是由含碳量的高低来决定。( )

3. 灰铸铁的性能,主要取决于基体组织的性能与石墨的数量、形状、大小和分布情况。( )

4. 灰铸铁形成的基体组织类型和片状石墨的数量,主要取决于石墨化进行的程度。( )

5. 灰铸铁零件要求的组织与性能,一般都是通过控制其化学成分和浇注后的冷却速度来实现。( )

6. 因灰铸铁具有与碳钢相同的基体组织,所以碳钢采用的热处理,一般都能适用于灰铸铁来改善和提高其机械性能。( )

二、选择题

1. 同基体的球墨铸铁比灰铸铁的强度、塑性和韧性都要高,是由于球状石墨较片状石墨( )。

    A. 削弱基体作用小　　　　　　　　B. 造成应力集中的作用小

    C. 自身机械性能小　　　　　　　　D. 能提高基体组织的机械性

2. 基体组织与碳素钢相同的球墨铸铁,其力学性能( )。

    A. 强度与碳素钢相近　　　　　　　B. 塑性,韧性低于碳素钢

    C. 屈强比高于碳素钢　　　　　　　D. 塑性,韧性与碳素钢相近

3. 普通车床床身一般采用( )作为毛坯件。

    A. 锻件　　　　　　B. 铸件　　　　　　C. 焊接件　　　　　　D. 型材

4. 灰铸铁中,石墨的形态是( )。

    A. 片状　　　　　　B. 球状　　　　　　C. 团絮状　　　　　　D. 蠕虫状

三、问答题

1. 为什么把石墨在铸铁中的存在可以看成基体组织上的孔洞和裂纹?说明由于石墨的存在,使铸铁具有了哪些优良特性。

2. 铸铁中,为什么含碳量含硅量越高,铸铁的抗拉性强度和硬度越低?

四、应用题

1. 铸铁零件生产中,具有三低(碳、硅、锰含量低)—高(硫含量高)成分的铁水易形成白口,同一铸件表层或薄壁处易形成白口,为什么?

2. 有一孕育铸铁件,因抗拉强度不足在使用中提前发生破坏。经金相分析其显微组织为铁素体基体+细小片状石墨,试从组织和成分方面说明抗拉强度不足的原因。

第八章　非铁合金与粉末冶金材料

金属材料通常可以分为铁基金属和非铁金属(俗称黑色金属和有色金属)两大类。铁基金属主要是指钢和铸铁(黑色金属),除此以外的其他金属,如铝、铜、锌、镁、铅、钛、锡等及其合金统称为非铁金属(有色金属)。

与黑色金属相比,有色金属及其合金具有许多特殊的力学、物理和化学性能,是现代工业中不可缺少的材料,在空间技术、原子能、计算机等新型工业部门中,有色金属材料应用很广泛。如铝、镁、钛等金属及其合金,具有比密度小、比强度高的特点,在航空航天工业、汽车制造、船舶制造等方面应用十分广泛;银、铜、铝等金属及其合金,导电性能和导热性能优良,是电器工业和仪表工业不可缺少的材料;钨、钼、铌是制造在1 300 ℃以上使用的高温零件及电真空元件的理想材料。本章仅介绍机械制造中广泛使用的铝、铜及其合金,轴承合金和粉末冶金材料。

第一节　铝及铝合金

一、工业纯铝

铝及其合金是机械工业(尤其是航空、航天)中用量最大的非铁金属。目前我国工业上实际应用的主要是工业纯铝和铝合金。

1. 工业纯铝性能

纯铝是一种银白色的轻金属,熔点为660 ℃,具有面心立方晶格,无同素异晶转变,密度为2.7 g/cm³。纯铝的导电性、导热性好,仅低于银和铜。室温下,纯铝的导电能力为铜的60%~64%。纯铝和氧的亲和力很大,在空气中其表面能生成一层致密的氧化铝保护膜,故在大气中具有良好的耐腐蚀性。

纯铝的强度、硬度较低($\sigma_b = 80 \sim 100$ MPa、20 HBS),但塑性很高($\delta = 50\%$,$\psi = 80\%$)。通过冷变形强化可提高纯铝的强度($\sigma_b = 150 \sim 250$ MPa),也可以通过合金化来提高强度($\sigma_b = 500 \sim 600$ MPa)。但通过冷变形来提高强度毕竟有限,而且还会降低塑性,故很少采用,通常是通过合金化来提高强度。

工业中使用的纯铝一般指其纯度为99%~99.99%,含有铁、硅等杂质,杂质含量越多,其导电、导热、耐腐蚀性及塑性越差。

2. 工业纯铝分类

工业纯铝分为纯铝($99\% < w_{Al} < 99.85\%$)和高纯铝($w_{Al} > 99.85\%$)两类。纯铝分未压

力加工产品(铸造纯铝)及压力加工产品(变形铝)两种。按 GB/T 8063—94 规定,铸造纯铝牌号由"Z"和铝的化学元素符号及表明铝含量的数字组成,如 ZA199.5 表示 w_{Al} = 99.5% 的铸造纯铝;变形铝按 GB/T 16474—1996 规定,其牌号用四位字符体系的方法命名,即用 1×××表示,牌号的最后两位数字表示最低铝百分含量中小数点后面两位数字,牌号第二位的字母表示原始纯铝的改型情况,如果字母为 A,则表示原始纯铝。例如,牌号 1A30 的变形铝表示 w_{Al} = 99.30% 的原始纯铝,若为其他字母,则表示为原始纯铝的改型。按 GB/T 3190—1996 规定,我国变形铝的牌号有 1A50、1A30 等,高纯铝的牌号有 1A99、1A97、1A93、1A90、1A85 等。

二、铝合金

纯铝的强度低,不宜用来制造承受载荷的结构零件。在纯铝中加入适量的合金元素,例如:硅、铜、镁、锰等,可以制成具有较高强度的铝合金,若再经过冷变形强化或热处理,还可进一步提高其强度。铝合金的比强度(强度与密度之比)高,具有良好的耐腐蚀性和切削加工性能,在国民经济特别是在航空航天领域得到十分广泛的应用。

1. 铝合金的分类

根据铝合金的成分、组织和工艺特点,可以将其分为形变铝合金和铸造铝合金两大类。形变铝合金是将合金熔融铸成锭子后,再通过压力加工(轧制、挤压、模锻等)制成半成品或模锻件,所以要求合金应有良好的塑性变形能力。铸造铝合金则是将熔融的合金直接铸成复杂的甚至是薄壁的成型件,所以要求合金应具有良好的铸造流动性。

二元铝合金一般按共晶相图结晶,如图 8.1 所示。相图上最大饱和溶解度 D 是两种合金的理论分界线。合金成分大于 D 点的合金,由于有共晶组织存在,其流动性较好,且高温强度也比较高,可以防止热裂现象,故适于铸造。合金成分小于 D 点的合金,其平衡组织以固溶体为主,在加热至固溶线以上温度时,可得到均匀单相固溶体,其塑性变形能力很好,适合用于锻造、轧制和挤压。

图 8.1　铝合金分类示意图

2．铝合金的热处理

对于含碳量较高的钢，在淬火后其强度、硬度立即提高。而热处理可强化的铝合金却不同，如图所示，当它加热到 α 相区，保温后在水中快冷，其强度、硬度并没有明显升高，而塑性却得到改善，这种热处理称为固溶处理。经过处理后合金强度略有提高，但是组织不稳定，有分解出强化相并过渡到稳定状态的倾向。因此，固溶处理后的铝合金，如果在室温下停留一定时间后或低温加热时，强度、硬度会显著提高。这种固溶处理后的铝合金，随时间延长而发生硬化的现象称为时效硬化。室温下进行的时效称为自然时效，加热条件下进行的时效称为人工时效。

图 8.2 表示上述铝合金固溶处理后，在室温下其强度随时间变化的曲线（自然时效曲线）。由图可知，自然时效在最初一段时间内，对铝合金强度影响不大，这段时间称为孕育期。在这段时间内，铝合金具有很好的塑性，可进行各种冷变形加工，如铆接、弯曲、校直等。超过孕育期后，强度、硬度会迅速增高，在 5～15 h 内强化速度最快，经过 4～5 昼夜后，强度达到最高值。例如，铜的质量分数为 4%，并含有少量镁、锰元素的铝合金，在退火状态下，抗拉强度 $\sigma_b = 180～200$ MPa、伸长率 $\delta = 18\%$，经淬火后其强度为 $\sigma_b = 240～250$ MPa、伸长率 $\delta = 20\% \sim 22\%$，如再经 4～5 天放置后，则强度会显著提高，σ_b 可达 420 MPa，伸长率下降为 $\delta = 18\%$。

图 8.2　$w_{Cu} = 4\%$ 的铝合金自然时效曲线

为加速时效进行，可用人工时效。人工时效温度越高，时效进行越快，但其强度越低。如果温度过高或时间过长，合金反而变软，这种现象称为"过时效"。若固溶处理后的铝合金在低于室温下（如 -50 ℃）长期放置，淬火铝合金的力学性能基本无变化。生产中，某些需要进一步加工变形的零件（铝合金铆钉等），可在淬火后于低温状态下保存，使其在需要加工变形时仍具有良好的塑性。由图 8.3 可知，当时效温度超过 150 ℃，保温一定的时间后，合金即开始软化，温度越高软化速度越快。

图 8.3　$w_{Cu} = 4\%$ 的铝合金在不同温度下人工时效曲线

　　还应指出,如果将自然时效后的铝合金,重新加热到 200～270 ℃,经短时间保温,然后在水中急冷,使合金恢复到固溶处理状态的处理称为回归处理。经过回归处理后合金与时效前的合金一样,仍能进行正常的自然时效。但每次回归处理后,其再进行时效后强度逐次下降。

　　回归处理在生产中具有实用意义。如零件在使用过程中发生变形,可在校形修复前进行回归处理。已经时效强化的铆钉,在铆接前可施行回归处理。

3. 形变铝合金

　　形变铝合金按其性能特点可分为防锈铝合金、硬铝合金、超硬铝合金及锻铝合金等。常由冶金厂加工成各种规格的板、带、线、管等型材供应。

　　按 GB/T 3190—2008 规定,形变铝合金牌号采用四位字符体系表示。牌号的第一位表示铝及铝合金组别:用"1"表示纯铝;"2"表示主加元素为铜;"3"表示主加元素为锰;"4"表示主加元素为硅;"5"表示主加元素为镁;"6"表示主加元素为镁和硅;"7"表示主加元素为锌;"8"表示主加元素为其他元素铝合金等。第二位数字或字母表示纯铝或铝合金的改型情况:数字 0 或字母 A 表示原始纯铝和原始合金;1～9 或 B～Y 表示改型情况。牌号的最后两位数字用来表示同一组中的不同的铝合金,纯铝则表示铝最低百分含量中小数点后面的两位。

　　通常使用的形变铝合金的主要牌号、化学成分、力学性能及主要用途见表 8.1。

表 8.1　常用形变铝合金的主要牌号、化学成分、力学性能及主要用途

类别	牌号	化学成分 w(%)					材料状态	力学性能			旧牌号
		Cu	Mg	Mn	Zn	其他		σ_b (MPa)	δ (%)	HBS	
防锈铝合金	5A05	0.10	4.8～5.5	0.3～0.6	0.20		O	280	20	70	LF5
	5A11	0.10	4.8～5.5	0.3～0.6	0.20	Ti 或 V 0.02～0.15	O	280	20	70	LF11
	3A21	0.20	0.05	1.0～1.6	0.10	Ti0.15	O	130	20	30	LF21
硬铝合金	2A01	2.2～3.0	0.2～0.5	0.20	0.10	Ti0.15	T4	300	24	70	LY1
	2A11	3.8～4.8	0.4～0.8	0.4～0.8	0.30	Ni0.10 Ti0.15	T4	420	15	100	LY11
	2A12	3.8～4.9	1.2～1.8	0.3～0.9	0.30	Ti0.15	T4	480	11	131	LY12
超硬铝合金	7A04	1.4～2.0	1.8～2.8	0.2～0.6	5.0～7.0	Cr 0.1～0.25	T6	600	12	150	LC4
锻铝合金	2A50	1.8～2.6	0.4～0.8	0.4～0.8	0.30	Si0.70～1.2	T6	420	13	105	LD5
	2A70	1.9～2.5	1.4～1.8	0.20	0.30	Ni1.0～1.5 Ti0.02～0.1 Fe1.0～1.5	T6	440	12	120	LD7
	2A14	3.9～4.8	0.4～0.8	0.4～1.0	0.30	Si0.5～1.2	T6	480	12	135	LD10

注:O——退火;T4——固溶热处理＋自然时效;T6——固溶热处理＋人工时效。

　　(1)防锈铝合金

　　这类合金主要指铝-锰系和铝-镁系合金。其特点是具有很好的耐腐蚀性,所以常称为防锈铝合金。这类合金还具有良好的塑性和焊接性能,但强度较低,不能进行时效硬化,属于不能热处理强化的铝合金,只有通过冷加工变形才能使其强化。

　　(2)硬铝合金

硬铝合金为铝-铜-镁系合金,是一种应用比较广泛的可热处理强化的铝合金。加入铜和镁的目的是使其形成强化相。硬铝中如含铜、镁量多,则强度、硬度高,耐热性好(可在200 ℃以下工作),但塑性、韧性低。

这类合金通过淬火时效可显著提高强度,σ_b 可达 420 MPa,其比强度与高强度钢(一般指 σ_b 为 1 000~1 200 MPa 的钢)相近,故名硬铝。

硬铝的耐蚀性远比纯铝差,更不耐海水腐蚀,尤其是硬铝中的铜会导致其抗蚀性剧烈下降。因此,须加入适量的锰,对硬铝板材还可采用表面包一层纯铝或包覆铝,以增加其耐蚀性,但在热处理后强度稍低。

2A01(铆钉硬铝)有很好的塑性,大量用来制造铆钉。飞机上常用的铆钉材料为 2A10,它比 2A01 含铜量稍高,含镁量低,塑性好,且孕育期长,还有较高的剪切强度。

2A11(标准硬铝)既有相当高的硬度,又有足够的塑性,退火状态可进行冷弯、卷边、冲压。时效处理后又可大大提高其强度,常用来制形状较复杂、载荷较低的结构零件,在仪器制造中也有广泛应用。

2A12(高强度硬铝)经过淬火后,具有中等塑性,成型时变形量不宜过大。由于孕育期较短,一般均采用自然时效。在时效和加工硬化状态下切削加工性能较好。可焊性差,一般只适于点焊。2A12 合金经淬火自然时效后可获得高强度,因而是目前最重要的飞机结构材料,广泛用于制造飞机翼肋、翼架等受力构件。2A12 硬铝还可用来制造 200 ℃以下工作的机械零件。

(3) 超硬铝合金

超硬铝合金是铝-铜-镁-锌系合金。在铝合金中,超硬铝时效强化效果最好,强度最高,σ_b 可达 600 MPa,其比强度已相当于超高强度钢(一般指 $\sigma_b > 1 400$ MPa 的钢),故名超硬铝。超硬铝的耐蚀性、耐热性都较差,工作温度超过 120 ℃就会软化。

目前应用最广的超硬铝合金是 7A04。通常用于飞机上受力大的结构零件,例如起落架、大梁等。在光学仪器中,用于要求重量轻而受力较大的结构零件。

(4) 锻铝合金

这类铝合金大多是铝-铜-镁-硅系合金。其力学性能与硬铝相近,但热塑性及耐蚀性较高,更适于锻造,故名锻铝。

由于其热塑性好,所以锻铝主要用作航空及仪表工业中各种形状复杂、要求比强度较高的自由锻件或模锻件,例如各种叶轮、框架、支杆等。

因为锻铝的自然时效速率较慢,强化效果较低,故一般均采用淬火和人工时效。

4. 铸造铝合金

铸造铝合金具有良好的铸造性能,可浇注成各种形状复杂的铸件。按主要合金元素的不同,可分为四类:铝-硅系、铝-铜系、铝-镁系、铝-锌系等。

铸造铝合金的代号按 GB/T 1173—1995 规定,用"铸铝"两字的拼音首字母"ZL"加上三位数字表示。第一位数字表示合金系别:1 表示铝-硅系合金;2 表示铝-铜系合金;3 为铝-镁系合金;4 为铝-锌系合金。第二、三位数字表示合金的顺序号。如:ZL104 表示 4 号铝-硅系合金。

铸造铝合金的牌号由"ZAL" + 合金元素以及表示合金元素平均含量的百分数组成。

通常使用的铸造铝合金的牌号、代号、成分、热处理、力学性能及用途见表 8.2。

表 8.2　部分铸造铝合金的牌号、代号、成分、热处理、力学性能及用途

类别	牌号	代号	化学成分 w(%) Si	Cu	Mg	Mn	其他	Al	铸造方法	热处理方法	σb(MPa)	δ5(%)	HBS	用途举例
铝硅合金	ZAlSi7Mg	ZL101	6.5~7.5		0.25~0.45			余量	金属型	固溶热处理+不完全时效	205	2	60	形状复杂的砂型、金属型和压力铸造零件。例如飞机仪器零件、抽水机壳体、工作温度不超过185℃的化油器等
									砂型		195	2	60	
	ZAlSi12	ZL102	10.0~13.0					余量	砂型变质处理	固溶热处理+完全时效	225	1	70	形状复杂的砂型、金属型和压力铸造零件。如仪表、水泵壳体、工作温度在200℃以下的高气密性和低载零件
									金属型、砂型、金属型变质处理	退火	145	3	50	
											135	4	50	
	ZAlSi9Mg	ZL104	8.0~10.5		0.17~0.30	0.2~0.5		余量	金属型	固溶热处理+完全时效	235	2	70	在200℃以下工作的零件，例如气缸体、机体等
									砂型变质处理		225	2	70	
	ZAlSi5Cu1Mg	ZL105	4.5~5.5	1.0~1.5	0.4~0.6			余量	砂型	固溶热处理+不完全时效	225	0.5	70	形状复杂、工作温度为250℃以下的零件，如风冷发动机的气缸头、机匣、油泵壳体
									金属型		235	0.5	70	
铝铜合金	ZAlCu5Mn	ZL201		4.5~5.3		0.6~1.0	Ti0.15~0.35	余量	砂型	固溶热处理+自然时效	295	8	70	内燃机气缸头、活塞等
									砂型	固溶热处理+完全时效	335	4	90	
	ZAlCu10	ZL202		9.0~11.0				余量	砂型	固溶热处理+完全时效	165		100	高温下工作不受冲击的零件以及要求硬度较高的零件
									金属型				100	
	ZAlCu4	ZL203		4.0~5.0				余量	砂型	固溶热处理+不完全时效	215	3	70	中等载荷、形状较简单的零件，例如托架和工作温度不超过200℃并要求切削加工性能好的零件
铝镁合金	ZAlMg10	ZL301			9.5~11.0			余量	砂型	固溶热处理+自然时效	280	10	60	在大气或海水中工作的零件，承受大振动载荷，工作温度不超过150℃的零件，如氨用泵体、船舰配件等
	ZAlMg5Si1	ZL303	0.8~1.3		4.5~5.5	0.1~0.4		余量	砂型		145	1	55	腐蚀介质作用下的中等载荷零件，在严寒大气中以及工作温度不超过200℃的零件。例如海轮形状复杂配件的各种壳体
铝锌合金	ZAlZn11Si7	ZL401	6.0~8.0		0.1~0.3		Zn9.0~13.0	余量	金属型	人工时效	245	1.5	90	压力加工铸造零件、工作温度不超过200℃、结构形状复杂的汽车、飞机、仪器等零件，也可制作日用品

注：不完全时效是指时效温度低或者时间短；完全时效是指温度180℃，时间较长。

（1）铸造铝-硅系铝合金

铸造铝-硅系铝合金又称为硅铝明，其特点是铸造性能好，线收缩小，流动性好，热裂倾向小，具有较高的耐蚀性和足够的强度，在工业上应用十分广泛。

这类合金最常见的是 ZL102，硅含量 $w_{Si} = 10\% \sim 13\%$，相当于共晶成分，铸造后几乎全部为（$\alpha + Si$）共晶体组织。它的最大优点是铸造性能好，由于硅本身脆性大，且呈粗大针状分布于组织中，故使合金力学性能大为降低。为提高其力学性能，通常采用变质处理，即在浇注前在合金液中加入 $2\% \sim 3\%$ 的" $\frac{2}{3}NaF + \frac{1}{3}NaCl$ "的混合盐组成的变质剂，进行变质处理。钠能够促进硅晶核的形成，并阻碍其晶核长大，使硅晶体形成细小粒状。变质后，铝合金的力学性能可以得到显著提高（$\sigma_b = 180\ MPa, \delta = 6\%$），如图 8.4 所示。

(a) 变质前(200×)　　　　　　　(b) 变质后(200×)

图 8.4　ZL102 的铸态组织

该合金不能进行热处理强化，主要在退火状态下使用。为提高铝硅系合金的强度，满足较大负荷零件的要求，可在该合金成分基础上加入铜、锰、镁、镍等元素，组成复杂硅铝明，这些元素通过固溶实现合金强化，并能使合金通过时效处理进行强化。例如，ZL108 经过淬火和自然时效后，强度极限可提高到 $200 \sim 260\ MPa$，适用于强度和硬度要求较高的零件，如铸造内燃机活塞，因此也叫活塞材料。

（2）铸造铝-铜系铝合金

这类合金的铜含量不低于 $w_{Cu} = 4\%$。由于铜在铝中有较大的溶解度，且随温度的改变而改变，因此，这类合金可以通过时效强化提高强度，并且时效强化的效果能够保持到较高温度，使合金具有较高的热强性。由于合金中只含少量共晶体，所以铸造性能不好，抗蚀性和比强度也较优质硅铝明低，此类合金主要用于制造在 $200 \sim 300\ ℃$ 条件下工作、要求较高强度的零件，例如增压器的导风叶轮等。

（3）铸造铝-镁系铝合金

这类合金有 ZL301、ZL303 两种，其中应用最为广泛的是 ZL301。该类合金的特点是密度小，强度高，比其他铸造铝合金耐蚀性好。但铸造性能不如铝硅合金好，流动性差，线收缩率大，铸造工艺复杂。它一般多用于制造承受冲击载荷，耐海水腐蚀，外形不太复杂便于铸造的零件，如舰船零件。

（4）铸造铝-锌系铝合金

与 ZL102 相类似，这类合金铸造性能很好，流动性好，易充满铸型，但是密度较大，耐蚀性差。由于在铸造条件下锌原子很难从过饱和固溶体中析出，因而合金铸造冷却时能够自行淬火，经自然时效后就有较高的强度。该合金可以在不经热处理的铸态下直接使用，常用于汽车、拖拉机发动机的零件。

第二节　铜及铜合金

一、工业纯铜

铜在地壳中的储量较少,但铜及铜合金却是人类历史上应用最早的金属。现代工业中使用的铜及铜合金主要有工业纯铜、黄铜和青铜,白铜应用较少。

1. 工业纯铜的性质

工业纯铜又称紫铜,密度为 $8.96\ g/cm^3$,熔点为 $1\,083.4\,℃$,纯铜的导电性和导热性优良,仅次于银而居于第二位,纯铜具有面心立方晶格,无同素异构转变,强度不高,硬度很低,塑性极好,并有良好的低温韧性,可以进行冷、热压力加工。

纯铜具有很好的化学稳定性,在大气、淡水及冷凝水中均有优良的抗蚀性。但是在海水中的抗蚀性较差,易被腐蚀。纯铜在含有 CO_2 的湿空气中,表面将产生碱性碳酸盐的绿色薄膜,又称铜绿。

工业纯铜中常有 $0.1\%\sim0.5\%$ 的杂质(铝、铋、氧、硫、磷等),它们使铜的导电能力降低。另外,铅、铋杂质能与铜形成熔点很低的共晶体($Cu+Pb$)和($Cu+Bi$),共晶温度分别为 $326\,℃$ 和 $270\,℃$。当铜进行热加工时,这些共晶体发生熔化,破坏了晶界的结合,而造成脆性破裂,这种现象叫热脆。相反,硫、氧也能与铜形成($Cu+Cu_2S$)和($Cu+Cu_2O$)共晶体,它们的共晶温度分别为 $1\,067\,℃$ 和 $1\,065\,℃$,虽然不会引起热脆性。但是由于 Cu_2S 和 Cu_2O 均为脆性化合物,冷加工时易产生破裂,这种现象称为冷脆。

铜的杂质是有规定的,我国工业纯铜有四个牌号,它们是 T1($w_{Cu}=99.95\%$),T2($w_{Cu}=99.90\%$),T3($w_{Cu}=99.70\%$),T4($w_{Cu}=99.50\%$),见表8.3。

表 8.3　纯铜的牌号、化学成分与用途

牌号	铜的质量分数（%）	杂质的质量分数（%）		杂质总量（%）	主 要 用 途
		Bi	Pb		
T1	99.95	0.001	0.003	0.05	电线、电缆、雷管、储藏器
T2	99.90	0.001	0.005	0.1	
T3	99.70	0.002	0.01	0.3	电器开关、垫片、铆钉、油管

纯铜只能通过冷变形进行强化,因此纯铜的热处理只限于再结晶软化退火。实际退火温度一般选在 $500\sim700\,℃$,温度过高时会使铜发生强烈氧化。退火铜应在水中快速冷却,目的是为了爆脱在退火加热时形成的氧化皮,以得到纯洁的表面。

2. 工业纯铜的用途

纯铜主要用于导电、导热及兼有耐蚀性的器材,如电线、电缆、电刷、防磁器械、化工用传热或深冷设备等。

二、铜合金

纯铜强度低,虽然冷变形加工可以提高其强度,但塑性显著降低,不能制作受力的结构件。铜合金是以铜为主要元素,加入少量其他元素形成的合金。铜合金比工业纯铜的强度高,具有许多优良的物理化学性能,常用作工程结构材料。

铜合金按化学成分的不同,可以分为黄铜、青铜和白铜三大类。机械制造中,应用较为广泛的是黄铜和青铜。

1．黄铜

黄铜是以锌为主要添加元素的合金。黄铜按化学成分不同分为普通黄铜(或简单黄铜)和特殊黄铜;按生产方法不同分为压力加工黄铜和铸造黄铜。

(1) 普通黄铜

普通黄铜是铜和锌组成的二元合金。加入锌可以提高合金的强度、硬度和塑性,还可以改善其铸造性能。黄铜的组织和力学性能与含锌量的关系如图 8.5 所示。当锌含量小于32%时,合金的组织由单相面心立方晶格的 α 固溶体构成,塑性好。且随 Zn 量的增加,强度和塑性均增加,因而适于冷变形加工。

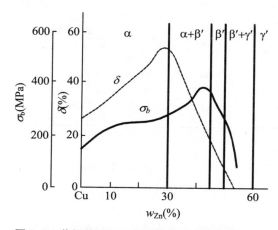

图 8.5 黄铜的组织和力学性能与含锌量的关系

当锌含量大于32%后,合金组织中开始出现 β 相。β 相是以电子化合物 CuZn 为基体的固溶体,呈体心立方结构,塑性好,但在 456～468 ℃时发生有序化,转变为很脆的 β′ 相,如图8.5 所示。此时,合金的塑性随 Zn 的增加开始下降,然而强度仍然在上升,因为少量 β′ 相存在对强度并无不利的影响。当 Zn 含量超过 45% 之后,β′ 相已占合金组织的大部分直至全部,其强度和塑性急剧下降。所以,工业黄铜中锌含量一般不超过 47%。

普通黄铜的耐腐蚀性良好,超过铁、碳钢和许多合金钢,并且与纯铜相近。但是当 w_{Zn} <7%时,耐海水和大气腐蚀性好;但当 w_{Zn} >7%时,经冷变形加工后有残留应力存在,如果处在潮湿大气和海水中,特别是在含氨的介质中,易发生应力腐蚀开裂,或称"季裂"。防止应力开裂的方法是在 250～300 ℃进行去应力退火。

压力加工普通黄铜的牌号用 H("黄"的汉语拼音首字母)及数字表示,其数字表示平均含铜量的百分数。如:H68 表示平均 w_{Cu} =68%,其余为锌含量的普通黄铜。

H90(及 H80 等):α 单相黄铜,有优良的耐蚀性、导热性和冷变形能力,并呈金黄色,故有金色黄铜之称。通常用于镀层及制作艺术装饰品、奖章、散热器等。

H68(及 H70):α 单相黄铜,按成分称为七三黄铜。它具有优良的冷、热塑性变形能力,适宜用冷冲压(深拉延、弯曲等)制造形状复杂而要求耐蚀的管、套类零件,例如弹壳、波纹管等,所以又有弹壳黄铜之称。

H62(及 H59):α + 双相黄铜,按成分称为六四黄铜。它的强度较高,并有一定的耐蚀性,广泛用来制作电器上要求导电、耐蚀及适当强度的结构件,如螺栓、螺母、垫圈、弹簧及机器中的轴套等,是应用广泛的合金,有商业黄铜之称。

普通黄铜的牌号、成分、力学性能及用途见表 8.4。

表 8.4　普通黄铜的牌号、成分、力学性能及用途

类别	牌号	主要成分 w(%)			加工状态或铸造方法	力学性能			用　　途
		Cu	其他	Zn		σ_b (MPa)	δ (%)	HBS	
						不小于			
压力加工普通黄铜	H70	68.5～71.5		余量	软	320	53		弹壳、冷凝管、散热器、导电零件等
					硬	660	3	150	
	H68	67.0～70.0		余量	软	320	55		复杂冷冲件、导管、波纹管等
					硬	660	3	150	
	H62	60.5～63.5		余量	软	330	49	56	铆钉、螺帽、垫圈、散热器零件等
					硬	600	3	164	
	H59	57.0～60.0		余量	软	390	44		机械零件、焊接件及热冲压件等
					硬	500	10	163	
铸造黄铜	ZCuZn38	60～63		余量	S	295	30	590	法兰、支架、手柄等一般结构件及耐腐蚀零件等
					J	295	30	685	

（2）特殊黄铜

在普通黄铜基础上,再加入其他合金元素所组成的多元合金称为特殊黄铜。常加入的元素有锡、铅、铝、硅、锰、铁等。特殊黄铜也可以依据加入的第二合金元素命名,如锡黄铜、铅黄铜、铝黄铜等。

合金元素加入黄铜后,一般或多或少地能提高其强度。加入锡、铝、锰、硅后还可提高耐蚀性与减少黄铜应力腐蚀破裂的倾向。某些元素的加入还可以改善黄铜的工艺性能,例如加硅改善铸造性能,加铅改善切削加工性能等。

通常使用的特殊黄铜的牌号、代号、成分、力学性能及用途见表 8.5。

表 8.5　常用特殊黄铜的牌号、代号、成分、力学性能及用途

类别	牌号	主要成分 w(%)			加工状态或铸造方法	力学性能			用　　途
		Cu	其他	Zn		σ_b (MPa)	δ (%)	HBS	
						不小于			
压力加工特殊黄铜	HSn62—1	61.0～63.0	Sn0.7～1.1	余量	硬	700	4	HRB 95	与海水、汽油接触的船舶零件等
	HPb59—1	57～60	Pb0.8～1.9	余量	硬	650	16	HRB 140	热冲压及切削加工零件,如螺钉、螺母、轴套等
	HAl59—3—2	57～60	Al2.5～3.5 Ni2.0～3.0	余量	硬	650	15	155	高强度耐腐蚀零件等
	HMn58—2	57～60	Mn1.0～2.0	余量	硬	700	10	175	海轮制造业及弱电用零件等

续表

类别	牌号	主要成分 w(%)			加工状态或铸造方法	力学性能			用 途
		Cu	其他	Zn		σ_b (MPa)	δ (%)	HBS	
						不小于			
铸造特殊黄铜	ZCuZn16Si4	79~81	Si2.5~4.5	余量	S	345	15	88.5	接触海水及 250 ℃ 以下配件等
					J	390	20	98.0	
	ZCuZn40Pb2	58~63	Pb0.5~2.5 Al0.2~0.8	余量	S	220	15	78.5	一般用于耐磨、耐腐件,如轴套、齿轮等
					J	280	20	88.5	
	ZCuZn40Mn3Fe1	53~58	Mn3.0~4.0 Fe0.5~1.5	余量	S	440	18	98.0	接触海水耐蚀及 300 ℃ 以下配件,船用螺旋桨等大型铸件等
					J	490	15	108.0	
	ZCuZn40Mn2	57~60	Mn1.0~2.0	余量	S	345	20	78.5	300 ℃ 以下在各种燃料液体中工作的阀体、泵、接头等
					J	390	25	88.5	

注:软——600 ℃退火;硬——变形度 50%;S——砂型铸造;J——金属型铸造。

2. 青铜

青铜是人类应用最早的一种合金,原指铜锡合金。现在工业上把以铝、硅、铅、铍、锰、钛等为主加元素的铜基合金均称为青铜,分别被称为铝青铜、铍青铜、硅青铜等。按照生产方式不同,青铜分为压力加工青铜和铸造青铜两类,其牌号、化学成分、力学性能及主要用途见表 8.6。

表 8.6 常用青铜的牌号(代号)、化学成分及用途

组别	牌号(代号)	化学成分(质量分数)(%)		主 要 用 途
		第一主加元素	其他	
压力加工锡青铜	(QSn4—3)	Sn3.5~4.5	Zn2.7~3.3 余量 Cu	弹性元件、管配件、化工机械中耐磨零件及抗磁零件等
	(QSn6.5—0.1)	Sn6.0~7.0	P0.1~0.25 余量 Cu	弹簧、接触片、振动片、精密仪器中的耐磨零件等
铸造锡青铜	ZCuSn10P1 (ZQSn10—1)	Sn9.0~11.5	P0.5~1.0 余量 Cu	重要的减磨零件,如轴承、轴套、涡轮、摩擦轮、机床丝杆螺母等
	ZCuSn5Zn5Pb5 (ZQSn5—5—5)	Sn4.0~6.0	Zn4.0~6.0 Pb4.0~6.0 余量 Cu	中速、中等载荷的轴承、轴套、涡轮及 1 MPa 压力下的蒸汽管配件和水管配件等
特殊青铜	ZCuAl10Fe3 (ZQAl9—4)	Al8.5~11.0	Fe2.0~4.0 余量 Cu	耐磨零件(压下螺母、轴承、涡轮、齿圈)及在蒸汽、海水中工作的高强度耐蚀件,250 ℃ 以下的管配件等
	ZCuPb30 (ZQPb30)	Pb27.0~33.0	余量 Cu	大功率航空发动机、柴油机曲轴及连杆的轴承
	(QBe2)	Be1.8~2.1	Ni0.2~0.5 余量 Cu	重要的弹簧与弹性元件,耐磨零件以及在高速、高压和高温下工作的轴承等

(1) 锡青铜。锡含量低于 8% 的锡青铜称为压力加工锡青铜,锡含量大于 10% 的锡青铜

称为铸造锡青铜。

在实用锡青铜的成分范围内,合金的液相线与固相线之间温度间隔大,这就使锡青铜在铸造性能上具有流动性差,偏析倾向大及易形成分散缩孔等特点。锡青铜铸造因极易形成分散缩孔而收缩率小,能够获得完全符合铸模形状的铸件,适合铸造形状复杂的零件,但是铸件的致密程度较低,若制成容器在高压下易漏水。

锡青铜在大气、海水、淡水以及水蒸气中抗蚀性比纯铜和黄铜好,但在盐酸、硫酸及氨水中的抗蚀性较差。

锡青铜中还可以加入其他合金元素以改善性能。例如,加入锌可以提高流动性,并可以通过固溶强化作用提高合金强度。加入铅可以使合金的组织中存在软而细小的黑灰色铅夹杂物,提高锡青铜的耐磨性和切削加工性。加入磷,可提高合金的流动性,并生成 Cu_3P 硬质点,提高合金的耐磨性。

(2) 铝青铜。铝青铜是以铝为主加元素的铜合金,一般铝含量为 5%～10%。铝青铜的力学性能和耐磨性均高于黄铜和锡青铜,它的结晶温度范围小,不容易产生化学成分偏析,而且流动性好,分散缩孔倾向小,易获得致密铸件,但收缩率大,铸造时应在工艺上采取相应的措施。

铝青铜的耐蚀性优良,在大气、海水、碳酸及大多数有机酸中具有比黄铜和锡青铜更高的耐蚀性。

为进一步提高铝青铜的强度和耐蚀性,可添加适量的铁、锰、镍元素。铝青铜可制造齿轮、轴套、蜗轮等高强度、耐磨的零件以及弹簧和其他耐蚀元件。

(3) 铍青铜。铍青铜一般铍含量为 1.7%～2.5%。铍青铜可以进行淬火时效强化,淬火后得到单相 α 固溶体组织,塑性好,可以进行冷变形和切削加工,制成零件后再进行人工时效处理,获得很高的强度和硬度($\sigma_b = 1\,200～1\,400$ MPa,$\delta = 2\%～4\%$,330～400 HBS),超过其他所有的铜合金。

铍青铜的弹性极限、疲劳极限都很高,耐磨性、抗蚀性、导热性、导电性和低温性能也非常好,此外,尚具有无磁性、冲击时不产生火花等特性。在工艺方面,它承受冷热压力加工的能力都很好,铸造性能也好。但铍青铜价格昂贵。

铍青铜主要用来制作精密仪器、仪表的重要弹簧、膜片和其他弹性元件、钟表齿轮,还可以制造高速、高温、高压下工作的轴承、衬套、齿轮等耐磨零件,也可以用来制造换向开关、电接触器等。铍青铜一般是淬火状态供应,用它制成零件后可不再淬火而直接进行时效处理。

第三节　轴 承 合 金

一、滑动轴承的工作条件及对轴承合金的性能要求

滑动轴承是指支承轴和其他转动或摆动零件的支承件。它是由轴承体和轴瓦两部分构成的。轴瓦可以直接由耐磨合金制成,也可以在铜体上浇铸一层耐磨合金内衬制成。用来制造轴瓦及其内衬的合金,称为轴承合金。滑动轴承支承着轴进行工作。当轴旋转时,轴与

轴瓦之间产生相互摩擦和磨损,轴对于轴承施有周期性交变载荷,有时还伴有冲击等。滑动轴承的基本作用是将轴准确地定位,并且在载荷作用下支承轴颈而不被破坏,因此,对滑动轴承的材料有很高要求。为了减小滑动轴承对轴颈的磨损,轴承合金应具备以下性能:

(1) 较高的抗压强度、疲劳强度,足够的塑性和韧性,以承受轴颈所施加的较大单位作用力,并保证与轴配合良好,而且耐受冲击和振动。

(2) 良好的耐磨性、磨合性(跑合性)和较小的摩擦系数,并能储存润滑油。

(3) 良好的耐蚀性和导热性,较小的膨胀系数,抗咬合性好。

(4) 良好的工艺性,容易制造,价格便宜。

二、滑动轴承合金的组织特征

为了满足上述要求,轴承合金的成分和组织应具备如下特点。

(1) 轴承材料基体应与钢铁互溶性小。因轴颈材料多为钢铁,为减少轴瓦与轴颈的黏着性和擦伤性,轴承材料的基体应采用对钢铁互溶性小的金属,即与金属铁的晶体类型、晶格常数、电化学性能等差别大的金属,如锡、铅、铝、铜、锌等。这些金属与钢铁配对运动时,与钢铁不易互溶或形成化合物。

(2) 轴承合金组织应软硬兼备。金相组织应由多个相组成,例如软基体上分布着硬质点,或硬基体上嵌镶软颗粒(如图 8.6 所示)。

图 8.6　轴承理想表面示意图

机器运转时,软的基体很快被磨损而凹陷下去,减少了轴与轴瓦的接触面积,硬的质点比较抗磨便凸出在基体上,此时凸起的硬质点支撑轴所施加的压力,而凹坑能储存润滑油,可降低轴和轴瓦之间的摩擦系数,减少轴颈和轴瓦的磨损。同时,软基体具有抗冲击、抗振动和较好的磨合能力。而且,软基体具有良好的嵌镶能力,润滑油中的杂质和金属碎粒能够嵌入轴瓦内而不致划伤轴颈表面。

硬基体上分布软质点的组织,也可达到同样的目的,该组织类型的轴瓦具有较大的承载能力,但是磨合能力较差。

三、常用的滑动轴承合金

常用的轴承合金有锡基轴承合金、铅基轴承合金、铜基轴承合金、铝基轴承合金等。

轴承合金牌号表示方法为“Z”(“铸”字汉语拼音的首字母) + 基体元素与主加元素的化学符号 + 主加元素的含量(质量分数×100) + 辅加元素的化学符号 + 辅加元素的含量(质量分数×100)。例如:ZSnSb8Cu4 为铸造锡基轴承合金,主加元素锑的质量分数为 8%,辅加元素铜的质量分数为 4%,余量为锡。ZPbSb15Sn5 为铸造铅基轴承合金,主加元素锑的质量分数为15%,辅加元素锡的质量分数为5%,余量为铅。通常使用的轴承合金牌号、成分、性能及用途见表8.7。

表 8.7　常用轴承合金牌号、成分、性能及用途

类别	牌号	化学成分 w(%)				硬度 (HBS) 不小于	用途举例
		Sb	Cu	Pb	Sn		
锡基轴承合金	ZSnSb12Pb10Cu4	11.0~13.0	2.5~5.0	9.0~11.0	余量	29	一般机械主轴承,但不适合于高温
	ZSnSb12Cu6Cd1	11.0~13.0	4.5~6.8	0.15	余量	34	
	ZSnSb11Cu6	10.0~12.0	5.5~6.5	0.35	余量	27	1 500 kW 以上蒸汽机,400 kW以上涡轮机轴承等
	ZSnSb8Cu4	7.0~8.0	3.0~4.0	0.35	余量	24	大机器及高载荷发动机轴承等
	ZSnSb4Cu4	4.0~5.0	4.0~5.0	0.35	余量	20	涡轮内燃机高速轴承
铅基轴承合金	ZPbSb15Sn16Cu2	15.0~17.0	1.5~2.0	余量	15.0~17.0	30	120 ℃以下无显著冲击载荷、重载高速轴承等
	ZPbSb15Sn5Cu5Cd2	14.0~16.0	2.5~3.0	余量	5.0~6.0	32	船舶机械抽水机轴承等
	ZPbSb15Sn10	14.0~16.0	0.7	余量	9.0~11.0	24	中等压力机械高温轴承
	ZPbSb15Sn5	14.0~15.5	0.5~1.0	余量	4.0~5.5	20	低速轻压力轴承等
	ZPbSb10Sn6	9.0~11.0	0.7	余量	5.0~7.0	18	重载、耐蚀、耐磨轴承等

1. 锡基轴承合金与铅基轴承合金(巴氏合金)

(1) 锡基轴承合金(锡基巴氏合金)。它是以锡为基体元素,加入锑、铜等元素组成的合金。其显微组织如图8.7所示,图中暗色基体是锑溶入锡所形成的 α 固溶体(硬度为24~30 HBS),作为软基体;硬质点是以化合物 SnSb 为基体的 β 固溶体(硬度为 110 HBS,呈白色方块状)以及化合物 Cu_3Sn(呈白色星状)和化合物 Cu_6Sn_5(呈白色针状或粒状)。化合物 Cu_3Sn 和 Cu_6Sn_5 首先从液相中析出,其密度与液相接近,可以形成均匀的骨架,防止密度较小的 β 相上浮,以减少合金的比密度偏析。

锡基轴承合金摩擦系数小,塑性和导热性好,是优良的减摩材料,通常用作重要的轴承,例如汽轮机、发动机、压气机等大型机器的高速轴承。它的主要缺点是疲劳强度较低,且锡较稀少,因此这种轴承合金价格最贵。

图 8.7　ZSnSb11Cu6 铸造锡基轴承的显微组织　　图 8.8　ZPbSb16Sn16Cu2 铸造铅基轴承的显微组织

(2) 铅基轴承合金(铅基巴氏合金)。它是铅-锑为基体的合金。加入锡能形成 SnSb 硬质点,并能大量溶入铅中而强化基体,所以可提高铅基合金的强度和耐磨性。加铜可形成 Cu_2Sb 硬质点,并防止比密度偏析。铅基轴承合金的显微组织如图8.8所示,黑色软基体为(α+β)共晶体(硬度为 7~8 HBS),α 相是锑溶入铅所形成的固溶体,β 相是以 SnSb 化合物为基的含铅的固溶体。硬质点是初生的 β 相(白色方块状)及化合物 Cu_2Sb(白色针状或

晶状）。

铅基轴承合金的强度、塑性、韧性及导热性、耐蚀性均较锡基合金低，并且摩擦系数较大，但价格较便宜。因此，铅基轴承合金常用来制造承受中、低载荷的中速轴承。如汽车、拖拉机的曲轴，连杆轴承及电动机轴承。

无论是锡基还是铅基轴承合金，它们的强度都比较低（$\sigma_b = 60 \sim 90$ MPa），不能承受大的压力，所以需将其镶铸在钢的轴瓦（一般为 08 号钢冲压成型）上，形成一层薄而均匀的内衬，才能发挥作用。这种工艺称为"挂衬"，挂衬后就形成所谓双金属轴承。

2. 铜基轴承合金

有许多种铸造青铜和铸造黄铜均可用作轴承合金，其中应用最多的是锡青铜和铅青铜。

铅青铜中常用的有 ZCuPb30，铅含量 $w_{Pb} = 30\%$，其余为铜。铅不溶于铜中，其室温显微组织为 Cu + Pb，铜为硬基体，颗粒状铅为软质点，是硬基体上分布软质点的轴承合金，这类合金可以制造承受高速、重载的重要轴承，例如航空发动机、高速柴油机等轴承。

锡青铜中常用 ZCuSn10P1，其成分为 $w_{Sn} = 10\%$，$w_P = 1\%$，其余为 w_{Cu}。室温组织为 $\alpha + \delta + Cu_3P$，α 固溶体为软基体，δ 相及 Cu_3P 为硬质点，该合金硬度高，适合制造高速、重载的汽轮机、压缩机等机械上的轴承。

铜基轴承合金的优点是承载能力大，耐疲劳性能好，使用温度高，优良的耐磨性和导热性，它的缺点主要是顺应性和嵌镶性较差，对轴颈的相对磨损相对较大。

3. 铝基轴承合金

铝基轴承合金密度小，导热性好，疲劳强度高，价格低廉，广泛应用于高速负荷条件下工作的轴承上。按化学成分可分为铝锡系（Al-20%Sn-1%Cu）、铝锑系（Al-4%Sb-0.5%Mg）和铝石墨系（Al-8Si 合金基体 + 3%～6% 石墨）三类。

铝锡系铝基轴承合金具有疲劳强度高、耐热性和耐磨性良好等优点，所以适宜制造高速、重载条件下工作的轴承。铝锑系铝基轴承合金适用于载荷不超过 20 MPa、滑动线速度不大于 10 m/s 工作条件下的轴承。铝石墨系轴承合金具有优良的自润滑作用和减振作用以及耐高温性能，适用于制造活塞和机床主轴的轴承。

第四节　粉末冶金材料

一、硬质合金

粉末冶金材料是指用几种金属粉末或金属与非金属粉末作原料，通过配料、压制成型、烧结等工艺过程而制成的材料。这种工艺过程称为粉末冶金法。

粉末冶金法既是制取具有特殊性能金属材料的方法，也是一种精密的无切屑或少切屑的加工方法。它可以使压制品达到或极接近于零件要求的形状、尺寸精度要求，表面粗糙度低。常用的粉末冶金材料有硬质合金、烧结减摩材料、烧结结构材料及烧结摩擦材料等。

硬质合金是以一种或几种难熔、高硬度的碳化物（碳化钨、碳化钛等）为基体，并加入起粘结作用的钴（或镍）金属粉末，用粉末冶金法制得的材料。

1. 硬质合金的性能特点

硬质合金的性能特点主要有以下两个方面：

① 硬度高、热硬性高、耐磨性好。由于硬质合金是以高硬度、高耐磨、极为稳定的碳化物为基体，在常温下，硬度可达 86～93 HRA（相当于 69～81 HRC），热硬性可达 900～1 000 ℃。故硬质合金刀具在使用时，其切削速度、耐磨性与寿命都比高速钢有显著提高。这是硬质合金最为突出的优点。

② 抗压强度高。抗压强度可达 6 000 MPa，高于高速钢，但抗弯强度较低，只有高速钢的 $\frac{1}{3}$～$\frac{1}{2}$ 左右。硬质合金弹性模量很高，约为高速钢的 2～3 倍。但它的韧性很差，$A_K = 2$ ～4.8 J，约为淬火钢的 30%～50%。

另外，硬质合金还具有良好的耐蚀性（抗大气、酸、碱等）与抗氧化性，线膨胀系数小，导热性差。

硬质合金主要用来制造高速切削刀具和切削硬而韧的材料的刀具。此外，它也可以用来制造某些冷作模具、量具及不受冲击、振动的高耐磨零件（如磨床顶尖等）。

2. 常用的硬质合金的分类、成分和牌号

常用的硬质合金按成分与性能特点可分为三类，其牌号、成分与性能见表 8.8。

表 8.8　常用硬质合金的牌号、成分和性能

类别	牌号	化学成分 w(%)				物理、力学性能		
		WC	TiC	TaC	Co	密度 ρ（g·cm^{-3}）	硬度（HRA）	σ_b（MPa）
							不小于	
钨钴类合金	YG3X	96.5	—	<0.5	3	15.0～15.3	91.5	1 100
	YG6	94.0	—	—	6	14.6～15.0	89.5	1 450
	YG6X	93.5	—	<0.5	6	14.6～15.0	91.0	1 373
	YG8	92.0	—	—	8	14.5～14.9	89.5	1 471
	YG8C	92.0	—	—	8	14.5～14.9	88	1 750
	YG11C	89.0	—	—	11	14.0～14.4	86.5	2 100
	YG15	85.0	—	—	15	13.0～14.2	87	2 100
	YG4C	96.0	—	—	4	14.9～15.2	89.5	1 422
	YG6A	92.0	—	2	6	14.6～15.0	91.5	1 373
	YG8A	91	—	<1.0	8	14.5～14.9	89.5	1 500
钨钛钴类合金	YT5	85	5	—	10	12.5～13.2	89	1 400
	YT15	79	15	—	6	11.0～11.7	91	1 150
	YT30	66	30	—	4	9.3～9.7	92.5	900
通用硬质合金	YW1	84	6	4	6	12.8～13.3	91.5	1 200
	YW2	82	6	4	8	12.6～13.0	90.5	1 300

① 钨钴类硬质合金。它的主要化学成分为碳化钨及钴。其代号用"硬""钴"两字汉语拼音的首字母"YG"加数字表示。数字表示钴的含量（质量分数×100）。例如 YG6，表示钨钴类硬质合金，$w_{Co} = 6\%$，余量为碳化钨。

② 钨钴钛类硬质合金。它的主要化学成分为碳化钨、碳化钛及钴。其代号用"硬""钛"两字的汉语拼音的首字母"YT"加数字表示。数字表示碳化钛含量（质量分数×100）。例如 YT15，表示钨钴钛类硬质合金，$w_{TiC} = 15\%$，余量为碳化钨及钴。

③ 通用硬质合金。它是以碳化钽或碳化铌取代 YT 类合金中的一部分碳化钛。在硬度

不变的条件下,取代的数量越多,合金的抗弯强度越高。它适用于切削各种钢材,特别对于不锈钢、耐热钢、高锰钢等难于加工的钢材,切削效果更好。它也可代替 YG 类合金加工铸铁等脆性材料,但是韧性较差,效果并不比 YG 类合金好。通用硬质合金又称"万能硬质合金",其代号用"硬""万"两字的汉语拼音的首字母"YW"加顺序号表示。

3. 硬质合金的应用

① 刀具材料。硬质合金中,碳化物的含量越多,钴含量越少,则合金的硬度、热硬性及耐磨性越高,但强度及韧性越低。当含钴量相同时,YT 类合金由于碳化钛的加入,具有较高的硬度与耐磨性。同时,由于这类合金表面会形成一层氧化钛薄膜,切削时不易黏刀,故具有较高的热硬性。但是其强度和韧性比 YG 类合金低。因此,YG 类合金适宜加工脆性材料(如铸铁等),而 YT 类合金则适宜于加工塑性材料(如钢等)。同一类合金中,含钴量较高者适宜制造粗加工刀具,反之,则适宜制造精加工刀具。

② 模具材料。硬质合金主要用于制造冷作模具,如冷拉模、冷冲模、冷挤模和冷镦模等。YG6、YG8 适用于小拉深模,TG15 适用于大拉深模和冲压模等。

③ 量具和耐磨零件。将量具的易磨损面镶以硬质合金,可增加耐磨性,提高使用寿命,并且可以提高测量精度,如千分尺的测量头,车床的顶尖等。

以上硬质合金的硬度很高,脆性大,除磨削外,不能进行一般的切削加工,所以冶金厂将其制成一定规格的刀片供应。使用前采用焊接、粘接或机械固紧的办法将它们固紧在刀体或模具体上。近年来,用粉末冶金法还生产了另一种新型工模具材料——钢结硬质合金。其主要化学成分是碳化钛或碳化钨以及合金钢粉末。它与钢一样可进行锻造、热处理、焊接与切削加工。它在淬火低温回火后,硬度达 70 HRC,具有高耐磨性、抗氧化及耐腐蚀等优点。用作刀具时,钢结硬质合金的寿命与 YG 类合金差不多,大大超过合金工具钢,如用作高负荷冷冲模时,由于具有一定韧性,寿命比 YG 类提高很多倍。由于它可切削加工,所以适宜制造各种形状复杂的刀具、模具与要求刚度大、耐磨性好的机械零件,如镗杆、导轨等。

常见钢结构硬质合金代号、成分及性能见表 8.9。

表 8.9　钢结构硬质合金代号、成分及性能

代号	化学成分 w(%)						性　能				
	TiC	WC	Cr	Mo	C	Fe	密度 ($g \cdot cm^{-3}$)	硬度(HRC)		抗弯强度 (MPa)	冲击吸收功 A_k(J)
								淬火	退火		
YE65	35	—	2	2	0.6	余量	6.4～6.6	39～46	69～73	1 300～2 300	—
YE50	Ni0.3	50	1.1	0.3	0.8	余量	10.3～10.6	35～42	68～72	2 700～2 900	9.6

二、烧结减摩材料

在烧结减摩材料中最常用的是多孔轴承,它是将粉末压制成轴承后,再浸在润滑油中,由于粉末冶金材料的多孔性,在毛细现象作用下,可吸附大量润滑油(一般含油率为 12%～30%),故又称为含油轴承。工作时由于轴承发热,使金属粉末膨胀,孔隙容积缩小。再加上轴旋转时带动轴承间隙中的空气层,降低摩擦表面的静压强,在粉末孔隙内外形成压力差,迫使润滑油被抽到工作表面。在停止工作后,润滑油又渗入孔隙中。所以含油轴承有自动润滑的作用。它一般用作中速、轻载荷的轴承,特别适宜不能经常加油的轴承,如纺织机械、食品机械、家用电器(电扇、电唱机)等轴承,在汽车、拖拉机、机床中也广泛应用。

常用的多孔轴承有两类：

（1）铁基多孔轴承。常用的有铁-石墨（$w_{石墨}$ 为 0.5%～3%）烧结合金和铁-硫（w_S 为 0.5%～1%）-石墨（$w_{石墨}$ 为 1%～2%）烧结合金。前者硬度为 30～110 HBS，组织是珠光体（＞40%）＋铁素体＋渗碳体（＜5%）＋石墨＋孔隙。后者硬度为 35～70 HBS，除有与前者相同的几种组织外，还有硫化物。组织中石墨或硫化物起固体润滑剂作用，能够改善减摩性能，石墨还能吸附很多润滑油，形成胶体状高效能的润滑剂，进一步改善摩擦条件。

（2）铜基多孔轴承。常用的是 ZCuSn5Pb5Zn5 青铜粉末与石墨粉末制成。硬度为 20～40 HBS，它的成分与 ZCuSn5Pb5Zn5 锡青铜相近，但其中有 0.3%～2% 的石墨（质量分数），组织是 α 固溶体＋石墨＋铅＋孔隙。它有较好的导热性、耐蚀性、抗咬合性，但承压能力较铁基多孔轴承小，常用于纺织机械、精密机械、仪表中。

近年来，出现了铝基多孔轴承。铝的摩擦系数比青铜小，所以工作时温升也低，且铝粉价格比青铜粉低，因此在某些场合，铝基多孔轴承会逐渐代替铜基多孔轴承而得到广泛使用。

三、烧结铁基结构材料（烧结钢）

该材料是以碳钢粉末或合金钢粉末为主要原料，并采用粉末冶金方法制造成的金属材料或直接制成烧结结构零件。

这类材料制造结构零件的优点是：制品的精度较高、表面光洁（径向精度 2～4 级、表面粗糙度 $Ra=1.6～0.20$），不需或只需少量切削加工。制品还可以通过淬火＋低温回火或渗碳淬火＋低温回火提高耐磨性。烧结铁基结构材料制品多孔，可以浸渍润滑油，改善摩擦条件，减少磨损，并有减振、消音的作用。长轴类、薄壳类及形状特别复杂的结构零件，则不适宜采用粉末合金材料。

四、烧结摩擦材料

机器上的制动器与离合器大量使用摩擦材料，如图 8.9、图 8.10 所示。它们都是利用材料相互间的摩擦力传递能量的，尤其是在制动时，制动器要吸收大量的动能，使摩擦表面温度急剧上升（可达 1 000 ℃ 左右），故摩擦材料极易磨损。因此，对摩擦材料性能的要求是：

1—销轴　2—制动片　3—摩擦材料
4—被制动的旋转体　5—弹簧

图 8.9　制动器示意图

1—主动片　2—从动片　3—摩擦材料

图 8.10　摩擦离合器简图

① 较大的摩擦系数;② 较好的耐磨性;③ 良好的磨合性、抗咬合性;④ 足够的强度,能承受较高的工作压力及速度。

摩擦材料通常由强度高、导热性好、熔点高的金属(如用铁、铜)作为基体,并加入能提高摩擦系数的摩擦组分(如 Al_2O_3、SiO_2 及石棉等)以及能够抗咬合、提高减摩性的润滑组分(如铅、锡、石墨、二硫化钼等)的粉末冶金材料。因此,它能较好地满足使用性能的要求。其中铜基烧结摩擦材料常用于汽车、拖拉机、锻压机床的离合器与制动器。而铁基的多用于各种高速重载机器的制动器。与烧结摩擦材料相互摩擦的对偶件,一般用淬火钢或铸铁。

课 后 习 题

一、判断题

1. 纯铝和纯铜都是可以采用热处理来强化的金属。(　　)
2. 形变铝合金按其性能特点可以分为防锈铝合金、硬铝合金及锻铝合金三种。(　　)
3. 单相黄铜比双相黄铜的塑性好,因而更适合于冷、热压力加工。(　　)
4. 铸造铝合金的铸造性能好,但其塑性较差,所以不适合压力加工。(　　)
5. 轴承合金是用来制造轴承的内、外圈及滚动体的材料。(　　)
6. 硬质合金制造的刀具,其热硬性要比高速钢好。(　　)
7. 使用变质处理的方法,可有效地提高铸造铝合金的力学性能。(　　)
8. 普通黄铜的耐腐蚀性良好,而且当 $w_{Zn}>7\%$ 时,耐海水和大气腐蚀性好。(　　)
9. 固溶处理后的铝合金在随后的时效过程中强度明显下降,但其塑性得以提高。(　　)
10. 形变铝合金的塑性好,因而适宜压力加工。(　　)

二、选择题

1. 为提高形变铝合金的力学性能,可以采用(　　)。
　　A. 淬火　　　　　B. 回火　　　　　C. 退火　　　　　D. 固溶处理+时效处理
2. 硬质合金的热硬性可达(　　)。
　　A. 200~300 ℃　B. 500~600 ℃　C. 600~800 ℃　D. 900~1 000 ℃
3. 防锈铝合金可采用(　　)方法来强化。
　　A. 变质处理　　　　　　　　　B. 形变强化
　　C. 固溶处理+时效处理　　　　D. 淬火+回火
4. 为提高铸造铝合金的力学性能,可以采用(　　)。
　　A. 变质处理　　B. 形变强化　　C. 淬火　　　　D. 固溶处理+时效处理
5. 在 ZL203 中"2"表示的是(　　)。
　　A. Si　　　　　B. Mg　　　　　C. Cu　　　　　D. Zn

三、问答题

1. 形变铝合金有哪几类?其主要性能特点是什么?
2. 对于铝合金,怎样进行热处理来提高其力学性能?
3. 滑动轴承合金必须具备哪些特点?常用滑动轴承合金有哪些?

四、应用题

由于铝合金等非铁金属材料具有许多钢铁材料不具备的特点,例如:密度小、耐腐蚀、比强度高、高塑性等,使其在生产和生活中的应用日益广泛,试列举一些例子来说明。

第九章　非金属材料与复合材料

长期以来,在机械工程中主要使用金属材料,特别是钢铁材料。但是随着生产与实践的发展和科学技术的进步,金属材料已不能完全满足各种不同零件的性能要求,非金属材料正越来越多地被应用于各类工程结构中,并且取得了巨大的技术及经济效益。

非金属材料具有金属材料所不及的一些优异性能,如塑料的质轻、绝缘、耐磨、隔热、美观、耐腐蚀、易成型;橡胶的高弹性、吸振、耐磨、绝缘等;陶瓷的高硬度、耐高温、抗腐蚀等;加上它们的原料来源广泛,自然资源丰富,成型工艺简便,故在生产中的应用得到了迅速发展,在某些生产领域中已成为不可取代的材料。而由几种不同材料复合而成的复合材料,不仅保留了各自优点,且能得到单一材料无法比拟的、优越的综合性能,成为一类很有发展前途的新型工程材料。

第一节　高分子材料

一、塑料

由分子量很大(一般在 1 000 以上)的有机化合物为主要组分组成的材料,称为高分子材料。高分子材料有塑料、合成橡胶、合成纤维、涂料、胶粘剂等。

塑料是以有机合成树脂为主要成分的高分子材料,它常可在加热、加压条件下塑制成型,故称为塑料。

1. 塑料的组成

塑料是以有机合成树脂为基础,再加入添加剂所组成的。合成树脂是由低分子化合物通过缩聚或加聚反应合成的高分子化合物。例如酚醛树脂、聚乙烯等,他们既是塑料的主要组成,也起粘接剂作用。

添加剂是为改善塑料的使用性能和工艺性能而加入的其他成分,主要有:

① 填料或增强材料填料在塑料中主要起增强作用。

② 固化剂可使树脂具有体型网状结构,获得较坚硬和稳定的塑料制品。

③ 增塑剂用以增加树脂可塑性和柔软性。

④ 稳定剂可增强塑料对热、光、氧等老化作用的抵抗力,延长塑料寿命。

2. 塑料的分类

(1) 根据树脂在加热和冷却时所表现的性质,可分为热塑性塑料和热固性塑料。

① 热塑性塑料。加热时软化并熔融,可塑造成型,冷却后即成型并保持既得形状,且该

过程可反复进行。这类塑料有聚乙烯、聚丙烯、聚苯乙烯、聚酰胺(尼龙)、聚甲醛、聚碳酸脂等。这类塑料加工成型简便,具有较高的力学性能,但耐热性和刚性比较差。

② 热固性塑料。初加热时软化,可塑造成型,但固化后再加热将不再软化,也不溶于溶剂。这类塑料有酚醛、环氧、氨基、不饱和聚酯等。它们具有耐热性高,受压不易变形等优点,但是力学性能不好。

(2) 按使用范围可分为以下三类:

① 通用塑料。应用范围广、生产量大的塑料品种。主要有聚氯乙烯、聚苯乙烯、聚烯烃、酚醛塑料和氨基塑料等,其产量约占塑料总产量的四分之三以上。

② 工程塑料。综合工程性能(包括力学性能、耐热耐寒性能、耐蚀性和绝缘性能等)良好的各种塑料。主要有聚甲醛、聚酰胺、聚碳酸酯和 ABS 等四种。

③ 耐热塑料。能在较高温度($100\sim200$ ℃以上)下工作的各种塑料。常见的有聚四氟乙烯、聚三氟氯乙烯、有机硅树脂、环氧树脂等。

3. 常用的工程塑料

(1) 热塑性塑料

① 聚乙烯(PE)。聚乙烯由乙烯单体聚合而成。根据合成方法不同,可以分为高压、中压和低压三种。高压聚乙烯相对分子质量、结晶度和密度较低,质地柔软,通常用来制作塑料薄膜、软管和塑料瓶等。低压聚乙烯质地刚硬,耐磨性、耐蚀性及电绝缘性较好,常用来制造塑料管、板材、绳索以及承载不高的零件,如齿轮、轴承等。

② 聚丙烯(PP)。聚丙烯由丙烯单体聚合而成。聚丙烯刚性大,其强度、硬度和弹性等力学性能均高于聚乙烯。聚丙烯的密度仅为 $0.90\sim0.91$ g/cm³,是常用塑料中最轻的。聚丙烯的耐热性良好,长期使用温度为 $100\sim110$ ℃。聚丙烯具有优良的电绝缘性能和耐蚀性能,在常温下能耐酸、碱,所以经常制作成导线外皮。但聚丙烯的冲击韧性差,耐低温及抗老化性也差。聚丙烯可用于制作某些零部件,如法兰、齿轮、风扇叶轮、泵叶轮、把手及壳体等,还可以制作化工管道、容器、医疗器械等。

③ 聚氯乙烯(PVC)。聚氯乙烯是由乙炔气体和氯化氢合成氯乙烯,再聚合而成。具有较高的机械强度和较好的耐蚀性。可用于制作化工、纺织等工业的废气排污排毒塔、气体液体输送管,还可代替其他耐蚀材料制造贮槽、离心泵、通风机和接头等。当增塑剂加入量达 $30\%\sim40\%$时,便制得软质聚氯乙烯,其延伸率高,制品柔软,并具有良好的耐蚀性和电绝缘性,常制成薄膜,用于工业包装、农业育秧和日用雨衣、台布等,还可以用于制作耐酸耐碱软管、电缆外皮、导线绝缘层等。

④ 聚苯乙烯(PS)。聚苯乙烯由苯乙烯单体聚合而成。聚苯乙烯刚度大、耐蚀性好、电绝缘性好,缺点是抗冲击性差、易脆裂、耐热性不高。可用以制造纺织工业中的纱管、纱锭、线轴;电子工业中的仪表零件、设备外壳;化工中的储槽、管道、弯头;车辆上的灯罩、透明窗;电工绝缘材料等。

⑤ ABS 塑料。ABS 塑料是丙烯腈、丁二烯和苯乙烯的三元共聚物。具有"硬、韧、刚"的特性,综合机械性能良好,同时尺寸稳定,容易电镀和易于成型,耐热性较好,在 - 40 ℃的低温下仍有一定的机械强度。可制造齿轮、泵叶轮、轴承、把手、管道、储槽内衬、电机外壳、仪表壳、仪表盘、蓄电池槽、水箱外壳等。近年来在汽车零件上的应用发展很快,例如作挡泥板、扶手、热空气调节导管以及小轿车车身等。作纺织器材、电讯器件都有很好的效果。

⑥ 聚酰胺(PA)。又称尼龙或锦纶,是由二元胺与二元酸缩合而成,或由氨基酸脱水成

内酰胺再聚合而得,有尼龙610,66,6等多个品种。尼龙具有突出的耐磨性和自润滑性能;具有良好的韧性,强度较高(因吸水不同而异);耐蚀性好,例如耐水、油、一般溶剂、许多化学药剂,抗霉、抗菌、无毒;成型性能也好。被用于制造耐磨耐蚀零件,如轴承、齿轮、螺钉、螺母等。

⑦ 聚碳酸酯(PC)。聚碳酸酯誉称"透明金属",具有优良的综合性能。冲击韧性和延性突出,在热塑性塑料中是最好的;弹性模量较高,不受温度的影响;抗蠕变性能好,尺寸稳定性高。透明度高,可染成各种颜色;吸水性小。绝缘性能优良,在10~130℃间介电常数和介质损耗近于不变。制造精密齿轮、蜗轮、蜗杆、齿条等。利用其高的电绝缘性能,制造垫圈、垫片、套管、电容器等绝缘件,并可作电子仪器仪表的外壳、护罩等。由于透明性好,在航空及宇航工业中,是一种不可缺少的制造信号灯、挡风玻璃、座舱罩、帽盔等的重要材料。

⑧ 氟塑料。氟塑料比其他塑料的优越在于耐高、低温,耐腐蚀,耐老化和电绝缘性能很好,且吸水性和摩擦系数低,尤以F-4最突出。聚四氟乙烯俗称塑料王,具有非常优良的耐高、低温性能,缺点是强度低,冷流性强。主要用于制作减摩密封零件、化工耐蚀零件与热交换器,以及高频或潮湿条件下的绝缘材料。

⑨ 聚甲基丙烯酸甲酯(PMMA)。俗称有机玻璃。有机玻璃的透明度比无机玻璃还高,透光率达92%;密度也只有后者的一半,为1.18 g/cm³。机械性能比普通玻璃高得多(与温度有关)。可用于制造仪表护罩、外壳、光学元件、透镜等。

(2) 热固性塑料

① 酚醛塑料(PF)。由酚类和醛类在酸或碱催化剂作用下缩聚合成酚醛树脂,再加入添加剂而制得的高聚物。一般为热固性塑料。酚醛塑料具有一定的机械强度和硬度,耐磨性好,绝缘性良好,耐热性较高,耐蚀性优良。缺点是性脆,不耐碱。酚醛塑料广泛用于制作插头、开关、电话机、仪表盒、汽车刹车片、内燃机曲轴皮带轮、纺织机和仪表中的无声齿轮、化工用耐酸泵日用用具等。

② 环氧塑料(EP)。为环氧树脂加入固化剂后形成的热固性塑料。环氧塑料强度较高,韧性较好;尺寸稳定性高、耐久性好;具有优良的绝缘性能;耐热、耐寒;化学稳定性很高;成型工艺性能好。缺点是有某些毒性。环氧塑料是很好的胶粘剂,对各种材料(金属及非金属)都有很强的胶粘能力。环氧塑料用于制作塑料模具、印刷线路板,灌封电器元件,配制飞机漆、油船漆、罐头涂料。

二、合成纤维

合成纤维是以石油、天然气、煤和石灰石等为原料,经过提炼和化学反应合成高分子化合物,再经过熔融或溶解后纺丝制得的纤维。其具有强度高、密度小、弹性好、耐磨、耐酸碱性好、不霉烂、不怕虫蛀等特点。除用作衣料等生活用品外,还可用于汽车、飞机轮胎帘子线、渔网、索桥、船缆、降落伞及绝缘布等。

1. 合成纤维的生产方法

合成纤维的制取工艺包括单体制备和聚合、纺丝和后加工三个基本环节。

(1) 单体制备和聚合

利用石油、天然气、煤和石灰石等为原料,经分馏、裂化和分离得到有机低分子化合物,如苯、乙烯、丙烯、苯酚等作为单体,在一定温度、压力和催化剂的作用下,聚合而成的高聚物,即为合成纤维的材料,又称成纤高聚物。

（2）纺丝

将成纤高聚物的熔体或浓溶液,用纺丝泵（或称计量泵）连续、定量而均匀地从喷丝头（或喷丝板）的毛细孔中挤出,而成为液态细流,再在空气、水或特定的凝固溶液中固化成为初生纤维的过程称作"纤维成型",或称"纺丝",这是合成纤维生产过程中主要的工序。合成纤维的纺丝方法主要有两大类:熔体纺丝法（见图9.1）和溶液纺丝法。在溶液纺丝中根据凝固方式不同,又分为湿法纺丝和干法纺丝。

料斗

螺旋挤压机

纺丝通道

导丝器

空气

图 9.1　熔体纺丝

（3）后加工

纺丝成型后得到的初生纤维其结构还不完善,物理机械性能较差,例如强度低、尺寸稳定性差,还不能直接用于纺织加工,必须经过一系列后加工。后加工随合成纤维品种、纺丝方法和产品要求而异,其中主要的工序是拉伸和热定型。

2. 常用合成纤维

合成纤维主要有涤纶、锦纶、腈纶、维纶、丙纶和氯纶,通称为六大纶。其中最主要的是涤纶、锦纶和腈纶三个品种,它们的产品占合成纤维总产量的90%以上。下面简要介绍这六种合成纤维的主要特性和用途。

（1）涤纶

化学名称为聚酯纤维,商品名称为涤纶或的确良,由对苯二甲酸乙二酯抽丝制成。涤纶的主要特点是弹性好,弹性模量大,不容易变形,强度高,抗冲击性能高,耐磨性好,耐光性、化学稳定性和电绝缘性也较好,不发霉,不虫蛀。现在除大量地用作纺织品材料外,工业上广泛地用于运输带、传动带、帆布、渔网、绳索、轮胎帘子线及电器绝缘材料等。涤纶的缺点是吸水性差、染色性差、不透气、织物穿着感到不舒服、摩擦易起静电,容易把脏物吸附,不宜暴晒。

（2）锦纶

化学名称为聚酰胺纤维,商品名称为锦纶或尼龙。由聚酰胺树脂抽丝制成,主要品种有锦纶 6、锦纶 66 和锦纶 1010 等。锦纶的特点是质轻、强度高、弹性和耐磨性好、良好的耐碱性和电绝缘性,但耐酸、耐热、耐光性能较差。主要缺点是弹性模量低,容易变形,缺乏刚性。锦纶纤维多用于轮胎帘子线、降落伞、宇航飞行服、渔网、针织内衣、尼龙袜、手套等工农业以及日常生活用品。

（3）腈纶

化学名称为聚丙烯腈纤维,商品名称为腈纶或奥纶。它是丙烯腈的聚合物——聚丙烯腈树脂经湿纺或干纺制成。腈纶质轻,密度为 $1.14 \sim 1.17$ g/cm³。柔软,保暖性好,犹如羊毛。腈纶不发霉、不虫蛀、弹性好、吸湿小,耐光性能特别好,多数用来制造毛线和膨体纱及室外用的帐篷、幕布、船帆等织物,还可与羊毛混纺,织成各种衣料,如图 9.13。腈纶的缺点是耐磨性差,弹性不如羊毛,摩擦后容易在表面产生许多小球,不易脱落,且因摩擦、静电积聚小球容易吸收尘土使织物被弄脏。

（4）维纶

化学名称为聚乙烯醇纤维,商品名称为维尼纶或维纶。由聚乙烯醇树脂经混纺制成。维纶的最大特点是吸湿性好,且具有较高的强度,耐磨性、耐酸碱腐蚀性均较好,耐日晒、不发霉、不虫蛀,其纺织品柔软保暖,结实耐磨,穿着时没有闷气感觉,是一种很好的衣着原料。主要用作帆布、包装材料、输送带、背包、床单和窗帘等。

（5）丙纶

化学名称为聚丙烯纤维,商品名称为丙纶。由丙烯的聚合物——聚丙烯制成。丙纶的特点是质轻强度大,相对密度只有 0.91 g/cm³。比腈纶还轻,能浮在水面上,故是渔网的理想材料,也是军用蚊帐的好材料。丙纶耐磨性优良,吸湿性很小,还能耐酸、碱腐蚀。用丙纶制的织物,易洗快干,经久耐用,除用于衣料、毛毯、地毯、工作服外,还可作包装薄膜、降落伞、医用纱布和手术衣等。

（6）氯纶

化学名称为聚氯乙烯纤维,商品名称为氯轮。由聚氯乙烯树脂制成。这种纤维的特点是保暖性好,遇火不易燃烧,化学稳定性好,能耐强酸和强碱,弹性、耐磨性、耐水性和电绝缘性均很好,并能耐日光照射、不霉烂、不虫蛀。所以常用作化工防腐和防火衣着的用品,以及绝缘布、窗帘、地毯、渔网、绳索等。又因氯轮的保暖性好,静电作用强,做成贴身内衣。氯纶的缺点是耐热性差。

三、合成橡胶

橡胶是一种具有极高弹性的高分子材料,其弹性变形量可达 $100\% \sim 1\,000\%$,回弹性好,回弹速度快。而且,橡胶还有一定的耐磨性,很好的绝缘性和不透气、不透水性。它是常用的弹性材料、密封材料、减振防震材料和传动材料。

1. 橡胶的分类

按照原料的来源,橡胶可分为天然橡胶和合成橡胶两大类。合成橡胶主要有七大品种:丁苯橡胶、顺丁橡胶、氯丁橡胶、异戊橡胶、丁基橡胶、乙丙橡胶和丁腈橡胶。习惯上按用途将合成橡胶分成两类:性能和天然橡胶接近、可代替天然橡胶的通用橡胶和具有特殊性能的特种橡胶。

2．橡胶制品的组成

人工合成用以制胶的高分子聚合物称为生胶。生胶要先进行塑炼，使其处于塑性状态，再加入各种配料，经过混炼成型、硫化处理，才能成为可以使用的橡胶制品。配料主要包括：

（1）硫化剂

变塑性生胶为弹性胶的处理即为硫化处理，能起硫化作用的物质称硫化剂。通常使用的硫化剂有硫磺、含硫化合物、硒、过氧化物等。

（2）硫化促进剂

胺类、胍类、秋兰姆类、噻唑类及硫脲类物质，可以起降低硫化温度、加速硫化过程的作用，称为硫化促进剂。

（3）补强填充剂

为提高橡胶的机械性能，改善其加工工艺性能，降低成本，常加入填充剂，例如碳黑、陶土、碳酸钙、硫酸钡、氧化硅、滑石粉等。

3．常用合成橡胶

（1）通用合成橡胶

① 丁苯橡胶。丁苯橡胶是以丁二烯和苯乙烯为单体共聚而成。具有较好的耐磨性、耐热性、耐老化性，价格便宜。主要用于制造轮胎、胶带、胶管及生活用品。

② 顺丁橡胶。顺丁橡胶是由丁二烯聚合而成。顺丁橡胶的弹性、耐磨性、耐热性、耐寒性均优于天然橡胶，是制造轮胎的优良材料。缺点是强度较低、加工性能差。主要用于制造轮胎、胶带、弹簧、减振器、耐热胶管、电绝缘制品等。

③ 氯丁橡胶。氯丁橡胶是由氯丁二烯聚合而成。氯丁橡胶的机械性能和天然橡胶相似，但耐油性、耐磨性、耐热性、耐燃烧性、耐溶剂性、耐老化性能均优于天然橡胶，故称为"万能橡胶"。它既可作为通用橡胶，又可作为特种橡胶。但氯丁橡胶耐寒性较差（－35 ℃），密度较大（1.23 g/cm³），生胶稳定性差，成本较高。它主要用于制造电线、电缆的外皮、胶管、输送带等。

（2）特种橡胶

① 丁腈橡胶。丁腈橡胶是丁二烯和丙烯腈两种单体的共聚物。主要优点是耐油，耐有机溶剂；丁腈橡胶的耐热、耐老化、耐腐蚀性也比天然橡胶和通用橡胶好，而且还具有较好的抗水性。耐寒性低，脆化温度为－10～－20 ℃；耐酸性差，对硝酸、浓硫酸、次氯酸和氢氟酸的抗蚀能力特别差；电绝缘性能很差；强度很低，只有3～4 MPa。加入补强剂以后，可提高到25～30 MPa。广泛应用于各种耐油制品。如输油胶管、各种油封制品和贮油容器衬里及隔膜等。耐油胶管、印刷胶辊和耐油手套等。

② 硅橡胶。硅橡胶是由各种硅氧烷缩聚而成。所用的硅氧烷单体的组成不同，可得到不同品种的硅橡胶，其中以二甲基硅橡胶应用最广，它是由二甲基硅氧烷缩聚而成。硅橡胶的柔顺性较好；既耐高温又耐严寒，橡胶中它的工作温度范围最广（－100～300 ℃），具有十分优异的耐臭氧老化性能、耐光老化性能和耐候老化性能；良好的电绝缘性能。其缺点是常温下其硫化胶的抗拉强度、撕裂强度和耐磨性能比天然橡胶及其他合成橡胶低，其价格也比较贵，限制了其应用。用于军事及航空航天工业的密封减振、电绝缘材料和涂料，以及医疗卫生制品。

③ 氟橡胶。氟橡胶是以碳原子为主链、含有氟原子的高聚物。它具有很高的化学稳定性，在酸、碱、强氧化剂中的耐蚀能力居各类橡胶之首；耐热性很好。缺点是价格昂贵、耐寒

性差、加工性能不好。主要用于高级密封件、高真空密封件及化工设备中的里衬,火箭、导弹等的密封垫圈。

四、胶粘剂

胶粘剂又称粘合剂或粘接剂。它是一类通过粘附作用,使同质或异质材料连接在一起,并在胶接面上有一定强度的物质。

1. 常用胶粘剂

(1) 树脂型胶粘剂

① 热塑性树脂胶粘剂。

以线型热塑性树脂为基料,与溶剂配制成溶液或直接通过熔化的方式进行胶接。这类胶粘剂使用方便、容易保存、具有柔韧性、耐冲击性,初粘能力良好。但耐溶剂性和耐热性较差,强度和抗蠕变性能低。

聚醋酸乙烯酯胶粘剂是一种常用的热塑性树脂胶粘剂,它是以聚醋酸乙烯脂为基料的胶粘剂。其具有胶接强度好、黏度低、使用方便、无毒不燃等优点。适宜于胶接多孔性、易吸水的材料,例如纸张、木材、纤维织物的粘合,也可用于塑料及铝箔等的粘合。

② 热固性树脂胶粘剂。

以多官能团的单体或低分子预聚体为基料,在一定的固化条件下通过化学反应,交联成体型结构的胶层来进行胶接。胶层呈现刚性,具有很高的胶接强度和硬度,良好的耐热性与耐溶剂性,优良的抗蠕变性能。缺点是起始胶接力较小,固化时容易产生体积收缩和内应力。

环氧树脂胶粘剂是一种常用的热固性树脂胶粘剂,其基料是环氧树脂,主要品种为双酚A缩水甘油醚树脂,又称双酚A型环氧树脂。环氧树脂的突出优点是:粘附力强(对金属、陶瓷、塑料、木材、玻璃等都有很强的粘附力,被称之为"万能胶")、内聚力大(树脂固化后,胶层的内聚力很大,以致在被胶物受力破坏时,断裂往往发生在被胶物内)、工艺性好(胶接时可以不加压或仅使用接触应力,并可在室温或低温快速固化)、收缩率低(一般小于2%,有的甚至可低至1%左右)、耐温性能较好(既具有一定的低温性能,又有一定的耐热性)。

另外,环氧树脂胶粘剂的机械强度高,蠕变性和吸水性小,有比较好的化学稳定性和电绝缘性能。主要缺点是耐热性不高,耐紫外线性能较差,部分添加剂有毒,适用期短,即配制后需尽快使用,以免固化。

环氧树脂胶粘剂常用来胶接各种金属和非金属材料,在机械、化工、建筑、航空、电子等工业部门得到广泛应用。

(2) 橡胶型胶粘剂

橡胶胶粘剂是以氯丁、丁腈、丁苯、丁基等合成橡胶或天然橡胶为基料配制成的一类胶粘剂。这类胶粘剂具有较高的剥离强度和优良的弹性,但其拉伸强度和剪切强度较低,主要适用于柔软的或膨胀系数相差很大的材料的胶接。

① 氯丁橡胶胶粘剂。其基料为氯丁橡胶。该胶粘剂具有较高的内聚强度和良好的粘附性能,耐燃性、耐气候性、耐油性和耐化学试剂性能等均较好。主要缺点是稳定性和耐低温性能较差。氯丁橡胶胶粘剂可用于极性或非极性橡胶的胶接,非金属、金属材料的胶接,在汽车、飞机、船舶制造和建筑等方面,均得到广泛应用。

② 丁腈橡胶胶粘剂。其基料为丁腈橡胶。该类胶粘剂的突出特点是耐油性好,并有良好的耐化学介质性和耐热性能。丁腈橡胶胶粘剂对极性材料有很强的粘附性,但对非极性材料的胶接稍差。丁腈橡胶胶粘剂适用于金属、塑料、橡胶、木材、织物以及皮革等多种材料的胶接,尤其在各种耐油产品中得到十分广泛的应用。

（3）混合型胶粘剂

混合型胶粘剂又称复合型胶粘剂。它是由两种或两种以上高聚物彼此掺混或相互改性而制得,即构成胶粘剂基料的是不同种类的树脂或者树脂与橡胶。

① 酚醛-聚乙烯醇缩醛胶粘剂。以甲基酚醛树脂为主体,加入聚乙烯醇缩醛类树脂(如聚乙烯醇缩甲醛、缩丁醛、缩糠醛等)进行改性而成。适用于金属、陶瓷、玻璃、塑料及木材等的胶接,它是目前最通用的飞机结构胶之一,可用于胶接金属结构和蜂窝结构。此外,还可以用于汽车刹车片、轴瓦、印刷线路板及波导元件等的胶接。

② 酚醛-丁腈胶粘剂。综合了酚醛树脂和丁腈橡胶的优点,胶接强度高、耐振动、抗冲击韧性好,其剪切强度随温度变化不大,可以在 −55～180 ℃ 下长时间使用,其耐水、耐油、耐化学介质以及耐大气老化性能都较好。但是,这种胶粘剂固化条件严格,必须加压、加温才能固化。酚醛-丁腈胶粘接剂可用于金属和大部分非金属材料的胶接,例如汽车刹车片的粘合、飞机结构中轻金属的粘合,印刷线路板中铜箔与层压板的粘合以及各种机械设备的修复等。

2. 胶粘剂的选用

胶粘剂通常应综合考虑胶粘剂的性能、胶接对象、使用条件、固化工艺和经济成本等各方面的因素,合理地选用。

（1）胶粘剂的性能

首先必须充分把握和了解胶粘剂的品种、组成,特别是性能参数。

（2）胶接对象

仅就强度指标而言,当橡胶与橡胶或橡胶与其他非金属材料胶接时,主要考虑剥离强度;当橡胶与金属胶接时,不仅要考虑剥离强度,还要考虑均匀扯离强度;当金属与金属胶接时,则主要应考虑剪切强度。

（3）使用条件

被胶接件的使用环境和用途要求是选用粘接剂的重要依据。若用于受力结构件的胶接,则需选用强度高、韧性好、抗蠕变性能优良的结构型胶粘剂;如果用于一般性的胶接、工艺上的定位或机械设备的修补,则可选用非结构型胶粘剂;如果用于在特定条件下使用(如耐高温、耐低温、导热、导电、导磁等)的被胶接件的胶接,则应选用各类特种胶粘剂。

第二节　陶 瓷 材 料

一、概述

传统意义上的陶瓷主要指陶器和瓷器,也包括玻璃、搪瓷、耐火材料、砖瓦等。这些材料都是用黏土、石灰石、长石、石英等天然硅酸盐类矿物制成的。因此,传统的陶瓷材料是指硅酸盐类材料。主要应用于日用、建筑、卫生陶瓷用品，以及工业上应用的低压和高压陶瓷、耐酸陶瓷、过虑陶瓷等。

现今意义上的陶瓷材料已有了巨大变化，许多新型陶瓷已经远远超出了硅酸盐的范畴，不仅在性能上有了重大突破，在应用上也已渗透到各个领域。

陶瓷材料通常分为玻璃、玻璃陶瓷和工程陶瓷（也叫烧结陶瓷）三大类。

1．玻璃

包括光学玻璃、电工玻璃、仪表玻璃等在内的工业玻璃及建筑玻璃和日用玻璃等无固定熔点的受热软化的非晶态固体材料。

2．玻璃陶瓷

耐热耐蚀的微晶玻璃、无线电透明微晶玻璃、光学玻璃陶瓷等。

3．工程陶瓷

又可分为普通陶瓷和特种陶瓷两大类，而金属陶瓷通常被视为金属与陶瓷的复合材料。

陶瓷材料按应用分为结构陶瓷材料与功能陶瓷材料。

工程陶瓷的生产过程如下：

（1）原料制备将矿物原料经拣选、粉碎后配料、混合、磨细得到坯料。

（2）坯料成型将坯料加工成一定形状和尺寸并有一定机械强度和致密度的半成品。包括可塑成型（如传统陶瓷），注浆成型（如形状复杂、精度要求高的普通陶瓷）和压制成型（如特种陶瓷和金属陶瓷）。

（3）烧成与烧结干燥后的坯料加热到高温，进行一系列的物理、化学变化而成瓷的过程。烧成是使坯件瓷化的工艺（1 250～1 450 ℃）；烧结是指烧成的制品开口气孔率极低、而致密度很高的瓷化过程。

衡量陶瓷的质量指标有原料的纯度和细度、坯料混合均匀性、成型密度及均匀性、烧成或烧结温度、炉内气氛、升降温速度等。

陶瓷材料不仅作结构材料，而且可以作性能优异的功能材料，在空间技术、海洋技术、电子、医疗卫生、无损检测、广播电视等领域得到重要应用。

二、陶瓷材料的结构特点

陶瓷是一种多晶固体材料，它的内部组织结构较为复杂，一般是由晶相、玻璃相和气相组成。这些相的结构、数量、晶粒大小、形态、结晶特性、分布状况、晶界及表面特征的不同，都会对陶瓷的性能产生重要影响。

1．晶体相

晶体相是指陶瓷的晶体结构，它是由某些化合物或固溶体组成，是陶瓷的主要组成相，一般数量较大，对性能的影响最大。陶瓷材料和金属材料一样，通常是由多晶体组成。有时，陶瓷材料不止一个晶相，而是多相晶体，即除了主晶相外，还有次晶相、第三晶相……对于陶瓷材料来说，主晶相的性能，往往决定着陶瓷的机械、物理、化学性能。例如：刚玉瓷具有较高的机械强度、耐高温、抗腐蚀、电绝缘性能好等性能特点。其主要原因是其主晶相（α-Al_2O_3、刚玉型）的晶体结构紧密、离子键结合强度大。另外，与其他所有晶体材料一样，陶瓷中的晶体相也存在着各种晶体缺陷。

在陶瓷晶体相结构中，最重要的有氧化物结构和硅酸盐结构两大类。

（1）氧化物结构。大多数氧化物结构是由氧离子排列成简单立方、面心立方和密排六方的三种晶体结构，正粒子位于其间隙中。它们大都是以离子键结合的晶体，是大多数典型陶瓷特别是特种陶瓷的主要组成和晶体相。图 9.2 为 MgO 与 Al_2O_3 的晶体结构。

(a) MgO的晶体结构　　　(b) Al₂O₃的晶体结构

图 9.2　氧化物的晶体结构

（2）硅酸盐结构。硅酸盐是传统陶瓷的主要原料，同时又是陶瓷组织中的重要晶体相，它是由硅氧四面体[SiO_4]为基本结构单元所组成的，如图 9.3 所示。[SiO_4]就像高分子化合物大分子链中的基本结构单元——链节一样，它既可以孤立地在结构中存在，也可以互成单链、双链或层状连接，如图 9.4 所示。因此，硅酸盐有无机高分子化合物之称。

(a) 示意图　　　　(b) 模型

图 9.3　[SiO_4]四面体

(a) 单链　　　　　　　　　(b) 双链

(c) 层状

图 9.4　[SiO_4]四面体连接模型

2．玻璃相

玻璃相是一种非晶态的低熔点固体相。形成玻璃相的内部条件是黏度,外部条件是冷却速度。一般黏度较大的物质,如 Al_2O_3、SiO_2、B_2O_3 等化合物的液体,当其快速冷却时很容易凝固成非晶态的玻璃体,而缓慢冷却或保温一段时间,则往往会形成不透明的晶体。

玻璃相在陶瓷材料中也是一种重要的组成相,除釉层中绝大部分是玻璃相外,在瓷体内部也有不少玻璃相存在。玻璃相的主要作用是:将分散的晶相粘结在一起,填充气孔空隙,使瓷坯致密,抑制晶体长大,防止晶格类型转变,降低陶瓷烧结温度,加快烧结过程以及获得一定程度的玻璃特性等。但是玻璃相组成不均匀,致使陶瓷的物理、化学性能有所不同,而且玻璃相的强度低,脆性大,热稳定性差,电绝缘性差,所以玻璃相含量应根据陶瓷性能要求合理调整,一般控制在 20%～40% 或者更多些,例如日用陶瓷的玻璃相可达 60% 以上。

3．气相

气相是指陶瓷组织结构中的气孔。气相的存在对陶瓷材料的性能有较大的影响,它使材料的强度降低(如图9.5),热导率、抗电击穿能力下降,介电损耗增大,而且它往往是产生裂纹的原因。同时,气相对光有散射作用而降低陶瓷的透明度。然而要求生产隔热性能好、密度小的陶瓷材料,则希望气孔数量多,分布和大小均匀一些,通常,陶瓷中的残留气孔量为 5%～10%。

图9.5　气孔对陶瓷强度的影响

陶瓷材料几乎都是由一种或多种晶体组成,晶体周围通常被玻璃体包围着,在晶内或晶界处还分布着大大小小的气孔。由不同种类、不同数量、不同形状和分布的晶体相、玻璃相、气相组成了具有各种物理、化学性能的陶瓷材料。通过对陶瓷材料组织结构的了解与研究,可以让我们知道什么样的组织结构的陶瓷材料具有什么样的性能,从而找出改进材料性能的途径,以达到指导生产,调整配料方案,改进工艺措施及合理使用的目的。

三、陶瓷材料的性能

陶瓷材料的性能主要包括力学性能、热性能、化学性能、电性能、磁性能以及光学性能等方面。

1．力学性能

(1)硬度高、耐磨性好。大多数陶瓷的硬度远高于金属材料,其硬度大都在 1 500 HV 以上,而淬火钢只有 500～800 HV。陶瓷耐磨性好,常用来制作耐磨零件,例如轴承、刀具等。

(2)高的抗压强度、低的抗拉强度。陶瓷由于内部存在大量气孔,其致密程度远不及金属高,且气孔在拉应力作用下易于扩展而导致脆断,故抗拉强度低。但在受压时,气孔不会导致裂纹的扩展,因而陶瓷的抗压强度还是较高的。

(3)塑性和韧性极低。由于陶瓷晶体一般为离子键或共价键结合,其滑移系要比金属材料少得多,因此大多数陶瓷材料在常温下受外力作用时几乎不产生塑性变形,而是在一定弹性变形后直接发生脆性断裂。又由于陶瓷中存在气相,所以其冲击韧性和断裂韧度要比金属材料低得多。脆性是陶瓷材料的最大缺点,是阻碍其作为工程结构材料广泛使用的主要因素。

2. 热性能

（1）熔点高。陶瓷由于离子键和共价键强有力的键合，其熔点一般都高于金属，大多在2 000 ℃以上，有的甚至可达3 000 ℃左右，因此，它是工程上常用的耐高温材料。

（2）优良的高温强度和低抗热震性。多数金属在1 000 ℃以上高温即丧失强度，而陶瓷却仍能在此高温下保持其室温强度，并且多数陶瓷的高温抗蠕变能力强。但是当温度剧烈变化时，陶瓷却容易破裂，即它的抗热震性能低。

（3）低的热导率、低的热容量。陶瓷的热传导主要是靠原子、离子或分子的热振动来完成的，所以，大多数陶瓷的热导率低，且随温度升高而下降。陶瓷的热容随温度升高而增加，总的来说较小，且气孔率大的陶瓷热容量更小。

3. 化学性能

陶瓷是离子晶体，其金属原子被周围的非金属元素（氧原子）所包围，屏蔽于非金属原子的间隙之中，形成极为稳定的化学结构。因此，它不但在室温下不会同介质中的氧发生反应，而且即使在高温下（即使1 000 ℃以上）也不易氧化，所以具有很高的耐火性能及不可燃烧性，是非常好的耐火材料。并且陶瓷对酸、碱、盐类以及熔融的有色金属均有较强的抗蚀能力。

4. 电学性能

陶瓷有较高的电阻率，较小的介电常数和介电损耗，是优良的电绝缘材料。只有当温度升高到熔点附近时，才表现出一定的导电能力。随着科学技术的发展，在新型陶瓷中已经出现了一批具有各种电性能的产品，如经高温烧结的氧化锡就是半导体，可作整流器，还有些半导体陶瓷，可以用来制作热敏电阻、光敏电阻等敏感元件；铁电陶瓷（钛酸钡和其他类似的钙钛矿结构）具有较高的介电常数，可用来制作较小的电容器；压电陶瓷则具有由电能转换成机械能的特性，可用作电唱机、扩音机中的换能器以及无损检测用的超声波仪器等。

5. 磁学性能

通常被称为铁氧体的磁性陶瓷材料（如 Fe_3O_4、$CuFe_2O_4$ 等）在唱片和录音磁带、变压器铁芯、大型计算机的记忆元件等方面应用十分广泛。

6. 光学性能

陶瓷作为功能材料，还表现在它具有特殊光学性能的方面。如固体激光材料、光导纤维、光储存材料等。它们对通讯、摄影、激光技术和电子计算机技术的发展有很大的影响。近代透明陶瓷的出现，是光学材料的一个重大突破，现已广泛用于高压钠灯灯管、耐高温及辐射的工作窗口、整流罩以及高温透镜等工业领域。

四、普通陶瓷

普通陶瓷也叫传统陶瓷，其主要原料是黏土（$Al_2O_3 \cdot 2SiO_2 \cdot 2H_2O$）、石英（$SiO_2$）和长石（$K_2O \cdot Al_2O_3 \cdot 6SiO_2$）。组分的配比不同，陶瓷的性能会有所差别。如：长石含量高时，熔化温度低而使陶瓷致密，表现在性能上即是抗电性能高、耐热性能及机械性能差；黏土或石英含量高时，烧结温度高而使得陶瓷的抗电性能差，但是有较高的热性能和机械性能。普通陶瓷坚硬而脆性较大，绝缘性和耐蚀性极好。由于其制造工艺简单、成本低廉，因而在各种陶瓷中用量最大。普通陶瓷通常分为日用陶瓷和工业陶瓷两大类。

1．普通日用陶瓷

普通日用陶瓷主要用作日用器皿和瓷器，一般具有良好的光泽度、透明度，热稳定性和机械强度较高。

常用普通日用陶瓷有：

（1）长石质瓷。它是国内外常用的日用瓷，可作一般工业瓷制品。

（2）绢云母质瓷。它是我国的传统日用瓷。

（3）骨质瓷。骨质瓷近些年得到广泛应用，主要作高级日用瓷制品。

（4）滑石质瓷。其为我国发展的综合性能好的新型高质瓷。

（5）高石英质日用瓷。最近我国研制成功的高石英质日用瓷，石英含量 $\geqslant 40\%$，瓷质细腻、色调柔和、透光度好、机械强度和热稳定性好。

2．普通工业陶瓷

（1）建筑卫生瓷

用于装饰板、卫生间装置以及器具等，通常尺寸较大，要求强度和热稳定性好。

用于化工、制药、食品等工业以及实验室中的管道设备、耐蚀容器及实验器皿等，通常要求耐各种化学介质腐蚀的能力要强。

（2）电工瓷

主要指电器绝缘用瓷，也叫高压陶瓷，要求机械性能高、介电性能和热稳定性好。

改善工业陶瓷性能的方法：

加入 MgO、ZnO、BaO、Cr_2O_3 等或增加莫来石晶体相，提高机械强度和耐碱抗力；加入 Al_2O_3、ZrO_2 等提高强度和热稳定性；加入滑石或镁砂降低热膨胀系数；加入 SiC 提高导热性和强度。

氧化铝熔点达 2050 ℃，抗氧化性好，广泛应用于耐火材料；较高纯度的 Al_2O_3 粉末压制成型、高温烧结后得到刚玉耐火砖、高压器皿、坩埚、电炉炉管、热电偶套管等；微晶刚玉的硬度极高（仅次于金刚石），红硬性达 1200 ℃，可以作要求高的工具，如切削淬火钢刀具、金属拔丝模等。它有很高的电阻率和低的导热率，是很好的电绝缘材料和绝热材料。其强度和耐热强度均较高（是普通陶瓷的 5 倍），是很好的高温耐火结构材料，例如可作内燃机火花塞、空压机泵零件等。单晶体氧化铝可做蓝宝石激光器；氧化铝管坯做钠蒸气照明灯泡。

（3）氧化铍陶瓷

氧化铍陶瓷具备一般陶瓷的特性，导热性极好，有很高的热稳定性，强度低，抗热冲击性较高；消散高能辐射的能力强、热中子阻尼系数大。

氧化铍陶瓷制造坩埚，作真空陶瓷和原子反应堆陶瓷，气体激光管、晶体管散热片和集成电路的基片和外壳等。

几种普通陶瓷的基本性能见表 9.1。

五、特种陶瓷

特种陶瓷也叫现代陶瓷、精细陶瓷或高性能陶瓷，包括特种结构陶瓷和功能陶瓷两大类，如压电陶瓷、磁性陶瓷、电容器陶瓷、高温陶瓷等。工程上最重要的是高温陶瓷，其包括氧化物陶瓷、硼化物陶瓷、氮化物陶瓷和碳化物陶瓷。

表 9.1　几种普通陶瓷的基本性能

陶瓷种类	日用陶瓷	建筑陶瓷	高压陶瓷	耐酸陶瓷
密度(10^3 kg/m^3)	2.3～2.5	<2.2	2.3～2.4	2.2～2.3
气孔率(%)		<5		<6
吸水率(%)		3～7		<3
抗拉强度(MPa)		10.8～51.9	23～35	8～12
抗压强度(MPa)		568.4～803.6		80～120
抗弯强度(MPa)	40～65	40～96	70～80	40～60
冲击韧度(kJ/m^2)	1.8～2.1		1.8～2.2	1～1.5
线膨胀系数(10^{-6}/℃)	2.5～4.5			4.5～6.0
导热系数(W/(m・K))		<1.5		0.92～1.04
介电常数			6～7	
损耗角正切			0.02～0.04	
体积电阻率(Ω・m)			<1 011	
莫氏硬度	7	7		7
热稳定性(℃)	220	250	150～200	(2 *)

注：* 为试样由 220 ℃急冷至 20 ℃的次数。

1．氧化物陶瓷

氧化物陶瓷熔点大多在 2 000 ℃以上，烧成温度约为 1 800 ℃；单相多晶体结构，有时有少量气相；强度随温度的升高而降低，在 1 000 ℃以下时一直保持比较高强度，随温度变化不大；纯氧化物陶瓷任何高温下都不会氧化。

（1）氧化铝（刚玉）陶瓷

氧化铝的结构是 O^{2-} 排成密排六方结构，Al^{3+} 占据间隙位置。根据含杂质的多少，氧化铝呈红色（如红宝石）或蓝色（如蓝宝石）；实际生产中，氧化铝陶瓷按 Al_2O_3 含量可分为 75，95 和 99 等几种。

（2）氧化锆陶瓷

氧化锆陶瓷的熔点在 2 700 ℃以上，耐 2 300 ℃高温，推荐使用温度 2 000～2 200 ℃；能抗熔融金属的侵蚀，做铂、锗等金属的冶炼坩埚和 1 800 ℃以上的发热体以及炉子、反应堆绝热材料等；氧化锆作添加剂大大提高陶瓷材料的强度与韧性，氧化锆增韧陶瓷可替代金属制造模具、拉丝模、泵叶轮和汽车零件如凸轮、推杆、连杆等。

2．碳化物陶瓷

碳化物陶瓷有很高的熔点、硬度（近于金刚石）和耐磨性（特别是在侵蚀性介质中），缺点是耐高温氧化能力差（约 900～1 000 ℃）、脆性极大。

（1）碳化硅陶瓷

碳化硅陶瓷密度为 $3.2×10^3$ kg/m^3，弯曲强度为 200～250 MPa，抗压强度 1 000～1 500 MPa，莫氏硬度 9.2，热导率很高，热膨胀系数很小，在 900～1 300 ℃时慢慢氧化。

主要应用于制造加热元件、石墨表面保护层以及砂轮及磨料等。

（2）碳化硼陶瓷

碳化硼陶瓷硬度极高，抗磨粒磨损能力很强；熔点达 2 450 ℃，高温下会快速氧化，与热或熔融黑色金属发生反应，使用温度限定在 980 ℃以下。

主要用于作磨料，有时用于制造超硬质工具材料。

（3）其他碳化物陶瓷

碳化钼、碳化铌、碳化钽、碳化钨和碳化锆陶瓷的熔点和硬度都很高，在 2 000 ℃以上的中性或还原气氛作高温材料；碳化铌、碳化钛还可应用于 2 500 ℃以上的氮气气氛中的高温材料。

3. 硼化物陶瓷

硼化物陶瓷有硼化铬、硼化钼、硼化钛、硼化钨和硼化锆等。

硼化物陶瓷具有高硬度，同时具有较好的耐化学侵蚀能力。熔点范围为 1 800～2 500 ℃。比起碳化物陶瓷，硼化物陶瓷具有较高的抗高温氧化性能，使用温度达 1 400 ℃。

硼化物主要用于高温轴承、内燃机喷嘴、各种高温器件、处理熔融非铁金属的器件等。

各种硼化物还用作电触点材料。

4. 氮化物陶瓷

（1）氮化硅陶瓷

氮化硅陶瓷是键能高而稳定的共价键晶体；硬度高而摩擦系数低，有自润滑作用，是优良的耐磨减摩材料；氮化硅的耐热温度比氧化铝更低，而抗氧化温度却高于碳化物和硼化物；1 200 ℃以下具有较高的机械性能和化学稳定性，且热膨胀系数小、抗热冲击，可作优良的高温结构材料；耐各种无机酸（氢氟酸除外）和碱溶液侵蚀，优良的耐腐蚀材料。

反应烧结法得到的 $\alpha\text{-}Si_3N_4$ 用于制造各种泵的耐蚀、耐磨密封环等零件。

热压烧结法得到的 $\beta\text{-}Si_3N_4$，用于制造高温轴承、转子叶片、静叶片以及加工难切削材料的刀具等。

在 Si_3N_4 中加一定量 Al_2O_3 烧制成陶瓷可制造柴油机的气缸、活塞和燃气轮机的转动叶轮。

（2）氮化硼陶瓷

六方氮化硼为六方晶体结构，也叫"白色石墨"；硬度低，可以进行各种切削加工；导热和抗热性能高，耐热性好，有自润滑性能；高温下耐腐蚀、绝缘性好。用于高温耐磨材料和电绝缘材料、耐火润滑剂等。

在高压和 1 360 ℃时六方氮化硼转化为立方 $\beta\text{-}BN$，硬度接近金刚石的硬度，用作金刚石的代用品，制作耐磨切削刀具、高温模具和磨料等。

特种陶瓷的种类及用途见表 9.2 所示。

表 9.2　特种陶瓷的种类及用途

种　类	组　成	用　途
烧结刚玉 （氧化铝瓷）	Al_2O_3	火花塞，物理化学设备，人工骨、牙等
高氧化铝瓷	$\alpha\text{-}Al_2O_3$	绝缘子，电器材料，物理化学设备等
莫来石瓷	$3Al_2O_3 \cdot 2SiO_2$	电器材料，耐热耐酸材料
氧化镁瓷	MgO	物理化学设备等
氧化锆瓷	ZrO_2	物理化学设备，电器材料，人工骨、关节等
氧化铍瓷	BeO	物理化学设备，电器材料
氧化钍瓷	ThO_2	物理化学设备，炉材等
尖晶石瓷	$MgO \cdot Al_2O_3$	物理化学设备，电器材料等

续表

种　　类	组　　成	用　　途
氧化锂瓷 （耐热高强度陶瓷）	$Li_2O \cdot Al_2O_3 \cdot 2SiO_2\,Li_2 \cdot Al_2O_3$ $\cdot 4SiO_2\,Li_2O \cdot Al_2O_3 \cdot 8SiO_2$	高温材料,物理化学设备等
块滑石（滑石瓷）	$MgO \cdot SiO_2$	高频绝缘材料
氧化钛瓷	$TiO_2\,TiO_2\,CaSiTiO5$	介电材料
钛酸钡系陶瓷	$BaO,TiO_2；SrO_2,TiO_2\,PbO,ZrO_2$ 等的固溶体 PZT,PLZT,PLLZT	铁电材料、电光材料
氧化物,碳化物,硼化物, 氮化物,硅化物系陶瓷	ZrO_2,SiC,Si_3N_4,BN	超高温材料
铁氧体 系瓷 软磁铁氧体	$MnZn,NiZn$ 系	无线电设备用磁头
硬磁铁氧体	Co,Ba	永久磁铁
记忆铁氧体	$MgZn,Li$ 系	记忆磁心
稀土钴系	$SmCoMnBi,GdCo$ 膜	永久磁铁存储器
半导体陶瓷	$ZnO,SiC,ZrO_2,SnO_2,BaTiO_3,$ $\gamma\text{-}Fe_2O_3,CdS,MgCr_2O_4$	非线性电阻,气体传感器,热敏元件,湿度传感器,太阳电池,自控温发热体等
其他锆质瓷,蛇纹岩系 瓷,钡长石瓷,多孔陶瓷	$ZrSiO_2\,FeO \cdot MgO \cdot Al_2O_3 \cdot SiO_2$ 系 $BaO \cdot Al_2O_3 \cdot 2SiO_2$	断路器耐碱性 X 射线设备用,过滤、电解用

第三节　复合材料

一、概述

复合材料是指两种或两种以上的物理、化学性质不同的物质,经一定方法得到的一种新的多相固体材料。它通常具有多相结构,其中一类组成物(或相)称为基体,起粘结作用;另一类组成物称为增强相,起提高强度和韧性的作用。

复合材料最大特点是其性能比组成材料的性能优越得多,极大地改善和克服了组成材料的弱点,从而能够按零件的结构和受力情况并按预定的、合理的配套性能进行最佳设计,甚至可创造单一材料不具备的双重或多重功能,或者在不同时间或条件下发挥不同的功能。

最典型的例子是汽车的玻璃纤维挡泥板:若单独使用玻璃会太脆;若单独使用聚合物材料则强度低而且挠度满足不了要求。但强度和韧性都不高的这两种单一材料经复合后却得到了令人满意的高强度、高韧性的新材料,而且重量很轻。

用缠绕法制造的火箭发动机壳,由于玻璃纤维的方向与主应力的方向一致,所以在这一方向上的强度是单一树脂的 20 多倍,从而最大限度地发挥了材料的潜能。

自动控温开关是由温度膨胀系数不同的黄铜片和铁片复合而成的,若单用黄铜或铁片,不可能达到自动控温的目的。导电的铜片两边加上两片隔热、隔电塑料,可以实现一定方向导电、另外方向绝缘及隔热的双重功能。

复合材料种类繁多,分类方法也不尽相同,如图 9.6 所示。原则上讲,复合材料可以由金属材料、高分子材料和陶瓷材料中任两种或几种制备而成。

图9.6　复合材料的分类

二、复合材料的复合原则

1. 纤维增强复合材料的复合原则

纤维增强相是具有强结合键材料或硬质材料(陶瓷、玻璃等),内部含微裂纹,易断裂,因而脆性大;将其制成细纤维可降低裂纹长度和出现裂纹的几率,使脆性降低,大大发挥增强相的强度。高分子基复合材料中纤维增强相可以有效阻止基体分子链的运动;金属基复合材料中纤维增强相能够有效阻止位错运动而强化基体,如图9.7所示。

(a) 钨纤维铜基复合材料中的裂纹　　(b) 碳纤维环氧树脂复合材料断裂时
　　在铜中扩展受阻　　　　　　　　　　纤维断口电子扫描照片

图9.7　纤维增强复合材料的强化机理

纤维增强复合材料的复合原则:

(1) 纤维增强相是主要承载体,应有高的强度和模量,且高于基体材料。

(2) 基体相起粘接剂作用,应对纤维相有润湿性,基体相应有一定塑性和韧性。

(3) 纤维增强相和基体相两者之间结合强度应该适当。结合力过小,受载时容易沿纤维和基体间产生裂纹;结合力过高,会使复合材料失去韧性而发生危险的脆性断裂。

(4) 基体与增强相的热膨胀系数不能差异过大。

(5) 纤维相必须有合理的含量、尺寸和分布。

(6) 两者间不能发生有害的化学反应。

2．颗粒复合材料的复合原则

对于颗粒复合材料，基体承受载荷时，颗粒的作用是阻碍分子链或位错的运动。增强的效果同样与颗粒的体积含量分布、尺寸等密切相关。

颗粒复合材料的复合原则：

（1）颗粒相应高度均匀地弥散分布在基体中，从而起到阻碍导致塑性变形的分子链或位错的运动。

（2）颗粒大小应适当。颗粒过大本身容易断裂，同时会引起应力集中，从而导致材料的强度降低；颗粒过小，位错容易绕过，起不到强化的作用。通常，颗粒直径为几微米到几十微米。

（3）颗粒的体积分数应该在 20% 以上，否则达不到最佳强化效果。

（4）颗粒与基体之间应该有一定的结合强度。

三、复合材料的性能特点

复合材料是各向异性的非匀质材料，与传统材料相比，其具有以下几种性能特点：

1．比强度与比模量高

比强度、比模量是指材料的强度或模量与其密度之比。若材料的比强度或比模量越高，构件的自重就会越小，或者体积会越小。通常，复合材料的复合结果是密度大大减小，因而高的比强度和比模量是复合材料的突出性能特点。如硼纤维增强环氧树脂复合材料的比强度是钢的 5 倍，比模量是钢的 4 倍。表 9.3 为某些材料的性能比较。

表 9.3　某些材料的性能比较

材　　料	密度 ρ (10^3 kg/m³)	抗拉强度 σ_b(MPa)	弹性模量 E(MPa)	比强度 $\sigma_b\rho$ (MPa·m³/kg)	比弹性模量 $E\rho$ (MPa·m³/kg)
钢	7.8	1 010	206×103	0.129	26
铝	2.3	461	74×103	0.165	26
钛	4.5	942	112×103	0.209	25
玻璃钢	2.0	1 040	39×103	0.520	20
碳纤维Ⅱ/环氧树脂	1.45	1 472	137×103	1.015	95
碳纤维Ⅰ/环氧树脂	1.6	1 050	235×103	0.656	147
有机纤维 PRD/环氧树脂	1.4	1 373	78×103	0.981	56
硼纤维/环氧树脂	2.1	1 344	206×103	0.640	98
硼纤维/铝	2.65	981	196×103	0.370	74

2．抗疲劳性能好

通常情况下，复合材料中的纤维缺陷少，因而本身抗疲劳能力高；而基体的塑性和韧性好，能够消除或减少应力集中，不容易产生微裂纹；塑性变形的存在又使微裂纹产生钝化而减缓了其扩展。这样就使得复合材料具有很好的抗疲劳性能。如：碳纤维增强树脂的疲劳强度为拉伸强度的 70%～80%，一般金属材料却仅为 30%～50%。图 9.8 是三种不同材料的疲劳性能比较。

3．减振性能好

基体中有大量细小纤维，较大载荷下部分纤维断裂时载荷由韧性好的基体重新分配到未断裂纤维上，构件不会瞬间失去承载能力而断裂。图 9.9 为两种材料的振动衰减特性比较。

1—碳纤维复合材料　2—玻璃钢　3—铝合金

图 9.8　几种材料的疲劳曲线　　　　　**图 9.9　两种材料振动衰减特性比较**

4．优良的高温性能

大多数增强纤维具有优越的耐高温性能，高温下能够保持很高的强度。如聚合物基复合材料使用温度 100～350 ℃；金属基复合材料使用温度 350～1 100 ℃；SiC 纤维、Al_2O_3 纤维陶瓷复合材料在 1 200～1 400 ℃范围内保持很高的强度。碳纤维复合材料在非氧化气氛下在 2 400～2 800 ℃长期使用。

5．减摩、耐磨、减振性能

良好的减摩、耐磨性和较强的减振能力。摩擦系数比高分子材料本身低得多；少量短切纤维大大提高耐磨性。比弹性模量高，自振频率也高，其构件不容易共振；纤维与基体界面有吸收振动能量的作用，产生振动也会很快衰减。

6．其他特殊性能

高韧性和抗热冲击性能（金属基复合材料）。优良电绝缘性，不受电磁作用，不反射无线电波（玻璃纤维增强塑料）。耐辐射性、蠕变性能高以及特殊的光、电、磁等性能。

四、非金属基复合材料

1．聚合物复合材料

（1）聚合物基复合材料分类

聚合物基复合材料以基体性质不同可以分为热固性树脂复合材料、热塑性树脂复合材料和橡胶类复合材料。按增强相类型可以分为纤维增强、晶须增强、层片增强、颗粒增强等聚合物基复合材料，如图 9.10 所示。

（2）常用聚合物基复合材料的性能及应用

① 玻璃钢。

玻璃钢有热固性玻璃钢和热塑性玻璃钢两种。

热固性玻璃钢是以热固性树脂为粘接剂的玻璃纤维增强材料，如酚醛树脂玻璃钢、环氧树脂玻璃钢、聚酯树脂玻璃钢和有机硅树脂玻璃钢等。热固性玻璃钢成型工艺简单、质量轻、比强度高、耐蚀性能好。热固性玻璃钢的缺点是：弹性模量低（$\frac{1}{5}\sim\frac{1}{10}$结构钢）、耐热度低

图 9.10　聚合物基复合材料分类

（≤250 ℃）、容易老化。可以通过树脂改性改善其性能,酚醛树脂和环氧树脂混溶的玻璃钢既有良好粘接性,又降低了脆性,还保持了耐热性,也具有较高的强度。热固性玻璃钢主要用于机器护罩、车辆车身、绝缘抗磁仪表、耐蚀耐压容器和管道及各种形状复杂的机器构件和车辆配件,如图 9.11 所示。

(a) 表面　　　　　(b) 横截面　　　(c) 酚醛树脂玻璃钢齿轮

图 9.11　热固性玻璃钢环氧树脂玻璃钢显微组织和用途

　　热塑性玻璃钢是以热塑性树脂为粘接剂的玻璃纤维增强材料,如尼龙 66 玻璃钢、ABS玻璃钢、聚苯乙烯玻璃钢等。热塑性玻璃钢强度不如热固性玻璃钢,但成型性好、生产率高,且比强度不低。常见热塑性玻璃钢性能及用途见表 9.4。

表 9.4　常见热塑性玻璃钢性能及用途

材　　料	密度 ρ $(10^3\,kg/m^3)$	抗拉强度 σ_b(MPa)	弯曲模量 $(10^2\,MPa)$	特 性 及 用 途
尼龙 66 玻璃钢	1.37	182	91	刚度、强度、减摩性好,作轴承、轴承架、齿轮等精密件、电工件、汽车仪表、前后灯
ABS 玻璃钢	1.28	101	77	化工装置、管道、容器
聚苯乙烯玻璃钢	1.28	95	91	汽车内装、收音机机壳、空调叶片
聚碳酸酯玻璃钢	1.43	130	84	耐磨、绝缘仪表

　　② 碳纤维树脂复合材料。
　　碳是六方结构的晶体(石墨),共价键结合,比玻璃纤维强度更高,弹性模量也高出几倍;高温低温性能好;很高的化学稳定性、导电性和低的摩擦系数,是很理想的增强剂;脆性大,与树脂的结合力不如玻璃纤维,表面氧化处理可以改善其与基体的结合力。
　　碳纤维环氧树脂、碳纤维酚醛树脂和碳纤维聚四氟乙烯等得到广泛应用,例如:宇宙飞船和航天器的外层材料,人造卫星和火箭的机架、壳体,各种精密机器的齿轮、轴承以及活塞、密封圈，化工容器和零件等。

③ 硼纤维树脂复合材料。

硼纤维树脂复合材料抗压强度和剪切强度都很高（优于铝合金、钛合金），且蠕变小、硬度和弹性模量高，疲劳强度很高，耐辐射及导热极好（硼纤维比强度与玻璃纤维相近；比弹性模量比玻璃纤维高 5 倍；耐热性更高）。

硼纤维环氧树脂、硼纤维聚酰亚胺树脂等复合材料多用于航空航天器、宇航器的翼面、仪表盘、转子、压气机叶片、螺旋桨的传动轴等。

2．陶瓷基复合材料

（1）分类

颗粒增韧复合材料：Al_2O_3-TiC 颗粒，晶须增韧复合材料（SiC-Al_2O_3 晶须）和纤维增韧复合材料（SiC-硼硅玻璃纤维）。

（2）特点及应用

陶瓷基复合材料具有高强度、高模量、低密度、耐高温、耐磨、耐蚀以及良好的韧性。

用于制造高速切削工具和内燃机部件。

3．碳基复合材料

（1）组成及特点

碳基复合材料主要是指碳纤维及其制品（如碳毡）增强的碳基复合材料。这种复合材料具有许多碳和石墨的特点，例如密度小、导热性高、膨胀系数低以及对热冲击不敏感；具有优越的机械性能：强度和冲击韧性比石墨高 5～10 倍，比强度非常高；随温度升高强度升高；断裂韧性高、蠕变低；化学稳定性高，耐磨性极好，是耐温最高的高温复合材料（达 2 800 ℃）。

（2）应用

主要用于航空航天、军事和生物医学等领域，例如：导弹弹头、固体火箭发动机喷管、飞机刹车盘、赛车和摩托车刹车系统，航空发动机燃烧室、导向器、密封片及挡声板等，人体骨骼替代材料。

4．金属基复合材料

金属基复合材料以金属及其合金为基体，与一种或几种金属或非金属增强的复合材料。克服了传统聚合物基复合材料弹性模量低、耐热度低、易老化的缺点。

金属基复合材料的分类方法有两种，即按增强相的种类、形态分类和按金属基体类型分类，如图 9.12 所示。

图 9.12　金属基复合材料的分类

表 9.5 列出了几种金属基复合材料的性能。

表 9.5　几种典型金属基复合材料的性能

材　　　料	硼纤维增强铝	CVD 碳化硅增强铝	碳纤维增强铝	碳化硅晶须增强铝	碳化硅颗粒增强铝
增强相含量(体积分数(%))	50	50	35	18～20	20
抗拉强度(MPa)	1 200～1 500	1 300～1 500	500～800	500～620	400～510
拉伸模量(GPa)	200～220	210～230	100～150	96～138	110
密度(10^3 kg/m³)	2.6	2.85～3.0	2.4	2.8	2.8

（1）金属陶瓷

金属陶瓷是金属（通常为钛、镍、钴、铬等及其合金）和陶瓷（通常为氧化物、碳化物、硼化物和氮化物等）组成的非均质材料，是颗粒增强型的复合材料。金属和陶瓷按不同配比组成工具材料（陶瓷为主）、高温结构材料（金属为主）和特殊性能材料。

氧化物金属陶瓷多以钴或镍作为粘接金属，热稳定性和抗氧化能力较好，韧性高，做高速切削工具材料，还可以做高温下工作的耐磨件，例如喷嘴、热拉丝模以及机械密封环等。

碳化物金属陶瓷是应用最广泛的金属陶瓷。通常以 Co 或 Ni 作金属粘接剂，根据金属含量不同可作耐热结构材料或工具材料。碳化物金属陶瓷作工具材料时，通常被称为硬质合金。

（2）纤维增强金属基复合材料

自 60 年代中期硼纤维增强铝基复合材料问世以来，人们又先后开发了碳化硅纤维、氧化铝纤维以及高强度金属丝等增强纤维，基体材料也由铝及铝合金扩展到了镁合金、钛合金和镍合金等。

除了金属丝增强外，硼纤维、陶瓷纤维、碳纤维等增强相都是无机非金属材料，一般它们的密度低、强度和模量高，并且耐高温性能好。这类复合材料有比强度高、比模量高和耐高温等优点。

纤维增强金属基复合材料特别适合于作航天飞机主舱骨架支柱、发动机叶片、尾翼、空间站结构材料等；另外在汽车构件、保险杠、活塞连杆及自行车车架、体育运动器械上也得到了广泛的应用。

（3）细粒和晶须增强金属基复合材料

它是目前应用最广泛的一类金属基复合材料。这类材料多以铝、镁和钛合金为基体，以碳化硅、碳化硼、氧化铝细粒或晶须为增强相。最典型的代表是 SiC 增强铝合金。

细粒和晶须增强金属基复合材料具有极高的比强度和比模量。广泛应用于军工行业，例如制造轻质装甲、导弹飞翼、飞机部件等。汽车工业的发动机活塞、制动件、喷油嘴件等也有使用。

课 后 习 题

一、判断题

1. 陶瓷的塑性很差，但是强度都很高。（　　）

2. 传统陶瓷的生产一般是可塑成型，形状复杂、精度要求高的普通陶瓷一般是注浆成型，而特种陶瓷和金属陶瓷一般是压制成型。（　　）

3. 纯氧化物陶瓷在高温下会氧化。（   ）

4. 由于氧化铍陶瓷的导热性好,所以用于真空陶瓷、原子反应堆陶瓷,并用于制造坩埚。（   ）

5. 增韧氧化锆陶瓷材料可制作剪刀,既不生锈,也不导电。（   ）

二、选择题

1. 聚氯乙烯是一种（   ）。

    A. 热固性塑料,可制作化工用排污管道

    B. 热塑性塑料,可制作导线外皮等绝缘材料

    C. 合成橡胶,可制作轮胎

    D. 热固性塑料,可制作雨衣、台布等

2. PE 是（   ）。

    A. 聚乙烯   B. 聚丙烯   C. 聚氯乙烯   D. 聚苯乙烯

3. PVC 是（   ）。

    A. 聚乙烯   B. 聚丙烯   C. 聚氯乙烯   D. 聚苯乙烯

4. 高压聚乙烯可用于制作（   ）。

    A. 齿轮   B. 轴承   C. 板材   D. 塑料薄膜

5. 下列塑料中密度最小的是（   ）。

    A. 聚乙烯   B. 聚丙烯   C. 聚氯乙烯   D. 聚苯乙烯

6. 形状记忆合金构件在（   ）态进行塑性变形,在（   ）后,恢复原来的形状。

    A. 马氏体,加热转变成母相   B. 母相,冷却转变成马氏体

    C. 马氏体,停留若干天   D. 母相,加热转变新的母相

三、问答题

1. 何谓高聚物的老化? 如何防止高聚物老化?

2. 简述工程材料的种类和性能特点。

3. 简述常用橡胶的种类、性能特点及应用。

4. 什么是陶瓷? 陶瓷的组织是由哪些相组成的? 它们对陶瓷改性有什么影响?

5. 简述陶瓷材料的力学性能、物理性能及化学性能。

6. 非晶态合金具有哪些特性?

四、应用题

陶瓷制品的基本生产工艺过程有哪些?

第十章 典型零件的选材及热处理工艺分析

工程机械都是由各种零件组合而成的。所以,零件的制造是生产出合格机械产品的基础。而要生产出一个合格的零件,必须解决以下三个关键性的问题,即合理的零件结构设计,恰当的材料选择以及正确的加工工艺。这三个关键环节相互依存,缺一不可。其中的任何一个环节出了差错,都将严重影响零件的质量,甚至使零件因不能使用而报废。

当零件有了合理的结构设计以后,那么选材及材料的后续加工就是至关重要的了,它将直接关系到产品的质量以及生产效益。因此,掌握各种工程材料的性能,合理地选择材料和使用材料,正确地制定热处理工艺,是从事机械设计与制造的工程技术人员必须具备的知识。

第一节 机械零件失效的概述

一、失效的概念与形式

失效是指零件在使用中,由于形状、尺寸的改变或内部组织及性能的变化,而失去原设计的效能。一般机械零件在以下三种情况下可认为已经失效:零件完全不能工作;零件虽能工作,但已不能完成设计的功能;零件已有严重损伤,不能再继续安全使用。

一般机械零件失效的常见形式有:

(1) 断裂失效。零件承载过大或因疲劳损伤等发生破断。

(2) 磨损失效。零件因过度摩擦而造成磨损过量,表面龟裂及麻点剥落等表面损伤。

(3) 变形失效。零件承载过大而发生过量的弹、塑性变形或高温下发生蠕变等。

(4) 腐蚀失效。零件在腐蚀性环境下工作而造成表层腐蚀脱落或断裂等。

同一个零件可能同时具有几种不同的失效形式,例如轴类零件,其轴颈处因摩擦而发生磨损失效;在应力集中处则发生疲劳断裂,两种失效形式同时起作用。但一般情况下,总是由一种形式起到主导作用,很少有两种形式同时都使零件失效。另外,这些失效形式也可相互组合成为更复杂的失效形式,如腐蚀疲劳断裂、腐蚀磨损等。

二、零件失效的原因及分析

1. 零件失效的原因

引起零件失效的因素很多且较为复杂,它涉及零件的结构设计,材料选择,材料的加工,产品的装配及使用保养等多个方面。

（1）设计不合理。零件的尺寸以及几何形状结构不正确，如存在尖角或缺口，过渡圆角不合适等。设计中对零件的工作条件估计不全面，或者忽略了温度、介质等其他因素的影响，造成零件的实际工作能力不足。

（2）选材不合理。设计中对零件失效的形式判断错误，使所选材料的性能不能满足工作条件的要求，或者选材所根据的性能指标不能反映材料对实际失效形式的抗力，从而错误地选择了材料。另外，所用材料的冶金质量太差，造成零件的实际工作性能满足不了设计要求。

（3）加工工艺不当。零件在成型加工的过程中，由于采用不恰当的工艺，可能会产生种种缺陷。如：热加工中产生的过热、过烧以及带状组织等；热处理中产生的脱碳、变形及开裂等；冷加工中常出现的较深刀痕、磨削裂纹等。

（4）安装使用不良。安装时配合过松、过紧，对中不准，固定不稳等，都可能使零件不能正常工作，或工作不安全。使用维护不良，不按工艺规程正确操作，也可使零件在不正常的条件下运行，造成早期失效。

零件的失效原因还可能有其他因素，在进行零件的具体失效分析时，应该从多方面进行考查，确定引起零件失效的主要原因，从而有针对性地提出改进措施。

零件的失效形式主要与其特有的工作条件是分不开的。例如：齿轮，当载荷大，摩擦严重时常发生断齿或磨损失效；而当承载小，摩擦较大时，常发生麻点剥落失效。

零件的工作条件主要包括：受力情况（力的大小、种类、分布、残余应力及应力集中情况等），载荷性质（静载荷、冲击载荷、循环载荷等），温度（低温、常温、高温、变温等），环境介质（干爽、潮湿、腐蚀性介质等），摩擦润滑（干摩擦、滑动摩擦、滚动摩擦、有无润滑剂等）以及运转速度，有无振动等。

2. 零件的失效分析及改进措施

一般来说，零件的工作条件不同，发生失效的形式也会不一样。那么，防止零件失效的相应措施也就有所差别。

若零件发生断裂失效，如果是在高应力下工作，则可能是因为零件强度不够，应选用高强度材料或进行强化处理；如果是在冲击载荷下工作，零件可能是因为韧性不够，应选塑性、韧性好的材料或对材料进行强韧化处理；如果是在循环载荷下工作，零件可能发生的是疲劳破坏，则应该选强度较高的材料经过表面强化处理，在零件表层存在一定的残余压应力为好；如果零件处于腐蚀性环境下工作，则可能发生的是腐蚀破坏，那么就应该选择对该环境有相当耐蚀能力的材料。

若零件发生磨损失效，如果是粘着磨损，则往往是摩擦强烈，接触负荷大而零件的表层硬度不够，应该选用高硬度材料或进行表面硬化处理；如果零件表层出现大面积剥落，则往往是因为表层出现软组织或存在网状或块状不均匀碳化物等，应该改进热处理工艺或重新锻造来均匀组织。

若零件发生变形失效，则往往是因为零件的强度不够，应选用淬透性好、高强度的材料或进行强韧化处理，提高其综合力学性能；如果是在高温下发生的变形失效，则往往是因为零件的耐热性不足而造成的，应该选用化学稳定性好，高温性好的热强材料来制作。

第二节　选材的一般原则、方法和步骤

一、选材的基本原则

设计人员在进行零件的选材时,应对该零件的服役条件,应具备的主要性能指标、能满足要求的常用材料的性能特点、加工工艺性及成本高低等,进行全面分析,综合考虑。

合理的选材标志应该是在满足零件工作要求的条件下,最大限度地发挥材料潜力,提高性价比。

选材的基本原则是材料在能满足零件使用性能的前提下,具有较好的工艺性和经济性,根据本国资源情况,优先选择国产材料。

1. 材料的使用性能应满足工作要求

材料的使用性能是指机械零件在正常工作条件下应具备的力学、物理、化学等性能。它是保证该零件可靠工作的基础。对一般机械零件来说,选材时主要考虑的是其机械性能(力学性能)。而对于非金属材料制成的零件,则还应该考虑其工作环境对零件性能的影响。

零件按力学性能选材时,首先应正确分析零件的工作条件、形状尺寸及应力状态,结合该类零件出现的主要失效形式,找出该零件在实际使用中的主要和次要的失效抗力指标,以此作为选材的依据。根据力学计算,确定零件应具有的主要力学性能指标,能够满足条件的材料一般有多种,再结合其他因素综合比较,选择出合适的材料。

2. 材料的工艺性应满足加工要求

材料的工艺性是指材料适应某种加工的特性。零件的选材除了首先考虑其使用性能外,还必须兼顾该材料的加工工艺性能,尤其是在大批量、自动化生产时,材料的工艺性能显得更加重要。良好的加工工艺性能能够保证在一定生产条件下,高质量、高效率、低成本地加工出所设计的零件。

(1)铸造性。铸造性是指材料在铸造生产工艺过程中所表现出的工艺性能。其好坏是保证获得合格铸件的主要因素。材料的铸造性能主要包括流动性、收缩性,还有吸气、氧化、偏析等。一般来说,铸铁的铸造性能比铸钢好得多,铜、铝合金的铸造性能较好,介于铸铁和铸钢之间。

(2)锻造性。锻造性是指锻造该材料的难易程度。若该材料在锻造时塑性变形大,而所需变形抗力小,那么该材料的锻造性能就好,否则,锻造性能就差。影响材料锻造性主要是材料的化学成分和内部组织结构以及变形条件等。一般来说,碳钢的可锻性优于合金钢,低碳钢优于高碳钢,铜合金可锻性较好而铝合金较差。

(3)焊接性。焊接性是指材料对焊接成型的适应性,也就是在一定的焊接工艺条件下材料获得优质焊接接头的难易程度。一般来说,低碳钢及低合金结构钢焊接性良好,中碳钢及合金钢焊接性较差,高碳高合金钢及铸铁的焊接性很差,一般不作焊接结构。铜、铝合金焊接性较差,一般需采取一些特殊工艺才能保证焊接质量。

(4)切削加工性。切削加工性是指材料切削加工的难易程度,它一般用切削抗力大小、刀具磨损程度,切屑排除的难易以及加工出的零件表面质量等综合衡量。

（5）热处理工艺性。热处理工艺性是指材料对热处理加工的适应性能。它包括淬透性、淬硬性、氧化、脱碳倾向、变形开裂倾向、过热过烧倾向、回火脆性倾向等。

（6）粘结固化性。高分子材料,陶瓷材料,复合材料及粉末冶金材料,大多数靠粘结剂在一定条件下将各组分粘结固化而成。因此,这些材料应注意在成型过程中,各组分之间的粘结固化倾向,才能保证顺利成型以及成型质量。

3. 材料的性能价格比要高

从选材经济性原则考虑,应尽可能选用货源充足、价格低廉、加工容易的材料,而且应尽量减少所选材料的品种、规格,以简化供应、保管等工作。但是,仅仅考虑材料的费用及零件的制造成本并不是最合理的。必须使该材料制成品的性价比尽可能高。例如:某大型柴油机中的曲轴,以前用珠光体球墨铸铁生产,价格160元左右,使用寿命3～4年,后改为40Cr调质再表面淬火后使用,价格300元,使用寿命近10年,由此可见,虽然采用球墨铸铁生产曲轴成本低,但就性能价格比来说,用40Cr来生产曲轴则更为合理。因为后者的性价比要高于前者,况且,曲轴是柴油机中的重要零件,其质量好坏直接影响整台柴油机的运行安全及使用寿命,因此,为了提高这类关键零件的使用寿命,即使材料价格和制造成本较高,但从全面来考虑,其经济性仍然是合理的。

二、零件选材中的注意事项

零件选材通常遵循选材的基本原则,一般认为在正常工作条件下,该零件运行应该是安全可靠,生产成本也应该是经济合理的。但是,由于有许多没有估计到的因素会影响到材料的性能和零件的使用寿命,甚至也影响到该零件生产及运行的经济效益。因此,零件选材时还必须注意以下一些问题:

1. 零件的实际工作情况

实际使用的材料不可能绝对纯净,大都存在这样那样或多或少的夹杂物及各种不同类型的冶金缺陷,它们的存在,都会对材料的性能产生各种不同程度的影响。

另外,材料的性能指标是通过试验来测定的,而试验中的试样与实际工作中的零件无论是在材料,形状尺寸还是在受力状况,服役条件等方面都存在差异。因此,从试验中测出的数值与实际工作的零件可能会不一样,会有些出入。所以,材料的性能指标只有通过与工作条件相似的模拟试验才能最终被确定下来。

2. 材料的尺寸效应

用相同材料制成的尺寸大小不一样的零件,其力学性能会有一些差异,这种现象称为材料的尺寸效应。例如钢材,由于尺寸大的零件淬硬深度要小,尺寸小的淬硬深度要大些。从而使得零件淬火后在整个截面上获得的组织不均匀。这种现象,对于淬透性低的钢,尺寸效应更为明显。

另外,尺寸效应还会影响钢材淬火后获得的表面硬度。在其他条件一样时,随零件尺寸的增大,淬火后零件获得的表面硬度会越低。

同样,尺寸效应现象在铸铁件以及其他一些材料中也是同样存在的,只是程度不同而已。因此,零件选材,特别是在零件尺寸较大的情况下,必须考虑尺寸效应的影响而适当加以调整。

3. 材料力学性能之间的合理配合

由于硬度值是材料的一个非常重要的性能指标,且测定简便而迅速,又不破坏零件,还有材料的硬度与其他力学性能指标存在或多或少的联系。因此,零件在图纸上的技术性能标注的大都是其硬度值。

材料硬度值的合理选择应综合考虑零件的工作条件及结构特点。例如对强烈摩擦的零件,为提高其耐磨性,应选高硬度材料;为保证具有足够的塑性和韧性,则应选较低的硬度值;而对于相互摩擦的配合零件,应使两零件的硬度值合理匹配(轴的硬度一般比轴瓦高几个 HRC)。

强度的高低反映材料承载能力的大小,通常机械零件都是在弹性范围内工作的。因此零件的强度设计都是以屈服强度 $\sigma_{0.2}$ 为原始数据(脆性材料为抗拉强度 σ_b),再以安全系数 N 加以修正,从而保证零件的安全使用。但是,这种安全也不是绝对的。实际工作的零件有时在许用应力以下也会发生脆断,或因短时过载而断裂。这种情况下不能只片面提高强度指标,因为钢材强度提高后,其塑性和韧性指标一般会呈下降的趋势。当材料的塑性,韧性很低时,容易造成零件的脆性断裂。所以必须采取一定措施(如强韧化处理),在提高材料强度的同时,保证其有相当的塑性和韧性。

塑性和韧性指标一般不用于材料的设计计算,但它们对零件的工作性能具有很大的影响。一定的塑性能有效地提高零件工作的安全性。当零件短时过载时,能通过材料局部塑性变形,削弱应力峰,产生加工硬化,提高零件的强度,从而增加其抗过载的能力。一定的韧性,能保证零件承受冲击载荷及有效防止低应力脆断的危险。但也不能因此而片面追求材料的高塑性和韧性,因为塑性和韧性的提高,必然是以牺牲材料的硬度和强度为代价,反而会降低材料的承载能力和耐磨性,故应根据实际情况合理调配这些性能指标。

第三节　热处理工艺位置安排

在零件的生产加工过程中,热处理被穿插在各个冷热加工工序之间,起着承上启下的作用。热处理方案的正确选择以及工艺位置的合理安排,是制造出合格零件的重要保证。

根据热处理的目的和各机械加工工序的特点,热处理工艺位置一般安排如下:

1. 预先热处理的工艺位置

预先热处理包括退火、正火、调质等,其工艺位置一般安排在毛坯生产(铸、锻、焊)之后,半精加工之前。

(1) 退火、正火的工艺位置。退火、正火一般用于改善毛坯组织,消除内应力,为最终热处理作准备。其工艺位置一般安排在毛坯生产之后,机械加工之前。即:毛坯生产(铸、锻、焊、冲压等)→ 退火或正火 →机械加工。另外,还可在各切削加工之间安排去应力退火,用于消除切削加工的残余应力。

(2) 调质的工艺位置。调质主要是用来提高零件的综合力学性能,或为以后的最终热处理作组织准备。其工艺位置一般安排在机械粗加工之后,精加工或半精加工之前。即:毛坯生产→退火或正火→机械粗加工→调质→机械半精加工或精加工。另外,调质前须留一定加工余量,调质后工件变形如较大则需增加校正工序。

2. 最终热处理的工艺位置

最终热处理包括淬火、回火及化学热处理等。零件经这类热处理之后硬度一般较高,难以切削加工,故其工艺位置应尽量靠后,一般安排在机械半精加工之后,磨削之前。

(1) 淬火、回火的工艺位置。淬火的作用是充分发挥材料的潜力,极大幅度地提高材料硬度和强度。淬火后及时回火以获得稳定回火组织。从而得到材料最终使用时的组织和性能。故一般安排在机械半精加工之后,磨削之前。即:下料→毛坯生产→退火或正火→机械粗加工→调质→机械半精加工→淬火、回火→磨削。另外,整体淬火前一般不进行调质处理,而表面淬火前则一般须进行调质,用以改善工件心部的力学性能。

(2) 渗碳的工艺位置。渗碳是最常用的化学热处理方法,当工件某些部位不需渗碳时,应在设计图纸上注明,并采取防渗措施。并在渗碳后淬火前去掉该部位的渗碳层,其工艺位置安排为:下料→毛坯生产→退火或正火→机械粗加工→调质→机械半精加工→去应力退火→粗磨→渗碳→研磨或精磨。另外,零件不需渗碳的部位也应采取防护措施或预留防渗余量。

第四节　典型零件、工具的选材及热处理

一、轴类零件的选材及热处理

轴是机器中的重要零件之一,用来支持旋转的机械零件,例如齿轮、带轮等。根据承受载荷的不同,轴一般可以分为转轴、传动轴和心轴三种。这里只就受力较复杂的一种传动轴(机床主轴)作为例子,来讨论其选材和热处理工艺。

1. 机床主轴的工作条件、失效形式以及技术要求

(1) 机床主轴的工作条件。机床主轴工作时高速旋转,并承受弯曲、扭转、冲击等多种载荷的作用;机床主轴的某些部位承受着不同程度的摩擦,特别是轴颈部分与其他零件相配合处承受摩擦与磨损。

(2) 机床主轴的主要失效形式。当弯曲载荷较大,转速很高时,机床主轴承受着很高的交变应力。而当轴表面硬度较低,表面质量不良时常发生因疲劳强度不足而产生的疲劳断裂,这是轴类工件最主要的失效形式。

当载荷大而转速高,且轴瓦材质较硬而轴颈硬度不足时,会增加轴颈与轴瓦的摩擦,加剧轴颈的磨损使轴失效。

(3) 对机床主轴材料性能的要求。根据机床主轴的工作条件、失效形式,要求主轴材料应具备以下主要性能:

① 具有较高的综合力学性能。当主轴运转工作时,要承受一定的变动载荷与冲击载荷,常会产生过量变形与疲劳断裂失效。如果主轴材料通过正火或调质处理后具有较好的综合力学性能,即较高的硬度、强度、塑性与韧性,则能够有效地防止主轴产生变形与疲劳失效。

② 主轴轴颈等部位淬火后应具有高的硬度和耐磨性,提高主轴运转精度以及使用

寿命。

2. 主轴选材及热处理工艺的具体实例

主轴的材料及热处理工艺的选择应根据其工作条件、失效形式以及技术要求来综合确定。

主轴的材料通常采用碳素钢与合金钢,碳素钢中的 35,45,50 等优质中碳钢,因具有较高的综合机械性能,应用较多。其中以 45 号钢应用最为广泛。为了改善材料的力学性能,应进行正火或调质处理。

合金钢具有较高的机械性能,但价格较贵,多用于具有特殊要求的轴。当主轴尺寸较大,承载较大时可采用合金调质钢。如 40Cr、40CrMn、35CrMo 等进行调质处理。对于表面要求耐磨的部位,在调质后再进行表面淬火;当主轴承受重载荷、高转速,冲击与变动载荷很大时,应该选用合金渗碳钢,如 20Cr、20CrMnTi 等进行渗碳淬火。而对于在高温、高速和重载条件下工作的主轴,必须具有良好的高温机械性能,通常采用 27Cr2Mo1V、38CrMoAlA 等合金结构钢。此外,合金钢对应力集中的敏感性较高,因此,设计合金钢轴时,更应从结构上避免或减少应力集中现象,并减少轴的表面粗糙度值。

现以 C616 车床主轴(图 10.1)为例,分析其选材与热处理工艺。该主轴承受交变弯曲应力与扭转应力,但载荷不大,转速较低,受冲击较小,所以材料具有一般综合力学性能,即可以满足要求。主轴大端的内锥孔和外锥体,经常与卡盘、顶尖有相对摩擦,花键部位与齿轮有相对滑动,因此,这些部位硬度及耐磨性有较高的要求。该主轴在滚动轴承中运转,为保证主轴运转精度及使用寿命,轴颈处硬度为 220～250 HBS。

图 10.1　C616 车床主轴简图

根据上述工作条件分析,该主轴可以选 45 钢。热处理工艺以及应达到的技术条件是:主轴整体调质,改善综合的力学性能,硬度为 220～250 HBS;内锥孔与外锥体经淬火后低温回火,硬度为 45～50 HRC;但应注意保护键槽淬硬,故宜采用快速加热淬火;花键部位应采用高频感应表面淬火,以减少变形并达到表面淬硬的目的。硬度达 48～53 HRC,由于主轴比较长,而且锥孔与外锥体对两轴颈的同轴度要求较高,故锥部淬火应与花键部位淬火分开进行,以减少淬火变形。随后用粗磨纠正淬火变形,然后再进行花键的加工与淬火,其变形可以通过最后精磨予以消除。

二、齿轮类零件的选材及热处理

1．齿轮的工作条件、失效形式及对材料性能的要求

（1）齿轮的工作条件。齿轮作为一种重要的机械传动零件，在工业上应用十分广泛，各类齿轮的工作过程大致相似，只是受力程度，传动精度有所不同。

① 齿轮工作的时候，通过齿面接触传递动力，在啮合齿表面存在很高的接触压应力以及强烈的摩擦。

② 传递动力的时候，轮齿就像一根受力的悬臂梁，接触压应力作用在轮齿上，使齿根部承受较高的弯曲应力。

③ 当啮合不良，启动或换挡时，轮齿将承受较高的冲击性载荷。

（2）齿轮的主要失效形式。在通常的情况下，齿轮的失效形式主要有：断齿，齿面剥落、磨损以及擦伤等。

① 断齿。大多数情况下是由于齿轮在交变应力作用下齿根产生疲劳破坏的结果，但也可能是超载引起的脆性折断。

② 齿面剥落。它是接触应力超过了材料的疲劳极限而产生的接触疲劳破坏。根据疲劳裂纹产生的位置，可以分为裂纹产生于表面的麻点剥落，裂纹产生于接触表面以下某一位置的浅层剥落，以及裂纹产生于硬化层与心部交界处的深层剥落。

③ 齿面磨损。它是啮合齿面相对滑动时互相摩擦的结果，齿轮磨损主要有两种类型，即粘着磨损和磨粒磨损。粘着磨损产生的原因主要是由于油膜厚度不够，黏度偏低，油温过高，接触负荷大而转速低，当以上某一因素超过临界值就会造成温度过高而产生断续的自焊现象而形成粘着磨损；磨粒磨损则是由切削作用产生的，其原因是接触面粗糙，存在外来硬质点或互相接触的材料硬度不匹配等。

④ 齿面擦伤。齿面摩擦基本上也是一种自焊现象，影响因素主要是表面状况和润滑条件。一般来说，零件表面硬度高对抗擦伤有利。另外，凡有利于降低温度的因素如摩擦小，有稳定的油膜层，热导率高，散热条件好等都有利于减轻擦伤现象。还有，齿轮采用磷化工艺可以有效改善走合性能、表面润滑条件，避免擦伤。

（3）对齿轮材料性能要求。根据齿轮的工作条件和主要失效形式，要求齿轮应具备以下主要性能：

① 具有高的弯曲疲劳强度。使运行中的齿轮不致因根部弯曲应力过大而造成疲劳断裂。因此，齿根圆角处的金相组织与硬度非常重要，一般情况下，该处的表层组织应是马氏体和少量残余奥氏体。此外，齿根圆角处表面残余压应力的存在对提高弯曲疲劳强度也非常有利。还有，一定的心部硬度和有效淬火层深度对弯曲疲劳强度亦有很大影响，根据国内外大量的试验数据表明，对于齿轮心部硬度最佳控制在 $36\sim40\,HRC$，有效层深为齿轮模数的 $15\%\sim20\%$。

② 具有高的接触疲劳抗力。使齿面不致在受到较高接触应力时发生齿面剥落现象。通过提高齿面硬度，特别是采用渗碳、渗氮、碳氮共渗及其他齿面强化措施可大幅度提高齿面抗剥落的能力。一般地，渗碳淬火后齿轮表层的理想组织是细晶粒马氏体加上少量残余奥氏体。不允许有贝氏体、珠光体，因为贝氏体、珠光体对疲劳强度、抗冲击能力、抗接触疲劳能力均不利。心部金相组织应是马氏体和贝氏体的混合组织。另外，齿轮表层组织中含有

少量均匀分布的细小的碳化物对提高表面接触疲劳强度和抗磨损能力都是有利的。

总之,提高材料的冶金质量及热处理质量,减少钢中非金属夹杂物,细化显微组织,改善碳化物形态、尺寸及分布,减少或避免表面脱碳层及淬火时的表面非马氏体组织,使其表面获得残余压应力状态等均可使齿轮的弯曲疲劳强度、接触疲劳强度及耐磨性等得到改善,并提高其使用寿命。

2. 齿轮选材及热处理工艺具体实例

(1) 机床齿轮选材。机床中齿轮的载荷一般较小,冲击不大,运转较平稳,其工作条件较好。

机床齿轮常用材料分为中碳钢或中碳合金钢及低碳或低合金结构钢两大类。中碳钢常选用 45 钢,经高频感应加热淬火,低温或中温回火后,硬度值达 45~50 HRC,主要用于中小载荷齿轮。例如变速箱次要齿轮、溜板箱齿轮等。中碳合金钢常选用 40Cr 或 42SiMn 钢,调质后感应加热淬火,低温回火,硬度值可达 50~55 HRC,主要用于中等载荷,冲击不大的齿轮,如铣床工作台变速箱齿轮、机床走刀箱、变速箱齿轮等。低碳钢一般选用 15 或 20 钢,渗碳后直接淬火,低温回火后使用,硬度可达 58~63 HRC,一般用于低载荷,耐磨性高的齿轮。低合金结构钢常采用 20Cr、20CrMnTi、12CrNi3 等渗碳用钢,经渗碳后淬火,低温回火后使用,硬度值可达 58~63 HRC,主要用于高速、重载及受一定冲击的齿轮,如机床变速箱齿轮,立式车床上重要的弧齿锥齿轮等。

(2) 汽车、拖拉机齿轮选材。汽车、拖拉机齿轮主要分装在变速箱和差速器中。在变速箱中,通过它来改变发动机,曲轴和主轴齿轮的转速;在差速器中,通过它来增加扭转力矩,调节左右两车轮的转速,并将发动机动力传给主动轮,推动汽车、拖拉机运行,此类齿轮传递功率、承受冲击载荷及摩擦压力都很大,工作条件比机床齿轮要繁重得多。因此,对其疲劳强度,心部强度,冲击韧性及耐磨性等方面都有更高要求,实践证明,选用合金渗碳钢经渗碳(或碳氮共渗),淬火及低温回火后使用非常合适。常采用的合金渗碳钢为 20CrMo、20CrMnTi、20CrMnMo 等,这类钢的淬透性较高,通过渗碳、淬火及低温回火后,齿面硬度为 58~63 HRC,具有较高的疲劳强度和耐磨性,心部硬度为 33~45 HRC,具有较高的强度及韧性。且齿轮的变形较小,完全可以满足其工作条件。要求大批量生产时,齿轮坯宜采用模具生产,既节约金属,又提高了齿轮力学性能。齿轮坯常采用正火处理,齿轮常用渗碳温度为 920~930 ℃,渗碳层深一般为 $\delta = (0.2 \sim 0.3)m$(m 为齿轮模数),表层含碳量 $w_C = 0.7\% \sim 1.0\%$。表层组织应为细针状体和少量残余奥氏体以及均匀弥散分布的细小碳化物。所以该类齿轮的加工路线通常为:下料 →锻造→正火→机械粗加工→渗碳→淬火、低温回火→喷丸→磨齿。

对于运行速度更快,周期长,安全可靠性要求高的齿轮,如冶金、电站设备、铁路机车、船舶的汽轮发动机等设备上的齿轮,可选用 12CrNi2、12CrNi3、12CrNi4、20CrNi3 等淬透性更高的合金渗碳钢。对于传递功率更大,齿轮表面载荷高,冲击更大,结构尺寸很大的齿轮,则可选用 20CrNi2Mo、20Cr2Ni4、18Cr2Ni4W 等高淬透性合金渗碳钢。

三、弹簧类零件的选材及热处理

1. 弹簧的工作条件及失效形式

弹簧是利用材料的弹性变形储存能量,以缓冲振动和冲击作用的零件。它们大多是在冲击、振动或周期性弯曲、扭转等交变应力下工作,利用弹性变形来达到贮存能量、吸振、缓和冲击的作用。因此,用作弹簧类零件的材料应该具有高的弹性极限,保证弹簧具有足够的弹性变形能力。当承受大载荷时不发生塑性变形,材料应具有高的疲劳极限,因弹簧工作时一般承受的是变动载荷。此外,弹簧材料还应具有足够的塑性、韧性。因脆性大的材料对缺口十分敏感,会显著降低疲劳强度。对于特殊条件下工作的弹簧,还有某些特殊性能要求,如耐热性,耐蚀性等。

通常的情况下弹簧的失效形式有:弹性丧失,疲劳断裂,变形过大等。

2. 弹簧选材及热处理工艺具体实例

弹簧钢按化学成分可分为碳素弹簧钢与合金弹簧钢两大类。为了保证高的弹性极限和疲劳强度,碳素弹簧钢的 $w_C = 0.6\% \sim 0.9\%$。一般为高碳优质碳素结构钢,如 60、65、70、75、60Mn、65Mn、75Mn 等。这类钢价格比合金弹簧钢便宜,热处理以后具有一定的强度,但淬透性差。水淬时弹簧极易变形和开裂,当弹簧直径 >12~15 mm 时,油淬通常不能淬透,使屈服点下降,弹簧寿命显著降低。因此,碳素弹簧钢一般只适宜制作线径较小的不太重要的弹簧(主要承受静载荷及有限次数的循环载荷),如直径小于 Ø12 mm 的一般机器上的弹簧,直径小于 Ø25 mm 的弹簧发条,刹车弹簧等。

合金弹簧钢的 $w_C = 0.5\% \sim 0.7\%$,钢中加入硅、锰、铬、钒、钨等合金元素,主要目的是提高钢的淬透性,强化铁素体,细化晶粒以及增加回火稳定性。其中硅能显著提高钢的弹性极限和屈强比,但含量过高会使钢在加热时容易脱碳,故常与锰同时加入使用。考虑到锰有较大的过热敏感性,因此,对于性能要求较高的弹簧,还需要加入少量的铬、钒、钨等元素,以减少弹簧钢的过热倾向,同时进一步提高弹性极限、屈强比和耐热性,还能细化晶粒,提高钢的强韧性。常用合金弹簧钢有 55Si2MnB、60Si2Mn、50CrVA、60Si2CrVA 等,这类钢的淬透性较好,热处理后弹性极限高,疲劳强度也较高,广泛应用于制作机械工程中各类重要的弹性零件,如车辆板弹簧,气阀弹簧等。

弹簧的尺寸不同,其成型工艺和热处理方法也有差别。对于线径或板厚大于 10 mm 的螺旋弹簧或板弹簧,往往在热态下成型,然后再进行淬火,中温回火处理,获得回火托氏体组织,硬度为 35~50 HRC,具有高的弹性极限和较高的韧性,对于线径或板厚小于 10 mm 的弹簧,通常用冷拉弹簧钢丝或冷轧弹簧钢带在冷态下制成,由于冷加工硬化作用,屈服强度大大提高,这类弹簧一般只进行 200~300 ℃的去应力回火,以消除内应力,定型弹簧,而不需再经淬火、回火处理。

四、常用刀具的选材及热处理

按切削速度的高低可将刀具简单地划分为两大类:低速切削刀具和高速切削刀具。

1. 刀具的工作条件,主要失效形式及对材料性能要求

在切削过程中,刀具切削部分承受切削力、切削高温的作用以及剧烈的摩擦、磨损和冲击、振动等。

刀具在使用中发生的最主要失效形式是刀具磨损,即刀具在切削过程中,其前刀面、后刀面上微粒材料被切屑或工件带走的现象。刀具磨损通常表现在后刀面上形成后角为零的棱带以及前刀面上形成月牙形凹坑。造成刀具磨损的主要原因是切屑、工件与刀具间强烈的摩擦以及由切削温度升高而产生的热效应引起磨损加剧。或因为受到冲击、内应力过大而导致崩刃或刀片突然碎裂的现象。

根据上述的刀具工作条件,失效形式,要求刀具材料应具备以下主要性能:

(1) 高硬度。刀具材料的硬度必须高于工作材料的硬度,否则切削难以进行,在常温下,一般要求其硬度在 60 HRC 以上。

(2) 高耐磨性。为承受切削时的剧烈摩擦,刀具材料应具有较强的抵抗磨损的能力,以提高加工精度以及使用寿命。

(3) 高的热硬性。切削时由于金属的塑性变形、弹性变形和强烈摩擦,会产生大量的切削热,造成较高的切削温度,因此刀具材料必须具有高的热硬性,在高温下仍能保持高的硬度、耐磨性和足够的坚韧性。

(4) 良好的强韧性。为了承受切削力,冲击和振动,刀具材料必须具备足够的强度和韧性才不致被破坏。

刀具材料除应有以上优良的切削性能外,一般还应具有良好的工艺性和经济性。

2. 刀具选材及热处理工艺实例

(1) 低速刀具的选择及热处理工艺。常见低速切削刀具有锉刀、手用锯条、丝锥、板牙及铰刀等。它们的切削速度较低,受力较小,摩擦和冲击都不大。

对于这类刀具,常采用的材料有碳素工具钢以及低合金工具钢两大类。碳素工具钢是一种含碳量高的优质钢,淬火、低温回火后硬度可达 60～65 HRC,可加工性能好,价格低,刃口容易磨得锋利,适用于制造低速或手动刀具。通常使用的牌号为 T8、T10、T13、T10A 等,各牌号的碳素工具钢淬火后硬度相近,但随含碳量的增加,未溶碳化物增多,钢的耐磨性增加,而韧性降低,故 T7、T8 适用于制造承受一定冲击而韧性要求较高的刀具,如木工用的斧头,钳工用的凿子等;T9、T10、T11 钢用于制造冲击较小而要求高硬度与耐磨的刀具,如手锯条、丝锥等;T12、T13 钢硬度及耐磨性最高,而韧性最差,用于制造不承受冲击的刀具,如锉刀、刮刀等。牌号后带"A"的高级优质碳素工具钢比相应的优质碳素工具钢韧性好且淬火变形及开裂倾向小,适于制造形状复杂的刀具。低合金工具钢含有少量合金元素,与碳素工具钢相比有较高的红硬性与耐磨性,淬透性好,热处理变形小。主要用于制造各种手用刀具以及低速机用切削刀具,如手铰刀,板牙,拉刀等,常用牌号有 9SiCr,CrWMn 等。

手用铰刀是加工金属零件内孔的精加工刀具。因为是手动铰削,速度较低,且加工余量小,受力不大。它的主要失效形式是磨损及扭断。因此,手用铰刀对材料的性能要求是:齿刃部经热处理后,应具有高硬度和高耐磨性以抵抗磨损,硬度为 62～65 HRC,刀轴弯曲畸变量要小,约为 0.15～0.3 mm,以满足精加工孔的要求。

根据以上条件,手用铰刀可选低合金工具钢 9SiCr 经适当热处理后满足要求,其具体热处理工艺为:刀具毛坯锻压后采用球化退火改善内部组织,机械加工后的最终热处理采用分级淬火 600～650 ℃预热,再升温至 850～870 ℃加热,然后 160～180 ℃硝盐中冷却(∅3～∅13)或≤80 ℃油冷(∅13～∅50),热矫直,再在 160～180 ℃进行低温回火,柄部则采用 600 ℃高温回火后快冷。

经过以上的热处理,手用铰刀基本上可满足工作性能要求,且变形量很小。

(2) 高速刀具的选材及热处理工艺。常见高速切削刀具有车刀、铣刀、钻头、齿轮滚刀等,它们的切削速度高,受力大,摩擦剧烈,温度高且冲击性大。

对于这类刀具,常采用的材料有高速钢,硬质合金,陶瓷以及超硬材料四类。这里,我们只就高速钢作介绍。

　　高速钢是一种含较多合金元素的高合金工具钢,热硬性较高,允许在较高速度下切削,高速钢的强度和韧性高,制造工艺性好,易于磨出锋利刃口,因而得到广泛的应用,适于制造各种复杂形状的刀具。常用高速钢的牌号有 W18Cr4V、W6Mo5Cr4V2、W18Cr4V2Co8、W6Mo5Cr4V2Al 等,其中 W18Cr4V 属典型的钨系高速钢,硬度为 62～65 HRC,具有较好的综合性能,在国内外应用最为广泛;W6Mo5Cr4V2 属钨钼系高速钢,其碳化物分布均匀,强度和韧性好,但易脱碳,过热,热硬性稍差,适于制造热轧刀具,如热轧麻花钻头等;W18Cr4V2Co8 属含钴超硬系高速钢,其硬度高,耐磨性和红硬性好,适于制造特殊刀具,用来加工难以切削的金属材料,如高温合金、不锈钢等;W6Mo5Cf4V2AL 属含铝超硬系高速钢,其硬度可达 68～69 HRC,耐磨性与红硬性均很高,适用于制造切削难加工材料的刀具以及要求耐用度高、精度高的刀具,如齿轮滚刀,高速插齿刀等。

　　车刀是一种最简单也是最基本最常用的刀具,用来夹持在车床上切削工件外圆或端面等。车削的速度不是很高,而且一般是连续进行,冲击性不大,但粗车时载荷可能较大。它的主要失效形式是刀刃和刀面的磨损。因此,车刀对材料的性能要求是,高的硬度和耐磨性,经热处理后切削部分的硬度≥64 HRC;红硬性较高,应≥52 HRC,使刀具能担负较高的切削速度,足够的强度及韧性,使刀具能承受较大的切削力及一定的冲击性。

　　根据以上条件,车刀可选取最常用的钨系高速成钢 W18Cr4V 即可满足其性能要求,其具体热处理工艺为:为了改善刀具毛坯的机械加工性能,消除锻造应力,为最终热处理作组织准备,其预先热处理采用等温球化退火(即在 850～870 ℃保温后,迅速冷却到 720～740 ℃等温停留 4～5h,再冷到 600 ℃以下出炉),退火后,组织为索氏体及细小粒状碳化物,硬度为 210～255 HBS。机械加工后进行淬火、回火的最终热处理,淬火温度通常为 1 290～1 320 ℃。因高速钢的塑性和导热性较差,为了减少热应力,防止刀具变形与开裂,必须进行 850 ± 10 ℃的中温预热,淬火冷却可采用油冷或在 580～620 ℃的盐浴中等温冷却,对厚度小,刃部长的车刀可在 240～280 ℃保温 1.5～3 h 进行分级淬火,回火常采用 560 ℃×1～1.5 h 回火三次,以尽量减少钢中残余奥氏体量,产生二次硬化,获得最高硬度≥64 HRC,经过上述热处理,W18Cr4V 制车刀完全能满足工作性能要求。

课 后 习 题

一、判断题

1. 在选择材料时,不仅要考虑到材料能否满足零件的使用性能,而且还要考虑到材料的工艺性以及经济性。(　　　)

2. 为了降低零件的成本,零件在选材时应该尽量考虑采用铝合金材料。(　　　)

3. 当材料的硬度在 50～60 HRC 的时候,其切削加工性最好。(　　　)

4. 当零件在交变载荷作用下工作的时候,其主要的破坏形式是疲劳断裂。(　　　)

5. 汽车、拖拉机的变速箱齿轮由于要承受较大的冲击力以及要求具有较高的耐磨性,通常选用低碳合金钢经渗碳,然后再淬火并低温回火处理。(　　　)

二、选择题

1. 机床的主轴要求应具有良好的综合力学性能,制造时应选择的材料以及应采取的热处理工艺为(　　　)。

　　　A. T8 钢,淬火 + 高温回火　　　　　　　B. 20 钢,淬火 + 高温回火

　　C. 45 钢,淬火＋高温回火　　　　　D. 45 钢,正火＋轴颈淬火＋低温回火

2. 在制造锉刀、模具时,应该选择的材料以及应采取的热处理的工艺为(　　)。

　　A. 45 钢,淬火＋高温回火　　　　　B. T8 钢,淬火＋高温回火

　　C. T12 钢,淬火＋低温回火　　　　　D. T12 钢,淬火

3. 制造汽车变速箱齿轮时,应该选择以下哪种材料?(　　)

　　A. T12　　　　　B. 20Mn2B　　　　C. Cr12　　　　D. W18Cr4V

4. 齿轮、弹簧等在交变载荷作用下工作的零件,在选材时主要考虑材料的(　　)。

　　A. 硬度　　　　　B. 塑性　　　　　C. 韧性　　　　　D. 疲劳强度

5. 制造锉刀时,应该考虑选择下列哪种材料?(　　)

　　A. 45　　　　　B. Cr12　　　　　C. T12　　　　　D. W18Cr4V

三、问答题

1. 零件选材应考虑什么原则? 注意哪些问题?

2. 什么是失效? 零件常见的失效形式有哪几种?

四、应用题

　　某拖拉机上重载齿轮,要求齿面硬度达到 60 HRC,心部要有较好的综合力学性能,材料选用 20CrMnTi 制造,试分析该齿轮的加工工艺路线。

附　　录

附表1　常用结构钢退火及正火工艺规范

钢　号	临界点(℃)			退　火			正　火	
	A_{c1}	A_{c3}	A_{r1}	加热温度(℃)	冷　却	HB	加热温度(℃)	HB
35	724	802	680	850～880	炉冷	≤187	860～890	≤191
45	724	780	682	800～840	炉冷	≤197	840～870	≤226
45Mn2	715	770	640	810～840	炉冷	≤217	820～860	187～241
40Cr	743	782	693	830～850	炉冷	≤207	850～870	≤250
35CrMo	755	800	695	830～850	炉冷	≤229	850～870	≤241
40MnB	730	780	650	820～860	炉冷	≤207	850～900	197～207
40CrNi	731	769	660	820～850	炉冷<600℃	—	870～900	≤250
40CrNiMoA	732	774	—	840～880	炉冷	≤229	890～920	—
65Mn	726	765	689	780～840	炉冷	≤229	820～860	≤269
60Si2Mn	755	810	700	－	－	－	830～860	≤245
50CrV	752	788	688	－	－	－	850～880	≤288
20	735	855	680	－	－	－	890～920	≤156
20Cr	766	838	702	860～890	炉冷	≤179	870～900	≤270
20CrMnTi	740	825	650	－	－	－	950～970	156～207
20CrMnMo	710	830	620	850～870	炉冷	≤217	870～900	—
38CrMoAlA	800	940	730	840～870	炉冷	≤229	930～970	—

附表2　常用工具钢退火及正火工艺规范

钢　号	临界点(℃)			退　火			正　火	
	A_{c1}	A_{c3}	A_{r1}	加热温度(℃)	冷却(℃)	HB	加热温度(℃)	HB
T8A	730	—	700	740～760	650～680	≤187	760～780	241～302
T10A	730	800	700	750～770	680～700	≤197	800～850	255～321
T12A	730	820	700	750～770	680～700	≤207	850～870	269～341
9Mn2V	736	765	652	760～780	670～690	≤229	870～880	—
9SiCr	770	870	730	790～810	700～720	197～241	—	—
CrWMn	750	940	710	770～790	680～700	207～255	—	—
GCr15	745	900	700	790～810	710～720	207～229	900～950	270～390
Cr12MoV	810	—	760	850～870	720～750	207～255	—	—
W18Cr4V	820	—	760	850～880	730～750	207～255	—	—
W6Mo5Cr4V2	845～880	—	805～740	850～870	740～750	≤255	—	—
5CrMnMo	710	760	650	850～870	～680	197～241	—	—
5CrNiMo	710	770	680	850～870	～680	197～241	—	—
3Cr2W8	820	1 100	790	850～860	720～740	—	—	—

附表 3　常用钢的回火温度与硬度对照表

钢种	钢号	加热温度(℃)	冷却剂	硬度	180±10	240±10	280±10	320±10	360±10	380±10	420±10	480±10	540±10	580±10	620±10	650±10	备注
碳结构钢	35	860±10	水	HRC>50	51±2	47±2	45±2	43±2	40±2	38±2	35±2	33±2	28±2	HB	HB		
	45	830±10	水	HRC>55	56±2	53±2	51±2	48±2	45±2	43±2	38±2	34±2	30±2	250±20	220±20		
碳工具钢	T8,T8A	790±10	水,油	HRC>62	62±2	58±2	56±2	54±2	51±2	49±2	45±2	39±2	34±2	29±2	25±2		
	T10,T10A	780±10	水,油	HRC>62	63±2	59±2	57±2	55±2	52±2	50±2	46±2	41±2	36±2	30±2	26±2		
合金钢	40Cr	850±10	油	HRC>55	54±2	53±2	52±2	50±2	49±2	47±2	44±2	41±2	36±2	31±2	HB260		具有回火脆性的钢(40Cr,65Mn,35CrMnSi 等),在中温或高温回火后用清水或油冷却
	50CrVA	850±10	油	HRC>60	58±2	56±2	54±2	53±2	51±2	49±2	47±2	43±2	40±2	36±2		30±2	
	60Si2MnA	870±10	油	HRC>60	60±2	58±2	56±2	55±2	54±2	52±2	50±2	44±2	35±2	30±2			
	65Mn	820±10	油		58±2	56±2	54±2	52±2	50±2	47±2	44±2	40±2	34±2	32±2	28±2		
	5CrMnMo	840±10	油	HRC>52	55±2	53±2	52±2	48±2	45±2	44±2	44±2	43±2	38±2	36±2	34±2	32±2	
	30CrMnSi	860±10	油	HRC>48	48±2	48±2	47±2	47±2	43±2	42±2	42±2		36±2	30±2	30±2	26±2	
	GCr15	850±10	油	HRC>62	61±2	59±2	58±2	55±2	53±2	52±2	50±2	51±2	41±2	30±2	30±2		
	9SiCr	850±10	油	HRC>62	62±2	60±2	58±2	57±2	56±2	55±2	52±2	51±2	45±2				
	CrWMn	830±10	油	HRC>62	61±2	58±2	57±2	55±2	54±2	52±2	50±2	46±2	44±2				
	9Mn2V	800±10	油	HRC>62	60±2	58±2	56±2	54±2	51±2	49±1	41±2						
高合金钢	3Cr2W8	1100	分级,油	HRC~48								46±2	48±2	48±2	43±2	41±2	一般采用 560~580 ℃回火一次
	Cr12	980±10	分级,油	HRC>62	62	59±2	60	57±2	57±2		55±2		52±2			45±2	
	Cr12Mo	1030±10	分级,油	HRC>62	62	62	60	57±2	57±2				53±2			45±2	
	Cr12Mo	1120±10	分级,油	HRC~44	44	45			48	48		51±2	63±2	52±2	52±2		一般采用 500~520 ℃回火二次
	W18Cr4V	1270±10	分级,油	HRC>64													560 ℃三次回火,每次一小时

注:① 水冷却钢为 10%NaCl 水溶液。

② 淬火加热在盐熔炉内进行,回火在井式炉内进行。

③ 回火保温时间碳钢一般采用 60~90 min,合金钢采用 90~120 min。

参 考 文 献

[1]　许德珠.机械工程材料[M].北京:高等教育出版社,2001.

[2]　于永泗,齐民.机械工程材料[M].大连:大连理工大学出版社,2007.

[3]　刘天模,徐幸梓.工程材料[M].北京:机械工业出版社,2001.

[4]　朱张校.工程材料[M].北京:清华大学出版社,2001.

[5]　朱征.机械工程材料[M].北京:国防工业出版社,2007.

[6]　付廷龙,陈凌.工程材料与机加工概论[M].北京:北京理工大学出版社,2007.

[7]　王忠.机械工程材料[M].北京:清华大学出版社,2005.

[8]　徐自立.工程材料[M].武汉:华中科技大学出版社,2003.

[9]　闫康平.工程材料[M].北京:化学工业出版社,2008.

[10]　王爱珍.工程材料及成形技术[M].北京:机械工业出版社,2003.

[11]　束德林.工程材料力学性能[M].北京:机械工业出版社,2003.

[12]　申荣华,丁旭.工程材料及其成形技术基础[M].北京:北京大学出版社,2008.

[13]　刘云.工程材料应用基础[M].北京:国防工业出版社,2008.

[14]　崔占全,邱平善.工程材料[M].哈尔滨:哈尔滨工程大学出版社,2005.

[15]　高为国.机械工程材料基础[M].长沙:中南大学出版社,2004.

[16]　梁耀能.工程材料及加工工程[M].北京:机械工业出版社,2004.

[17]　郑子樵.材料科学基础[M].长沙:中南大学出版社,2005.

[18]　崔忠圻,刘北兴.金属学与热处理原理[M].哈尔滨:哈尔滨工业大学出版社,2007.

[19]　潘邻.化学热处理应用技术[M].北京:机械工业出版社,2004.